废弃电子电器物资源化处理技术

王海川　张永柱　周佩楠　编著

北　京
冶金工业出版社
2019

内 容 简 介

本书针对目前我国废弃电子电器产品处理企业迅速发展的情况，提出废弃电子电器产品处理企业分级分类管理的思想；以废弃电子电器产品、废机电产品、报废汽车、再生铜铅和铝加工、废橡胶、废塑料和废玻璃等为主要城市矿产资源，提出适当的工程技术和设备，做到无害化处理、高值化回收、循环化利用；并对废弃电子电器产品回收利用技术发展趋势给予科学预测。

本书可供资源综合利用领域的科研人员、城市矿产资源化处理项目的投资人员和管理人员阅读，也可供高等院校环境工程、环境科学和能源专业相关师生学习参考。

图书在版编目 (CIP) 数据

废弃电子电器物资源化处理技术／王海川，张永柱，周佩楠编著. —北京：冶金工业出版社，2019.1
　ISBN 978-7-5024-7944-2

　Ⅰ.①废…　Ⅱ.①王…　②张…　③周…　Ⅲ.①电子产品—废物综合利用　Ⅳ.①X76

中国版本图书馆 CIP 数据核字（2018）第 289451 号

出 版 人　谭学余
地　　　址　北京市东城区嵩祝院北巷 39 号　邮编　100009　电话　(010)64027926
网　　　址　www.cnmip.com.cn　电子信箱　yjcbs@cnmip.com.cn
责任编辑　刘小峰　美术编辑　彭子赫　版式设计　孙跃红
责任校对　李　娜　责任印制　李玉山
ISBN 978-7-5024-7944-2
冶金工业出版社出版发行；各地新华书店经销；三河市双峰印刷装订有限公司印刷
2019 年 1 月第 1 版，2019 年 1 月第 1 次印刷
169mm×239mm；15.5 印张；300 千字；231 页
89.00 元
冶金工业出版社　投稿电话　(010)64027932　投稿信箱　tougao@cnmip.com.cn
冶金工业出版社营销中心　电话　(010)64044283　传真　(010)64027893
冶金工业出版社天猫旗舰店　yjgycbs.tmall.com
（本书如有印装质量问题，本社营销中心负责退换）

前　言

电子废弃物俗称电子垃圾，包括废旧电脑、通信设备、家用电器以及被淘汰的各种电子仪器仪表等。欧盟 2015 年相关报告指出，电子废弃物每 5 年便增加 16%~28%，比总废弃物量的增长速度快 3 倍，是世界上增长最快的垃圾，12 年后地球表面电子垃圾的年产出量将会翻番。家电自 20 世纪 80 年代初进入我国百姓家庭，到目前许多电冰箱、电视机、洗衣机已到了报废期，往后更将进入报废高峰期。我国电冰箱、电视机和洗衣机的目前社会保有量均超过 1 亿台，并将以年均 400 万~500 万台的速度淘汰。我国每年电脑新增销量上千万台，未来 5~10 年的年增量估计为 25% 左右。当前旧电脑的淘汰量估计每年 500 万台以上。市场的不断发展，加速了产品的更新换代，1997 年电脑主机平均寿命为 4~6 年，电脑显示器为 6~7 年，到 2015 年这两大部件的使用寿命已减至不足 2 年。环保液晶显示器的出现加剧了传统球面显示器的淘汰。手机产品的更新周期则更短，据调查，我国消费者平均 15 个月更换一部新手机，全国每年废弃手机约 1 亿部，而回收率还不到 1%。这些废弃手机总重可达 1 万吨，若全部回收处理，能提取 1500 千克黄金、1000 吨铜、30 吨银，可以说是一座巨大的资源库。

这些电子废弃物材料以"垃圾""废物"的形态堆积在城镇，形成城市矿产资源，总量高达数千亿吨，且在以每年约 100 亿吨的数量增加。也就是说，全球 80% 以上可工业化利用的矿产资源已从地下转移到地上。与天然矿山矿石品位逐渐下降、富矿储量日益减少、难选矿石逐年增加的趋势相反，城市矿产资源品位更高，开采的经济、环境以及社会效益更显著。开发利用城市矿产，有利于缓解我国面临的资源短缺瓶颈，可以减轻原生矿产开采带来的环境污染，并能够成为新的经济增长点，促进我国循环经济的大规模快速发展。

当前我国仍处于工业化和城镇化的快速发展阶段，一方面，经济增长对矿产资源的需求巨大，如我国粗钢生产量已经从 2000 年的 1.3 亿吨增加到 2017 年的 8.3 亿吨；另一方面，国内矿产资源严重不足，重要矿产资源对外依存度越来越高。例如，我国对进口铁矿石的依存度在 2012 年就已达到约 63%。城市矿产开发将成为解决资源短缺瓶颈的又一重要渠道。国家发展和改革委员会、财政部为了推动"城市矿产"资源的快速开发利用，根据我国现阶段的实际情况，将"城市矿产"定义为工业化和城镇化过程产生和蕴藏在废旧机电设备、电线电缆、通信工具、汽车、家电、电子产品、金属和塑料包装物以及废料中，可循环利用的钢铁、有色金属、稀贵金属、塑料、橡胶等资源。

循环经济的基本内涵就是把传统依赖资源消耗的线性增长经济模式，转变为依靠生态型资源循环型发展的经济模式。发展循环经济，从根本上要遵守"3R"原则，即减量化（reduce）原则、再利用（reuse）原则、再循环（recycle）原则。其中，减量化原则是层次最高的行为，即从源头减少资源的使用和废物的产生。但从具体的资源回收的角度，再利用和再循环两个原则更为重要，它们重点关注的是资源的高效循环利用。在我国发展循环经济的大概念下，如何将这三个原则更好地体现在实际的资源利用过程中是一个难点。

我国的电子废弃物持有量居世界之首，但回收利用率却远不及世界平均水平。我国目前虽然存在着一些回收利用废旧电子产品的企业和厂家，但是，他们在回收利用废旧电子产品方面的工艺普遍比较原始，水平参差不齐，由此也造成了大量的资源浪费与环境污染。究其原因，主要是因为在我国尚未建立起完善的回收利用体制，相关法律法规也不成体系，加之企业不重视、群众不了解，种种因素造成了我国的现状。

　　本书以电子废弃物的概况、回收处理现状及管理对策为开启，凸显城市矿产发展的社会价值与资源价值。针对目前我国废弃电器电子产品处理企业迅速发展的情况，总结了国内外废弃电器电子产品处理企业认证相关制度和标准，提出废弃电器电子产品处理企业分级分类管理的思想。城市矿产是循环经济的重要内容。城市矿产和发展循环经济之间属于从属关系，城市矿产属于循环经济的重要内容，但是循环经济包含更广阔的内容，是在生产、流通和消费等过程中进行的减量化、再利用、资源化活动的总称。城市矿产主要关注工业化和城镇化过程可循环利用的钢铁、有色金属、稀贵金属、塑料、橡胶等资源回收以及进一步加工利用，范围更小，目标更加明确。

　　之后以废弃电子电器物处理技术发展历程为线索，对发达国家及发展中国家废弃电器电子物资源化处理现状做出综合分析。同时结合发达国家城市矿产开发利用的先进经验，识别我国城市矿产开发利用存在的主要问题，并提出了具有针对性的政策建议，最后展望了我国废弃电器电子物资源化处理的未来发展前景。

　　与此同时，本书以废电子电器产品、废机电产品、报废汽车、再生铜铅和铝加工、废橡胶、废塑料和废玻璃等为主要城市矿产资源，分析各类城市矿产的类型、分布和市场情况，理清上下游关系，讲解相关政策和技术规范，运用科技方法，找出每一类再生资源处理与利用的规律，选择适当的工程手段和设备，做到无害化处理、高值化回收、循环化利用。通过建立产业链，将产业的上下游在合理区域内衔接，以节约大量的能源、资源，为资源的合理利用提供更多的可能。最后依据分析成果，对废弃电子电器产品回收利用技术发展趋势给予科学预测。

　　废弃电子电器物资源化处理，为解决如何将循环经济的原则应用到实际资源循环过程中提供了一个很好的解决思路。废弃电子电器物资源化，将对其中工业化和城镇化过程产生和蕴藏在废旧机电设备、电线电缆、通信工具、汽车、家电、电子产品、金属和塑料包装物以及废料中可循环利用的钢铁、有色金属、稀贵金属、塑料、橡胶等资源进行"开采利用",是更高层次的开发模式,打破了"原生资源才是资源"的旧观念。城市矿产的开发利用充分体现了资源的再利用和再循环原则,对资源的循环利用可减少废物的产生量,间接实现了循环经济的减量化原则。从循环经济的大概念下聚焦到具体资源的开发利用,对于推动资源的有效循环利用具有强有力的推动作用。

希望本书的出版,能够对我国废弃电子电器产品的回收利用和环境管理起到积极的作用。

编著者

2018 年 8 月

目　　录

1 电子废弃物回收处理现状及管理对策

1.1 电子废弃物产生的概况

1.1.1 电子废弃物产生的现状

电子废弃物俗称电子垃圾，包括废旧电脑、通信设备、家用电器以及被淘汰的各种电子仪器仪表等。欧盟 2015 年相关报告指出，电子废弃物每 5 年便增加 16%~28%，比总废物量的增长速度快 3 倍，是世界上增长最快的垃圾，12 年后地球表面电子垃圾的年产出量将会翻番。中国商务部数据显示，2017 年中国电商零售总额达 7.18 万亿元人民币（约合 1.149 万亿美元），比 2016 年的 5.43 万亿元人民币增长了 32%，使中国成为第一个打破 1 万亿美元零售额的电商市场。目前，中国电子产品市场总规模达 1 万亿元，电子工业产值已占世界第四位，电子废弃物环境污染问题已呈现。

家电自 20 世纪 80 年代初进入我国百姓家庭，如今许多电冰箱、电视机、洗衣机已到了报废期，往后更将进入报废高峰期。我国电冰箱、电视机和洗衣机的目前社会保有量均超过 1 亿台，以后将以年均 400 万~500 万台的速度被淘汰。

中国每年电脑新增销量上千万台，未来 5~10 年的年增量估计为 25% 左右。当前旧电脑的淘汰量估计每年在 500 万台以上。市场的不断发展，加速了产品的更新换代，1997 年电脑主机平均寿命为 4~6 年，电脑显示器为 6~7 年，到 2015 年这两大部件的使用寿命已减至不足 2 年。环保液晶显示器的出现加剧了传统球面显示器的淘汰速度。手机产品的更新周期则更短。据工信部统计数据，截至 2014 年 2 月，我国共有手机用户约 12.4 亿户，用户数约占全国总人口的 92%。由于不少消费者是"双枪将"（两部手机）、"三枪族"（三部手机），如此算来，我国手机保有量至少有十几亿部。巨大的保有量也带来了巨大的淘汰量。据调查，我国消费者平均 15 个月更换一部新手机，全国每年废弃手机约 1 亿部，而回收率还不到 1%。这些废弃手机总重可达 1 万吨，若全部回收处理，能提取 1500 千克黄金、1000 吨铜、30 吨银，可以说是一座巨大的资源库[1,2]。

1.1.2 电子废弃物污染的来源

电子产品制造材料成分复杂，其对环境的污染也是多方面的。以电脑为例，一台电脑需要用约 700 种原料，这些原料中约有一半含有对人体和环境有害的物质，其中最主要的是重金属，尤其是铅。每个电脑屏幕的显示管内含有约 3.6 千克的铅，电路板中也有铅。铅及其化合物在常温下不易氧化、耐腐蚀。进入环境中的铅由于不能被生物代谢所分解，因此它在环境中属于持久性污染物。铅对于人体内的大多数系统均有危害，特别是损伤血液系统、神经系统和肾脏。电脑中的电池和开关含有汞和铬化物，铬化物会透过皮肤，经细胞渗透，微量便会造成严重过敏，更可能引起哮喘，破坏 DNA；汞会破坏脑部神经。电脑中还有砷、溴化阻燃剂、镉、聚氯乙烯和其他废物。一台电脑所含污染环境的有害物质高达 10 千克以上。

家电设备中也含有对环境有危害作用的物质，如电冰箱的制冷剂 CFC-12 和发泡剂 CFC-11 是破坏臭氧层的物质；电视机的显像管具有爆炸性，含有铅，荧光屏含有汞等。在电子废弃物中还存有大量废电池，其危害具有潜在性和长期性。一粒纽扣电池能污染 60 万立方米水（相当于一个人一生中的用水量），而一节一号电池的溶出物就足以使 1 平方米的土壤丧失农业价值。电子废弃物已成为固体废物中最大的重金属污染源。国外资料表明，垃圾处理场 40% 的铅来自电子废弃物。

1.2　电子废弃物的回收

电子废弃物不是"废物"，而是有待开发的"第二资源"，做好电子废弃物的回收和再生利用，不仅能创造可观的经济效益，而且会产生良好的环境效益。

我国电子废弃物回收和再生利用行业水平远远落后于工业发达国家，至今没有将电子废弃物列为城市垃圾回收项目，固废法中只有工业固体废弃物和生活垃圾，并未涉及电子废弃物的环境管理。欧盟制定的目标是：人均年回收 6 千克电子；商业界必须回收最少 90% 的废弃电冰箱及洗衣机，并将 60% 再生利用；个人电脑的回收比例按产品比例由 50% 提高至 60%；对现已使用的电器电子产品，制造商将按其目前市场占有比例分摊费用，危险废物如铅、镉重金属自 2006 年起禁止使用。

我国由于经济发展和消费能力的提高，电子产品的更新换代加快，电子产品寿命越来越短，正面临如何处置大量电子废弃物的问题。建议借鉴发达国家的成功经验，从以下几方面做好电子废弃物污染的防治工作[3~7]：

（1）通过立法，建立电子废弃物回收体系。日本 2001 年 4 月颁布的《家电再生法》规定：生产商和销售商不仅有生产、销售家用电器和从中获利的权利，同时还必须履行对废旧家用电器进行回收和安全处理的义务；消费者不仅有购买和享受家用电器带来舒适生活的权利，同时也必须对回收和处理废旧家用电器承担义务，处理旧家用电器时必须缴纳回收费用。

我国目前还没有建立电子废弃物回收体系，应通过立法建立这种体系，在立法中：一是要明令禁止废旧电子产品的走私；二是要实行"生产者负责制"制度，即谁生产销售，谁负责回收利用；三是对旧货市场进行规范，制定废旧电子产品销售的质量规范及相应标准；四是禁止肆意倾倒、掩埋、扔弃废旧电子产品的行为。我国目前急需出台"再生资源回收利用法""废旧家用电器回收利用法""废旧电池回收管理办法""废旧电脑等电子垃圾回收管理办法"等法律法规。

（2）运用经济杠杆，促进电子废弃物的回收。电子废弃物的污染防治关键在于谁负担防治资金，是厂商、销售商，还是消费者，这就涉及这三者的污染责任问题。欧洲在 1993 年就提出了"制造商责任制"，由制造商负责废旧电脑回收解体处理。而日本在《家电再生法》中规定消费者在产品报废时必须承担费用。

对于电子废弃物处理资金，应规定由生产厂商承担，或由生产厂商和消费者共同承担。生产厂商承担是因为他们是污染的源头制造者，由他们承担可以鼓励他们实施清洁生产，减少污染物的产生；由消费者承担部分费用，可以限制他们过度加快电子产品的淘汰。

1.3 电子废弃物的处理

循环经济的根本目标，是要求在经济流程中系统地避免和减少废弃物，力求废弃物资源化。对于产生的电子废弃物要加以回收利用，使它们回到经济循环中去。目前，很多厂商支持回收和再利用，即 Recycle、Reduce、Reuse 的"3R"概念。

产品再造：传统的再造概念是把用过的东西拿去循环，经过化学处理，重新制成原料。现在的再造是指把旧产品整修翻新，然后拿去重复使用。某些产品或者零部件可以通过整修翻新和质量检测，在保证产品质量的基础上再次使用。如果产品在设计时就考虑今后的回收问题，那么将来的再造就会容易得多，产品质量也有保证。如美国施乐公司的产品大多采用模块化设计，以便拆解及检查零部件的磨损；西门子公司在产品设计时必须考虑的一项指标是回收，要求设计人员在设计产品时尽量减少材料和零件的数目，以方便拆装。

破碎处理，回收材料：建立电子垃圾集中处理工厂，实现电子垃圾处理的产业化是电子垃圾资源化的发展方向。2001 年 2 月芬兰建成世界首家电子垃圾处理工厂"生态电子公司"，采用类似矿山冶炼的生产工艺，把废旧手机、个人电脑及家用电器进行粉碎和分类处理，然后对材料重新回收利用。

清洁生产：

（1）研究取代产品，减少有害物质的使用。生产厂商在产品设计和生产时，应尽量采用环保替代材料，减少有害物质的使用。例如，东芝在 1998 年便开始使用不含 Halogen 的底板生产笔记本电脑；索尼在 2002 年开始停产含有有毒化学物质 HFR 的产品；美国的电脑生产商也使用锡代替铅来制造电脑。2000 年 6 月 15 日，欧盟委员会提出关于废旧电器和电子垃圾回收的法案，要求生产厂家应通过科研，在 5 年内用新材料替代其现有产品中有毒有害的材料，如铅、镉和某些阻燃剂等。

（2）研究便于回收利用的材料。电子产品最终总要被淘汰，在设计和生产产品时就应该考虑使用便于回收利用的材料。目前西方发达国家正在研究一种"智能材料主动拆卸"（ADSM）的技术，以期将其运用到生产中。该技术依靠的是形状记忆合金（SMA）和形状记忆聚合物（SMP）的特殊性能，这些材料在加热到特定的诱发温度时，形状就会发生剧烈变化。传统装置和 ADSM 装置的唯一区别在于那些把它们结合在一起的部分，比如螺丝或夹子，新式扣件将在加热到预定温度时自行脱落，方便废弃产品的回收。

高科技为消费者带来优质生活的同时，也在产生大量的有毒物质，对人们的生存环境带来潜在的威胁。消费者在享受高科技产品的同时，也应该思考和审视生存环境，应该将消费和保护生存环境联系起来。在追求生活舒适的同时，注重环保、节约资源和能源，实现可持续消费。

1.3.1　我国电子垃圾处理状况

我国在电子垃圾处理方面的很多状况令人担忧，例如工人在不加任何保护措施的情况下，徒手对有毒物质进行分类[4~9]。尽管从经济合作与发展组织国家向中国出口电子废弃物是被禁止的，这种情况仍难免发生。据估计，在一段时间里，全球 70% 的电子垃圾被运往我国进行处理。随着经济的发展和成熟，各种废弃物不断增长，生活消费品和 IT 产品拥有量不断上升。伴随着近 30 年来我国经济的发展，1980 年以后购买的电器产品，现在正逐渐被淘汰替换。许多电子废弃物被整件或拆成零件送往二手市场售卖，不能得到及时的回收处理。由于中国经济结构不均衡，低收入群体经常会购买修复处理过的二手（甚至三手、四手）产品。由于缺乏市场监管和相应的质量标准，购买二手产品常常会存在风险。最近，二手电子、电器产品技术标准正在被评审，不久会颁布。我国电子垃圾的回收系统还很不发达，且几乎没有任何监管措施。电子产品废弃物由个体小商贩、社区回收中心和"以旧换新"市场收集，其中很多被运往农村和不发达地区以及缺乏规范的小型处理工厂。获授权的大型处理厂常常受困于原材料的短缺。由于电子垃圾的收集和预处理存在很大利润空间，该产业发展非常迅速。

近年来，从事电子垃圾处理的公司分成了两类，一类处理进口废弃产品，一类处理国内的电子废弃物。前者主要是进口并处理计算机硬件废品，如电脑和电器产品。该类公司须合法注册并取得授权。2005 年之前，共有 502 家企业注册从事电器产品、电缆和电线、电脑硬件的进口和拆卸业务。这些企业主要位于中国东部的沿海城市。天津、浙江和广东是三个主要的回收中心。处理国内废弃产品的企业必须取得"危险废物经营许可证"。2012 年江苏省有 74 家企业取得从业许可。这些企业主要集中在苏州等发达城市，主要处理报废电路板。截至 2018 年 1 月，江苏省已有 870 家企业取得"有害废物处理许可证"从业许可。

　　另外，我国还存在大量未经授权的小作坊从事电子垃圾的进口和处理业务。废弃物品通过简单工具进行人工拆解，对操作者的健康和环境都造成损害。由于人工操作费用低廉，市场容易被这些小作坊控制。那些已取得执照的大型公司虽然采用安全工艺，却受制于原材料的缺乏。尽管我国自 2000 年后通过了一些法律以监管该工业，但在具体实施中却遭遇很多问题，包括：不同政府机构间的协调、回收责任和目标不明确，资金缺乏，法令的可操作性低等，导致监管力度不够。不过我国政府目前正采取措施解决相关问题。早在 2003 年 12 月，国家发展和改革委员会就提名浙江省和青岛市为国家电器产品回收试点。浙江省采用了指定回收点制和生产者责任制，以杭州大地环境保护有限公司为龙头，建立了覆盖全省的回收网。青岛市以家电生产商海尔集团为龙头，也已经建立了全市范围的回收网。到目前，这些系统在其处理能力范围内运转良好，不过收集到的电子废弃物数量却不令人满意。

　　2011 年，新的规章生效。新规章规定，电子废弃物回收将采用生产者责任制。在回收过程中同时也会考虑到政府、生产厂家和消费者的责任。生产厂家须在产品的设计阶段就考虑到其回收问题，厂家和消费者共同承担收集和预处理的经济责任。消费者承担的部分会在购买产品时额外收取。电子垃圾中的含铜部件由不同的二级生产商负责处理。

　　（1）规章制度尚不健全。解决电子垃圾问题的一个关键因素是专项立法。近年来，虽已制定了《电子信息产品污染控制管理办法》《废弃家电与电子产品污染防治技术政策》《电子废弃物污染环境防治管理办法》和《废旧家电及电子产品回收处理管理条例》等法规条例，但电子垃圾的管理涉及多个部门，存在职能交叉、职责不清等问题；此外，法规中的措施可操作性不强。

　　（2）回收体系不健全。电子垃圾的回收处理是一项专业性强、技术含量高的工作。国外消费者在报废电子产品时需支付一定费用。而中国消费者卖出废弃电子产品时还能获得一些收益，所以在我国推行电子垃圾回收付费制还很困难。约 60%的电子垃圾被小贩以低价收购后，一部分翻新作为二手产品出售，另一部分则送至地下小作坊，进行简单处理（如手工拆解、焚烧和酸洗等）以回收有价物质，而将处理后残物作为普通垃圾直接丢弃，造成了严重的二次污染。而具有一定处理能力的电子垃圾回收处理企业却因回收成本和处理费用过高作为不大。

（3）技术落后。废旧电器电子产品处理需要采用先进的技术、设备、工艺。初期投入较大，资本回收时间长。受企业规模影响，我国目前主要采取物理方法，利用机械破碎和人工拆解相结合的方式回收铜、铁、铝、塑料和玻璃等材料，未进行完全拆解和完全深度处理。

1.3.2 国外电子废物处理现状

据美国国家环保机构（National Recycling Coalition）统计，2015 年全美废置的旧电脑为 1200 万台，占当年新产电脑量的 6%，只有 8% 被回收。常用的家用电器如洗衣机、空调、冰箱等的淘汰量占到新品的 70%；预计 2016 年，全球废弃电脑将达 3.15 亿台，到 2025 年为 5 亿台。根据《美国新闻周刊》报道，目前世界上各地废弃的电脑软盘加在一起，每隔 20min 就可以形成一座 100 层高的"摩天大厦"[2~8]。

欧盟发表的有关电子及电器废物的报告指出，每 5 年，这类电子垃圾便增加 16%~28%，比总废物量的增长速度快 3 倍。根据欧盟委员会的预测，欧洲的电子垃圾产生量在 1995~2020 年期间将增加 45%，因此欧盟各国都积极地采取措施应对，1998 年欧盟完成了《废旧电子产品回收法》，要求回收利用率达 90%，目前已有德国、荷兰等 5 个欧盟国家起草了电子产品的回收法。西欧曾对电子产品进行了一次调查，其结果表明：1992 年，电子废弃物约 400 万吨，占整个欧洲废物量的 2%~30%；在未来 10 年内将以每年 3% 的速度增长。

目前，电子废弃物已经对各国环境构成了很大威胁。欧洲大多数国家已经建立了相应的回收体系。在德国，电子废弃物回收处理企业一般规模都不大，大多为市政系统专业回收处理公司、制造商专业回收处理公司、社会专业回收处理公司、专业危险废物回收公司等。在美国，电子废弃物的资源化产业已经形成，共有 400 多家公司，主要分为专业化公司、有色金属冶炼厂、城市固体废物处理企业、电子产品原产商（OEM）和经销商。针对废旧电器等"电子垃圾"的回收处理，欧洲和美国都实施了比较完善的法规管理，其中生产者责任延伸制度是一项主要制度。

1.3.2.1 欧盟

整个欧洲每年产生的电子垃圾大约是 600 万吨，德国每年要产生电子垃圾 180 万吨，法国是 150 万吨。面对数量庞大的废旧电器，德国根据欧盟的相关指令制定了本国的《废旧家电回收利用法》。从 2005 年 8 月 13 日开始，被称为"全球最严厉的环保法令"的欧盟《报废电子电气设备指令》开始实施，规定生产商、进口商和经销商要负责回收、处理进入欧盟市场的废弃电器和电子产品。从 2005 年 8 月起消费者可免费将诸如废旧电脑、电视机及电冰箱等家用电器送交社区回收点，由电器制造商统一处理。通过相关法律法规，德国政府规定了制造商对其设计、制造和销售的家用电器和电子产品进行收集、再使用和处置所承担的义务，以促使制造商开发绿色家电。此外，于 2006 年 7 月 1 日起生效的欧盟《关于在电气电子设备中禁止使用某些有害物质指令》，规定投放欧盟市场的电器和电子产品不得含有铅、汞、镉等 6 种有害物质。

欧盟还进行了"扩展的生产者责任"的尝试。起草制定了相关法律保证制造商对电脑的整个生命周期负责，并要求他们将回收电脑及配件的费用加到产品成本中。同时，制造商必须同意不添加任何有毒原料。从 2003 年 8 月 13 日起，每一件对欧盟出口的电子电气产品，都会被额外征收一笔 10～22 欧元的费用，用于处理报废的电子设备。欧盟对电子垃圾的处理已经做出有关规定，要求有毒垃圾必须与普通垃圾分放，并要求所有成员国自 2005 年开始，人均至少分拣出 4 千克电子垃圾。这个数量不大，因为在许多家庭的地下室或阁楼上有大量的电子垃圾。欧盟还表示，消费者有义务将废旧电器送往专门的电子垃圾收集处。当然，将来的电子垃圾将不再实行免费收集。

德国每年产生各种电子垃圾近 200 万吨，人均约 25 千克，德国采取多种方法进行回收、处理和利用，不仅大大降低了废旧电器对环境可能造成的污染，同时又充分利用了旧电器中的有效成分。目前，德国正在根据欧盟指令着手制定本国的废旧家电回收利用法。德国希望通过相关法律法规，进一步明确制造商对其设计、制造和销售的家用电器和电子产品有义务进行收集、再使用和处置等，促使制造商开发绿色家电，即从电器的原材料选择和产品设计开始，就为将来的使用和废弃考虑，形成资源—产品—再生资源的良性循环，从根本上解决环境与发展的矛盾。

瑞典的法律规定处理费用由制造商和政府承担。而法国更强调全社会共同尽责，规定每人每年要回收 4 千克电子垃圾。

1.3.2.2 美国

美国是世界上最大的电子产品生产国和电子垃圾的制造国，每年生产的电子垃圾高达 700 万～800 万吨，而且产量正在变得越来越大。20 世纪末，随着 IT 产业的迅速发展、电子产品品种的增加、产品使用年限的缩短，电子废弃物的种类越来越多，数量也越来越大。为此，美国一些环保组织开展了宣传教育活动，政府部门和研究机构加大了科技研发力度，部分州开始制定专项法律法规，电子废弃物回收处理专业化公司开始出现。目前，电子废弃物资源化产业在美国已经初具规模。可回收利用的物质在电子废弃物中比例较高，因此具有很高的经济价值。目前美国半数以上的州颁布实施了电子废弃物管理法。大量的电子废弃物资源化成为热点，相关的环境保护法规为产业发展提供了良好的发展环境。如今，电子废弃物资源化产业在美国已经成为一项生机勃勃的新兴产业。

自 2000 年以来，美国先后有 20 多个州尝试制定自己的电子废物专门管理法案。除少数已经正式生效外，大部分处于提案和审议修改阶段。2003 年 9 月，加利福尼亚州通过管制电子产品生产者及其处置的法规，对新产品征收 6~10 美元的处置费用。美国加州的立法机构 2004 年通过了一项在美国首开先河的提案，要求顾客在购买新的电脑或电视机时，交纳每件 10 美元的"电子垃圾回收费"，旨在为环保提供额外资金。环保组织和地方政府希望，这笔费用能用来帮助安全处理居民家中的电子垃圾。

美国环保局认为，不同的产品需要不同生产者责任延伸制度。政府更倾向于利用市场的力量实施生产者责任延伸制度，支持各州政府探索电子废物的各种管理途径。联邦政府认为，如果企业自己不能解决问题，将进行强制立法，以此促进企业自己开展废弃产品的回收和处理行动。目前，美国企业开展了一系列废弃产品的回收处理工作，主要集中在计算机领域。IBM 公司有偿从个人和小企业回收任何品牌的计算机，消费者必须将自己的计算机包装好送往指定回收公司。回收公司将可用的计算机通过一家非营利机构捐献出去，不可再用的废弃计算机则进行回收材料处理。

目前废弃电脑和电视的含铅量占到美国垃圾填埋物总含铅量的 40%。美国人开始积极寻找各种方式处理这些电子垃圾，美国各州尤其是 IT 产业集中的西部各州已开始制定相关法规，禁止使用掩埋的方式处理电脑显示器等电子垃圾。在政府的倡导下，电子产品的再循环利用在美国政府、生产厂商和消费者中得到较好的认同。长期发展中，电子垃圾拆解已形成完善的专业市场分工，有专门的拆解公司和电路板回收公司。设计既容易回收，又对环境损害较小的电子产品，也已成为一些知名公司的研究重点。据了解，美国电子垃圾的回收再利用率可达到 97% 以上。

1.3.2.3　日本

日本 2000 年颁布的《家用电器再生利用法》规定制造商和进口商负责自己生产和进口产品的回收和处理。日本《促进循环型社会形成基本法》规定，国民在产品长时间使用、使用再利用品和回收循环资源方面有义务进行合作，有义务遵守有关建设循环型社会的法规；当产品成为循环资源时有义务协助企业收集。

日本制定了《家用电器回收法》，并已从 2001 年 4 月 1 日开始实施。根据这项法律，家电生产企业必须承担回收和利用废弃家电的义务，家电销售商有回收废弃家电并将其送交生产企业再利用的义务。而消费者在废弃大件家电时，有回收和循环利用废弃家电以及负担部分费用的义务。日本的《家电回收法》中还规定了生产者不承担延伸责任的惩罚措施。《家电回收法》规定生产企业产品回收利用率为：空调60%以上，电视机55%以上，冰箱50%以上，洗衣机50%以上。在规定时间内生产企业若达不到上述标准将受到处罚。

日本颁布的家用PC回收法规定，回收费用采用"随机征收制"，即消费者新购PC时需负担回收费用。回收费用方面，PC每台需付3000~4000日元，笔记本电脑每台需付1000~1500日元，并于2003年春季实施。配合2002年4月先行实施的商用PC回收法，日本PC资源回收法规趋于完善。

1.3.3 电子垃圾处理的国内外经验

当前欧美和日本经济发达国家电子废弃物的处理技术处于领先地位，回收效率高，产生污染少。目前国际上应用的先进废弃电器电子产品回收技术主要有：

（1）采用电弧炉熔炼回收电子废弃物中的金、银、钯，回收率可分别达到99.88%、99.98%和100%；

（2）采用压碎—分类—燃烧—物理分离—熔炼—电解工艺，从电子废弃物中回收金、银、钯，回收率达到90%；

（3）采用机械分选—硫酸+过氧化氢浸出基本金属—硫代硫酸铵+硫酸铜+氨水浸出金和银工艺回收金和银，金的浸出率大于95%，银的浸出率达到100%。

欧洲：欧洲废旧电子电器的处理水平领先全球，欧盟议会及理事会早在2003年就发布了两项指令，即《关于在电气电子设备中禁止使用某些有害物质指令》（RoHS）和《报废电气电子设备指令》（WEEE）。欧洲多数国家回收处理技术专业化程度很高，业务分工很细，处理方法主要可归纳为5个阶段：回收、产品分类、部件拆解、部件分类、专业化处理。

美国：美国是世界上最大的电子产品生产和消费国，同时也是废旧电器电子产品的最大制造国。从2002年开始，美国出台了一系列推动包括旧家电在内的废旧物的回收利用法规，并建立了一批技术成熟、管理完善的废旧家电处理企业，对旧家电的回收利用率达到97%以上，只有不到3%的废料被当作最后的垃圾埋掉。

日本：日本生产电子产品的速度位于全世界前列，每年产生的大量废旧电器电子产品也是威胁环境的巨大隐患。基于此问题，日本很早就注重电子垃圾的无害化回收，并为此制定了一系列的法律法规。如2000年的《促进循环社会形成基本法》，后颁发《家电循环利用法》作为该系列法中的一个配套法律，2001年4月正式实施；2003年10月修订了《资源有效利用促进法》；为加强日本废旧家电电子回收再利用管理，2008年10月日本环境省和经济产业省联合出台相关政策。

　　电子垃圾的资源化和无害化处理不仅可以减轻对环境的污染，遏止生态环境进一步恶化，还可以为社会创造一定的财富。发达国家电子垃圾问题产生较早，其管理和处理经验也较多，我国可借鉴他们的经验为电子垃圾处理提供思路。

1.4　欧盟电子废弃物回收处理立法及实施情况

　　在欧盟，荷兰电子废弃物回收处理从开始探索到立法实施及不断完善，经历了十多年的时间，制度日趋完善。

1.4.1　荷兰废弃电子电气设备法律立法过程

　　荷兰是欧盟研究、实施废弃电子电气设备（简称 WEEE）法律比较早的国家，在欧盟 WEEE 指令出台前，1998 年 4 月 21 日，荷兰就已颁布实施了《白色家电和棕色家电法令》，其要求近似于欧盟 WEEE 指令的规定。1999 年 1 月，进一步将大宗家电和信息产品包括在内，2002 年 1 月将所有电子电气产品都纳入其管理范围。

　　荷兰关于废弃电子电气设备回收处理的争论经历了很长的一个过程。自 1991 年开始展开讨论，直到 1996 年初，各相关利益方取得共识：都认为毋庸再讨论原则和目标之类的问题，而应该考虑如何解决问题，即在现有技术和基础设施的基础上，能够取得什么结果。至此，一项回收再利用的系统得以启动，并逐步向着环境效果更好、成本更低的方向发展。为给该实用方法提供依据，1996 年，立法部门、地方当局（负责收集）、产品生产商及零售商共同资助和实施了一项示范项目。从示范项目实施的结果出发，确定未来各利益相关方的责任以及系统运行要实现的目标。

　　欧盟《关于在电子电气设备中限制某些有害物质的指令》（RoHS 指令）和《关于报废电子电气设备指令》（WEEE 指令）发布后，荷兰的相关法律转换工作进展顺利，分别于 2004 年 7 月 6 日、7 月 19 日采纳并通过《WEEE 管理法令》（WEEE Management Decree）和《WEEE 管理办法》（WEEE Management Regulations），2005 年 1 月 1 日起实施，照明产品实施时间推迟到 2005 年 8 月 13 日。《WEEE 管理法令》是荷兰有关废弃电子电气设备的管理和某些有害物质使用的国家法令，主要完成对欧盟 RoHS 指令的法律转换；《WEEE 管理办法》则是荷兰住宅、空间规划与环境部制定的对欧盟 WEEE 指令的法律转换。

　　荷兰废弃电子电气设备法律规定的产品范围、回收、再利用以及再循环目标与欧盟 WEEE 指令相同，其中，电器整机的再使用（指进入旧货市场的旧电器）不包括在回收、再利用和再循环率的计算中，零部件的再利用可以包括在内；出口到欧盟以外国家和地区的废弃电子电气设备也不包括在内，除非出口商可以证明出口的废弃电子电气设备已经按照等同于 EC 标准的要求进行再回收、再利用和再循环处理。

1.4.2　荷兰对电子废物实施了有效的回收利用

消费者可通过两种渠道免费交付电子废物，一是通过零售商来实现，二是直接送至市政指定回收点。这样的组织形式为零售商的以旧换新业务留下空间，可以继续保留他们早先拥有的客户源和维修业务。

荷兰针对不同产品类别建立了三个回收组织：NVMP（家用电器）、ICT 系统（IT 产品、办公设备、电信产品）和 Stichting Lightrec（照明设备），还有可能建立其他产品回收系统。

1.4.2.1　NVMP 系统

NVMP 是荷兰金属和电子产品处置协会（the Dutch Association for the Disposal of Metal and Electrical Products）依据 1998 年荷兰的《白色家电和棕色家电回收处理法》建立，主要处理白色电器和小家电。该系统是一个伞形机构，除了进行制度建设的总协会（董事会）外，下设 5 个独立的基金会，分别负责 5 类产品——白色电器、棕色电器、通风设备、电动工具和金属电动产品。政府以监督员的身份出席董事会会议。

NVMP 系统 1999 年 1 月开始运行，2005 年 8 月 13 日开始对欧盟 WEEE 指令涉及的所有产品类别负责。到 2005 年 10 月，加入 NVMP 的生产商或进口商会员即有 1350 家，几乎涵盖全部的大、小家电市场。

（1）NVMP 实施可见收费，处理包括历史废物和孤儿废物（即其生产商已经消失的废物）在内的所有废物。生产商每两个月根据产品种类和销售数量向 NVMP 基金会缴纳处理费用。NVMP 将回收处理费的管理委托给一家独立财务公司，该财务公司每月向董事会提供月度报告，并对会员单位进行审计，确保相关责任的履行。单台电器的处理费，从 1 欧元（如咖啡器和真空吸尘器等）到 17 欧元（如冰箱、冰柜等）不等。许多小家电如电吹风、电动剃须刀、视听设备等不收处理费。原则上处理费收费标准将至少保持两年不变。

（2）NVMP 负责协调荷兰境内的废弃电子电气设备收集和运输，向市政回收点、地区分类中心、零售商和小学提供废弃电子电气设备回收服务（8 件大家电或 8 箱小家电起服务）。NVMP 通过招标方式选择合作的运输公司，目前共有 4 家签约运输公司，每个公司根据其所在地负责一片区域。

（3）NVMP 系统先签约有 5 家处理公司（11 家处理厂），通过招标方式进行选择。处理公司要签约 NVMP 系统，必须能证明自身能够达到目标回收率。NVMP 系统物流公司和处理公司的签约时间为 3 年，并将邀请法国、德国等非欧盟荷兰的公司参与。

1.4.2.2　ICT 系统（ICT milieu scheme）

（1）ICT 系统主要处理 IT 产品、办公用品和通信产品，1998 年由 160 家生产商和进口商共同出资建立。但是 ICT 不采用可见收费，每个会员企业按照实际发生的回收成本付费，并内部消化这些成本。

（2）ICT 系统分销商接收普通消费者或商业用户交回的废弃电子电气设备，生产商负责将之运输到处理厂。大多数旧设备通过"以旧换新"收集。回收商负责登记所接收设备的质量和数量，据此计算出生产商应承担的费用。收集处理费用的收取方式由生产商自行决定。收集渠道有多种，包括转售商、修理中心和市政当局。

2002 年，ICT 收集的全部废弃电子电气设备中，孤儿产品以及逃避责任的企业生产的产品占到了 32%。2003 年开始，ICT 根据爱立信、惠普、飞利浦等公司的建议改为根据各个生产商的市场份额分摊回收费用。现在生产商负责收集和处理所有"灰色"产品，而不仅仅是自己品牌的产品，分类工作大为简化，创造了一个更为公平的收费体系。

（3）ICT 系统的生产商和进口商每月支付一次回收处理费用，包括分担孤儿产品以及逃避责任的企业生产的产品的处理费用。不同类型产品的处理成本不同，如打印机约为 2.65 欧元/台、PC 整机约为 15 欧元/台。如果生产商自行处理旧设备，需支付的费用将会降低，但需填写相应的声明表格（与回收发票一起发给会员）。

1.4.2.3　Stichting Lightrec

Stichting Lightrec 是由包括飞利浦、SLI Benelux、Cooper Menvier 等公司在内的企业为履行废弃电子电气设备的回收义务，于 2003 年 12 月成立的一个专门处理商用和家用废灯泡和照明器具（至少有一个灯泡的器具）的回收组织，采用可见收费。NVMP 承担其实际的产品回收和处理事务。

1.4.3　荷兰电子废物回收处理取得显著成效

2001 年，NVMP 系统共回收处理 350 万台 WEEE，总重量 6.6 万吨，人均收集率 4.13 千克/年，单纯从数据上讲，已经达到了欧盟 WEEE 指令规定的回收再生目标。2002 年，ICT 环境系统回收处理的 WEEE 总重量 9500 吨，人均收集率 0.59 千克/年。2011~2014 年的收集结果见表 1-1。回收利用率是指："没有进入填埋场和焚烧厂的物质重量"与"所处理物质的重量"之比（表 1-2）。

表 1-1 荷兰 NVMP 自 2011 年以来 WEEE 的收集结果

WEEE 类别	2011 年		2012 年		2013 年		2014 年	
	收集量/t	收集率/%	收集量/t	收集率/%	收集量/t	收集率/%	收集量/t	收集率/%
制冷家电	19.8	76	23.7	94	26.2	100	25.7	98
大家电	8.2	40	16.3	83	20.8	100	20.9	102
电视机	5.5	64	8.6	100	8.6	100	8.0	93
小家电	2.5	—	5.4	58	9.7	100	11.5	120

表 1-2 荷兰白色和棕色废家电回收再利用的成效

类　别	欧盟荷兰 WEEE 回收利用率/%	欧盟现行目标值/%
电冰箱	79	75
洗衣机	73	75
小型白色废物	76	50
电视机	76	65
小型棕色废物	71	50

1.4.4 回收再利用系统的资金流情况

消费者在购买新产品时要支付可见的回收处理费用（表 1-3）。目前，荷兰对电子废物实施可见收费，即在新产品的销售价格的基础上明码标出处理费，收费标准与品牌、重量、体积或价格无关，为简便和透明，每种产品类型收费固定，费用包含回收成本和波动的缓冲。采取可见收费方式使得费用收缴变得简单化和透明化，并在消费者中产生积极的回收意识。不仅以前的废物可以较容易地处理掉，并且一些传统品牌（市场份额较高）的利益可以得到平衡。同时，对于生产者不复存在的"孤儿产品"也可较容易地处理。零售商收到回收费用后，将资金通过常规支付方式划转给生产商，之后又转到 NVMP 等集体回收组织。

表 1-3 荷兰电子电气产品可见收费标准　　　　（欧元/单位）

冷凝器	17.00
洗衣机、干燥机	5.00
咖啡机、煎锅、真空吸尘器	1.00
一般电视、LCD 电视、等离子电视	8.00
DVD 播放器	3.00
电子工具	1.00
数码相机、电子合成器	2.00

资金将用途如下：支付回收商费用；支付从市政收集点进行运输的费用；偿还零售商参与该系统所要花费成本的费用；支付管理费用，促进系统改善；支付地区分类中心运行费用；设立防范金融波动的费用。

1.4.5　电子废物回收处理系统的信息流

荷兰废弃电子电气设备回收再利用系统信息流比较复杂，虽然有许多不同的政府机构、行业组织、消费者群体都参与系统的建设和运作，但仍然实现了较高的工作效率。根据《废弃电子电气设备管理办法》，生产商负有下列信息报告责任[9~16]：

（1）提供给消费者的信息。在 2011 年 1 月 13 日之前（大家电在 2013 年 1 月 13 日之前），电子产品废弃的处理费用，可以以可见费用的形式单独标注在价签上，但前提是该费用不超过实际处理费用，截止时间之后，不允许收取可见收费，但回收处理费用由生产企业负责。

（2）提供给回收处理机构的信息。在产品投放市场一年内，生产商应该向维修商、维护商以及处理机构提供有关该新产品再利用、再循环以及处理的相关信息。该信息既可以以电子文档的形式提供，也可通过印刷文档形式提供。信息应该标明产品使用的零部件和材料，应标明哪些地方使用了有毒物质或特殊物质。

（3）提供给政府管理部门的信息。在《废弃电子电气设备管理办法》生效之日后的 13 周内，生产商或进口商必须向政府管理部门提供 5 年计划，详细阐明将如何履行自己的回收责任和义务。在计划中必须写明：如何从供应商、维修商和市政回收点收集废弃电子电气设备；收集的废弃电子电气设备的回收比例——产品再使用、零部件再使用、材料再循环以及能源回收的目标值；剩余产品和部件的处理方式（由何人处理）；系统处理废旧电池的方式（对废旧电池处理法案没有要求的产品）；如果生产商或进口商从欧盟荷兰市场退出，必须采取相应的措施确保未来废旧产品能正常搜集并进行处理；回收系统的资金运行方式以及对该系统的监督。

在该 5 年计划结束前还必须提交新的 5 年计划。每年的 7 月 1 日之前，制造商或进口商必须向政府管理部门报告是否履行了自己的义务。他们也可以联合提交报告，或者委托第三方机构代表他们履行义务。

1.5　我国电子废弃物回收处理法律措施

继《废弃电器电子产品处理基金征收使用管理办法》颁布实施之后，2015年 6 月，财政部、工业和信息化部、商务部、科技部联合印发了《关于组织开展电器电子产品生产者责任延伸试点工作的通知》（以下简称《通知》），废弃电器电子产品资源化利用产业发展行动计划也在编制中，相关政策正在逐步画出废旧电子电器产品回收利用的闭环。

1.5.1 多部委协同形成立体政策支撑

成为正规处理企业的《废旧电器电子产品处理基金征收使用管理办法》政策支撑实施后，财政部与环境保护部分别于 2012 年 7 月和 2013 年 2 月分两批公布了纳入基金补贴范围的处理企业名单，共计 64 家。同时，"四机一脑"（电视机、洗衣机、空调、冰箱、电脑）成为首批被纳入基金补贴的产品。国家发展和改革委员会等六部委印发的《废弃电器电子产品处理目录》（2014 年版）将品类扩大至 14 类，其中新增家电品类有吸油烟机、电热水器、燃气热水器等家用电器及手机、复印机等电子类产品。基金制度是生产者承担经济责任的表现形式，基金制度的实施对整个废弃电器电子产品回收行业起到了很大的推动作用。目前已经有 106 家有资质从事废弃电器电子产品回收处理的企业，他们的处理技术、处理规模、管理水平都不断上升，回收了大量铁、铜、铝等资源，并减少了大量有害气体和有害物质的排放。

在目前回收处理的产品中，电视机品类是完成最好的，占整体回收产品的 80%~90%，其他产品则存在很大差距。不同产品的材料价值、环境属性、回收渠道等有很大差异，以单一的基金模式，可能对某些产品的回收起到很好的推动作用，而对某些产品推动力度不够。反观国外，不是以生产者交多少钱来履行责任，而是履行社会责任，即由生产者自己承担，或者委托第三方承担，通过市场化运作，降低企业回收成本，最终从回收效果来检验生产者是否真正履行了责任。据了解，这也正是开展此次试点工作的重要原因。

从工信部对于《通知》的解读可以发现，今后，生产企业对于废旧家电的责任，不再是交钱了事。此次试点的总体思路是以生产者为主体，生产者在电器电子产品生态设计、绿色生产、回收、再制造和资源化利用等环节具有主导的作用。鼓励生产企业直接主导或与专业从事废旧电器电子产品回收利用的企业或机构合作开展回收、处理与再利用，鼓励行业组织参与运营，推动生产企业逆向物流体系建设。

试点工作的总体目标是用 3 年时间，树立一批生产者责任延伸标杆企业，培育一批包括行业组织在内的第三方机构，扶持若干技术、检测认证及信息服务等支撑机构，形成适合不同电器电子产品特点的生产者责任延伸模式。在总结试点单位经验的基础上，研究制定电器电子产品生产者责任延伸综合管理体系、技术支撑体系和服务评价体系。

（1）环保部修订固废污染防治法：目前我国关于电子废物处理管理政策法规最高的有三部：《中华人民共和国清洁生产促进法》《中华人民共和国固体废

物污染环境防治法》《中华人民共和国循环经济促进法》。其中最重要的一部法律是《中华人民共和国固体废物污染环境防治法》，但其中主要是对于环保部门的要求，而对产废单位的要求非常少，导致目前固体废物管理的难度非常大；同时其对很多固体废物也没有作出规定，而我国的基金补贴又实行的是目录制，因此亟待完善。目前，环保部正在积极推进该法的修订。

（2）工信部编制利用产业发展行动计划：工信部正在编制废弃电器电子产品资源化利用产业发展行动计划，该计划的目标是，通过 3~5 年的规划，重点解决废弃电子产品资源再利用薄弱的问题，过去政府和企业在废弃电子电器上的措施主要是解决环境污染问题，但是在资源化利用方面一直比较薄弱。此次试点工作强调环保和资源再利用并重，解决我国资源与环境的瓶颈问题。

（3）商务部试点新型回收体系：回收行业近些年来"小、散、差"的特点制约了回收行业的快速发展，为了改变这种状况，从 2006 年开始，商务部开展了以回收站点分拣中心和第三方市场建设为核心的三位一体的试点城市回收体系建设。由商务部牵头编制的《再生资源回收体系建设中长期规划（2015—2020）》，对各地提出了要求，其中电子废弃物回收体系的发展建设是其中的重要内容。同时商务部通过指导试点城市制定实施方案，组织评估验收和指导，推动了试点城市向网点布局合理、管理规范和回收方式多元的方向发展，目前试点城市数量已经达到 90 个。在网络时代，推动探索销售新商品、回收废弃商品正向逆向相结合的合作方式，建立商品售新收旧机制，打造绿色产业链。利用现代信息手段，包括互联网、大数据、物联网管理等手段，实现有形市场和无形市场融合，鼓励市场回收；推动建立一些智能回收、自动回收机、循环超市等新兴的回收模式。

1.5.2　年拆解能力稳步提升

由中国家电研究院发布的《2014 中国废弃电器电子产品回收处理及综合利用行业白皮书》（以下简称《白皮书》）显示，在《废弃电器电子产品回收处理管理条例》和配套政策全面实施的推动下，我国废弃电器电子产品回收处理行业得到了快速发展。不论在管理制度方面，还是在资源回收利用、节能减排、污染预防等领域，都取得了显著的效果。

根据中国家用电器研究院测算，2014 年，我国处理企业共回收铁 14.6 万吨、铜 3.06 万吨、铝 0.6 万吨、塑料 23 万吨。2014 年，获得资质的废弃电器电子产品处理企业拆解处理首批目录产品达到 7000 万台左右，总处理重量达到 150 万吨。

据中国家用电器研究院电器循环技术研究所介绍，截止到 2014 年底，进入废弃电器电子产品处理基金补贴名单的处理企业共计 106 家，年拆解能力超过

1.33 亿台，实际拆解处理废弃电器电子产品达到 7000 万台左右。另据环境保护部固体废弃物与化学品管理中心胡华龙副主任透露，根据各省的发展规划，2015 年全国废弃电子电器产品处理企业达到 129 家。尽管进入市场的处理企业越来越多，但面对 2015 年 1.6 亿台报废量的压力，大部分企业选择改造拆解线，升级处理设备，以此来提高电子垃圾拆解处理效率。2014 年处理工艺技术涉及 44 家处理企业。其中，京津冀地区 6 家，东北地区 2 家，华东地区 11 家，华南地区 5 家，中部地区 15 家，西部地区 5 家，基本反映了中国处理企业处理技术工艺情况。

规范拆解处理减少了对环境的危害。中国家用电器研究院测算数据显示，2014 年，废冰箱累计拆解处理 110 万台。以 200 升冰箱制冷剂平均重量 160 克计算，可理论减少 175 吨电冰箱制冷剂排放，相当于减少近 150 万吨 CO_2 的排放量。废空调拆解处理 1.3 万台，可以理论减少 13 吨房间空调器制冷剂排放。

1.5.3 正规企业原料回收难

目前，我国手机、计算机、彩电等主要电子产品年产量超过 20 亿台，每年主要电器电子产品报废量超过 2 亿台，重量超过 500 万吨，已成为世界第一大电器电子产品生产和废弃大国。

在立法和政策的双重推动下，2011 年我国废弃电子电器产品回收处理及综合利用行业得到快速发展。规模化、布局合理、覆盖面广、拥有运输工具以及信息统计系统的回收企业在数量、规模上都实现了大幅增加。截至 2011 年 12 月 31 日，全国共有 1125 家中标家电以旧换新回收企业，一个多元化的废旧家电回收网络正在建立。但是，处理企业 95.66% 以上的原料来自家电以旧换新，少部分来自大宗企业、个体回收以及自建渠道等，处理企业极大程度地依赖于国家政策。当时拿到以旧换新家电拆解牌照的企业，不但废旧家电回收价格低，货源有保证，塑料、铝铜等价格又高，所以企业还是盈利的。

但是家电以旧换新政策刚结束不久，不少企业家电拆解线便处于停工状态。家电以旧换新政策结束后，由于我国的基金补贴政策实行的是对拆解企业的补贴，正规的回收体系难以维系，因此废旧家电的回收又回到了政策实施之前的状态。在 2011 年，废旧家电处理华新绿源累计拆解 310 多万台废旧家电，超过 8 万吨。可在以旧换新政策结束后，2012 年的回收拆解数量不到 2011 年同期的 1/6。如果没有补贴，废旧家电，不论大小，都是拆一台赔一台。

2012 年下半年，《废旧电器电子产品处理基金征收使用管理办法》实施以后，入围的企业可以享受补贴，其中电视机 85 元/台、电冰箱 80 元/台、洗衣机 35 元/台、房间空调器 35 元/台、微型计算机 85 元/台。资金来源是国家向家电生产企业收取的处理基金，而拆解企业由此可以保证微利。

1.5.4　政府主导集团作战

废旧家电被誉为城市矿山,看好矿山的开采价值,多年来,有不少企业投身其间,进行了积极有益的探索。2005 年,海尔与另一家企业合资成立了青岛新天地生态循环科技有限公司废旧家电拆解处理中心,并在青岛等地区成立了社区废旧家电回收站;2011 年,松下在华投资的首家家电回收处理工厂在杭州正式成立。中外企业都希望能够在这一巨量的隐形财富中掘金。

同时,不少拆解企业也纷纷试水新型回收模式。格林美、名图、香蕉皮网站等均取得了成功的经验。但是,至今,消费者如何能够方便放心地处理家中的废旧电器电子产品,拆解处理企业又如何能够顺畅地回收到充足的原材料,一直是困扰各方的难题。究其原因,这些积极有益的尝试大多都是企业的单打独斗,而在回收体系尚欠完善、相关政策及制度有待补缺的大环境下,企业的努力对于废旧电器电子产品回收处理的正规化建设可谓杯水车薪。敢于试水这一领域的企业运营也往往举步维艰。

此次试点的目的就是通过试点拿到数据、了解问题、扫清障碍,达到所有产品都能得到回收再利用的目标。对列入此次试点的企业,不仅有可能享受废弃电器电子产品处理基金补贴政策,对试点方案中提出的项目,符合国家技术改造等资金支持范围的也将予以优先支持。

由政府牵头搞试点,能够让回收和处理企业联合起来,在资源、技术等各方面实现共享或相互学习。同时,通过政府部门的引导和扶持,能够把分散的回收渠道集中起来,在生产过程中将产品标准化,为拆解和再资源化扫清障碍,这也只有将产品放在全生命周期中通盘考虑才能实现。

1.6　电子废弃物回收利用和处置的法律措施——国外经验与我国对策

中国作为电器电子产品生产和消费大国,电子废弃物循环利用和处置的问题一直未得到有效解决。某些含有多种有毒物质的电子废弃物如果回收利用或者处置不当,除了对水、空气、土壤和动植物造成污染外,还会形成一条危害人体健康及生命安全的污染链,对人类生存环境造成无法估量的破坏。降低电子废弃物对环境的危害,促进电子废弃物以无害环境的方式回收利用和处置,走循环经济之路,是中国目前亟待解决的环境资源问题[12~16]。

虽然中国政府对电子废弃物引发的环境和健康问题给予了高度关注,但至今仍未颁布专门的法律。虽然《清洁生产促进法》《固体废物污染环境防治法》《循环经济促进法》中有一些条款对此做了规定,但这些条文仅是原则性规定,可操作性不强;国务院有关部门制定的《电子信息产品污染控制管理办法》《电子废物污染环境防治管理办法》《再生资源回收管理办法》《废弃电器电子产品回收处理管理条例》在一定程度上遏制或降低了电子废弃物对环境的危害，但仍存在应对措施不力、法治化管理程度不高等问题。

1.6.1 国外电子废弃物回收利用和处置立法的现状

20 世纪 90 年代以来，德国、日本以及欧盟等国开始对电子废弃物回收利用和处置进行立法规制，颁布实施了一系列专项法规，确立了"谁污染谁负责"的原则，创造了生产者责任延伸制度和其他管理制度，以法律手段引导电子废弃物从传统的"生产—消费—废弃"模式向"生产—消费—再生产"新经济发展模式转变。

德国：德国于 1972 年颁行了《废弃物管理法》。1991 年 7 月颁布了《电子废弃物法规》，1992 年起草了《关于防止电子电器产品废弃物产生和再利用法（草案）》，1996 年公布了更为系统的《循环经济和废物管理法》，通过这些法律法规对电子废弃物进行积极的回收利用和处置。德国还根据欧盟的 WEEE 以及 RoHS 指令，于 2005 年 7 月颁布了新的《电子电气设备使用、回收、有利环保处理联邦法》。该法明确了制造商对其设计、制造和销售的家电和电子产品进行收集、再使用和处置等义务，即从电器的原材料选择和产品设计开始，就为将来的使用和废弃考虑，形成资源—产品—再生资源的良性循环，从根本上解决环境与发展的长期矛盾。

日本：日本是最早对产业废弃物进行立法的国家。1992 年对 1971 年出台的《废弃物处理法》进行修订，还颁布了《资源有效利用促进法》，对再资源化资源和再资源化零部件利用，兼顾减量化、设计与制造要体现重新使用和回收利用，使用完毕的产品自主回收和再资源化等作出明确规定。1997 年颁布《容器包装再循环法》，1998 年 6 月颁布《家用电器再生利用法》，规定制造商和进口商负责自己生产和进口产品的回收和处理。2000 年 6 月颁布《循环社会推进基本法》，该法宗旨即推进循环型社会的形成，抑制天然资源的消费，减轻环境负荷。在《循环社会推进基本法》的总体框架下，随后又制定并实施了《绿色物品采购法》《食品再循环法》《建筑材料再循环法》《汽车再循环法》。

欧盟：1993 年，欧盟确立了以"谁污染，谁负责"原则和"减少有害物质的替代原则"为基础的管理制度。1998 年 7 月颁布了《废旧电子电器回收法》，要求厂家对其产品在每个环节上对环境造成的影响负责，相关垃圾的回收和处理费用也由厂家承担。2000 年 6 月公布了《欧洲议会和理事会关于电子电器设备废弃物立法提案》，并于 2002 年 2 月通过了两项指令，即第 2002/96/EC 号《废旧电子电气设备（WEEE）指令》和第 2002/95/EC 号《关于在电子电气设备中限制使用某些有害物质（RoHS）指令》。2005 年 8 月欧盟《电子废弃物处理法》正式出台；2006 年 7 月《关于在电气电子设备中限制使用某些有害物质指令》

（简称 RoHS）正式施行。西班牙、荷兰、意大利等欧盟大部分国家都完成了把
WEEE 或 RoHS 指令转化为国内法律的任务。

其他国家：美国于 1976 年颁布了《资源保护回收法》，并于 1986 年进行了
修订。虽然对废旧电子电器中破坏臭氧层的氯氟烃和含氢氯氟烃实行强制回收，
但至今没有对废旧电子电器实行强制性回收利用和处置的法律，不过，一些州已
经开展了此方面的立法工作。如缅因州于 2006 年 1 月正式实施了《有害废物管
理条例》，规定对家用电视机和电脑显示器实行强制回收。新泽西州、宾夕法尼
亚州和马萨诸塞州通过了征收填埋和焚烧税来促进有关家电企业回收利用废弃物
的立法。加拿大多数省份已经开展了电子废弃物回收立法。如阿尔伯特省制定了
《电子产品指定条例》《电子产品再利用规章》等，于 2005 年 2 月正式启动了电
子废弃物回收处理工作。安大略省环境部于 2004 年 12 月将电子废弃物列入废物
回收法的管理产品目录，要求废物回收公司制定电子废弃物回收制度。

1.6.2　国外电子废弃物回收利用和处置的立法特点

上述诸国和欧盟在电子废弃物回收利用、处置方面的立法特点包括：

（1）立法理念先进。电子废弃物的资源化利用和处置是一项复杂的系统工
程，各国和欧盟在立法时均从传统的"生产—消费—废弃"模式向"生产—消
费—再生产"的新经济发展模式转化，确立再利用、无害化、资源化的理念，全
面、合理考虑政府、生产者、进口者、销售者、消费者、回收处理者各方的责任
和利益。1991 年德国首次按照资源→产品→资源的循环经济理念，制定了《包
装条例》，然后又把"生产者承担延伸责任"引入电子废弃物处理立法中。日本
立法时认为电子废弃物生产者延伸责任制度的有效实施必须要有消费者的积极协
助。消费者承担部分责任是加强公众参与、鼓励消费者改变消费习惯和生活方式
的有效手段。

（2）调整对象规范。日本在制定《家用电器再生利用法》时，明确该法的
调整对象主要为冰箱、电视、电脑等家用电器。欧盟在制定《电子废弃物管理
法》时参考了瑞典、德国、荷兰、意大利、葡萄牙等成员国家已经颁布的相关法
律，经过了长时间的准备、酝酿和修改，总结了来自各方面的意见和建议，详细
列出了包括大型家用电器、小型家用电器、IT 和通信产品等 10 大类别和 101 种
品种电子废弃物。美国加利福尼亚州 2003 年通过的《电子废弃物再生法案》
（2005 年 1 月 1 日起正式实施），其调整对象明确规定为在加州销售的所有视频
显示设备的废弃物。

（3）责任主体明确。各国和欧盟对责任主体的规定不尽相同，大致有三种
情形：一是规定政府或政府的环保主管部门为责任主体；二是规定生产者为责任
主体；三是将消费者规定为责任主体。如 1998 年日本《家用电器再生利用法》

详细规定了厂商和消费者的责任，明确消费者有回收和循环利用废弃家电以及负担部分费用的义务。欧盟成员国瑞典的法律规定，消费者有义务对废弃产品按要求进行分类并送到相应的回收处。美国加州立法机构最近通过了一项首开先河的规定：要求顾客购买新电脑和电视机，要交纳 1 美元电子垃圾回收费，帮助安全处置居民家中的电子垃圾。

（4）责任分配到位。"生产者延伸责任"不仅强调生产者的责任，还强调了以生产者为责任核心的社会不同角色在产品整个生命过程中共同分担责任的问题。各国和欧盟的法律明确了各个相关环节的责任主体及其所应承担的义务。如欧盟和日本采取由厂商与消费者共同分担电子废弃物回收成本的模式，不过，回收成本分担的多与少由市场需求价格弹性来决定。欧盟生产者责任规定最为全面，经济责任、具体实施责任和信息责任均由生产者承担；挪威规定生产者只承担具体实施责任，而经济责任由消费者承担；荷兰具体实施责任由生产者和销售者共同承担；瑞典由专业厂家处理回收来的电子废弃物，回收、信息责任由生产者承担。

（5）费用负担合理。各国在立法中强调生产者、销售者、消费者、回收者、中央及地方政府通过有效机制共同承担电子废弃物回收处理责任。在经济责任方面，欧盟采取生产者负担方式，对 2005 年 8 月 13 日前投放市场的为私人家庭以外的使用者使用的产品的电子废弃物，作为一种可选方法，成员国可以规定私人家庭以外的使用者也部分或全部承担费用；瑞典采取生产者负担方式，实际上最终还是转嫁到了消费者的身上；荷兰、挪威、瑞士、美国加州、日本等规定消费者承担回收、运输、处理费用。

（6）目标切实可行。日本、欧盟等国十分重视环保，因而对电子废弃物回收率要求较高，如日本的电子废弃物回收率过去要求在 50% ~ 60% 之间，环境省统一要求在 2008 年家用电器回收利用率应不低于 80%；欧盟也在 2008 年重新对循环利用的目标作出更高的规定。从各国的实施效果来看，对回收利用率作出明确规定的国家基本上都能在规定的时间内完成预期目标甚至超过预定目标，实施的效果较好。

1.6.3 我国电子废弃物回收利用和处置立法不足之处

我国目前有关利用和处置电子废弃物的条款散见于多部法律之中，而且规定也不全面，针对电子废弃物回收利用和处置而颁布的"办法、条例"较多，尚缺乏一部能够统领电子产品的清洁生产以及电子废弃物回收利用与无害化处置的综合性立法。具体存在如下不足：

（1）立法目标偏低，没有体现循环利用。《固体废物污染环境防治法》规定了使用者对固体废物依法承担污染防治责任，却没有规定具体、配套的回收措施。该法只强调对废弃物的控制，而忽视对其循环利用。事实上，对于废弃物的循环利用是治理电子废弃物污染的一个重要方面，必须要通过立法明确规定生产商有责任向家庭用户回收寿终产品，循环再造，并在此过程中发现设计中存在的问题进而改进设计，政府应采取优惠措施，对废旧电子产品中的"危险废物"、有用的资源和可拆分零部件的回收和再利用等各方面作出较完整的规定，形成对废弃物的循环利用，实现废旧电子产品的减量化、资源化和无害化。《循环经济促进法》第十九条仅针对电器电子产品的拆解和处置进行了规定，未涉及电子废弃物。《电子废弃物污染环境防治管理办法》以电子废弃物污染防治为规范的重点，关注生产、处理处置过程中的污染问题，未系统规范电子废物回收中的污染防治问题，也未涉及电子废弃物回收再利用问题。

（2）条文过于原则，法律作用难以发挥。《清洁生产促进法》仅有两个条文对清洁生产作出了一般性要求，并非专门针对电子产品的绿色设计和绿色制造进行规范，因此，这些条文不能作为规范电子废弃物管理各种行为活动的直接法律依据，也不能发挥法律规范的实际作用。《固体废物污染环境防治法》虽然在针对电子废弃物回收利用和处置方面规定"应当遵守国家有关清洁生产的规定"，但这些规定不过是《清洁生产促进法》原则性和抽象性规范的继续，而且该法第六条对如何实现这一要求并未设置相应的保障措施[9]。对企事业单位提出的原则性要求，对电子产品设计和生产作出的抽象规范，仅仅涉及对电器废弃物处置的原则性规范，未对电子废弃物回收利用作出任何规范，整部法律看不见"电子"的字样。

（3）主管部门众多，要权推责时有发生。中国对电子废弃物回收利用与处置的管理实行的是分级与分部门管理相结合的模式。目前管理电子废弃物的部门有发改委、科技部、财政部、建设部、公安部、信息产业部、商务部、海关总署、税务总局、工商总局、质检总局、环保部等多个部门。依据现行法律法规，电子废弃物的主管部门是不明确的。多个部门皆有权责，而实际后果只能是要权推责以致有权无责。这些管理部门虽然在电子废弃物的管理手段上和管理重点上有所不同，但是存在职能交叉、政出多门的弊端，出现个别部门的管理措施相互矛盾的现象也就不足为奇了。

（4）条文内容片面，责任规定不全不明。《固体废物污染环境防治法》第五条规定了使用者对固体废物依法承担污染防治责任，却没有规定生产者依法回收和处置固体废物责任。《电子信息产品污染控制管理办法》关于生产者责任的规定，明确了生产者对废弃电器电子产品的回收责任，并进一步确认生产者可以委托销售者、维修机构、售后服务机构、废弃电器电子产品回收经营者回收废弃电器电子产品，但主要强调生产者的责任，没有明确主管机关的责任。《电子废物污染环境防治管理办法》《再生资源回收管理办法》《废弃电器电子产品回收处理管理条例》等所确立的法律责任不完善，存在着重叠与真空地带。

1.6.4 完善我国电子废弃物回收利用和处置的立法建议

我国关于电子废弃物回收再利用的法律规范极不完善，借鉴、吸收国外先进的立法工作经验，探索应对电子废弃物回收利用和处置的立法方法和思路，显得尤为重要。在借鉴上述诸国和欧盟的立法经验时，应明确各责任主体和各监管部门的责任，制定原则性、统率性的单行法律，为相关部门的立法提供明确的原则性指导，保证各部门出台的相关规定衔接通畅，共同形成完整的电子废弃物管理立法体系。为此，提出如下建议：

（1）确立先进的立法理念。电子废弃物回收利用和处置是一项复杂的系统工程，中国立法时应确立先进的立法理念，全面、合理考虑各方的责任和利益，突出公众参与，鼓励消费者改变消费习惯和生活方式，减少电子废弃物的产生，实现电子废弃物的再利用、资源化、减量化和无害化。

（2）制定切实可行的奋斗目标。从各国实施效果来看，对回收利用率作出明确规定的国家基本上都能在规定时间内完成预期目标甚至超过预定目标，实施效果较好，进而进入一个良性循环。中国在立法时应设定一个切实可行的奋斗目标，并要求责任主体按时、按质、按量完成。

（3）建立符合循环经济要求的电子废弃物回收利用和处置的法律体系。第一，要规范调整对象，明确责任主体。要详细列出电子废弃物的类别和品种，明确规定政府或政府的环保主管部门、生产者、消费者为责任主体，要求其承担相关环节的责任。第二，建立回收系统。应当规范电子废弃物回收系统的建立和监管。在立法中强调生产者、销售者、消费者、回收者、中央及地方政府通过有效机制共同承担电子废弃物回收处理的责任。第三，整章建制。完善电子废弃物污染防治的法律规定、完善电子废弃物再利用法律规范、落实生产者责任延伸制度、建立符合循环经济要求的电子废弃物回收物流体系。

（4）建立绿色壁垒。绿色壁垒是指进口国政府以保护生态环境、自然资源以及人类和动植物的健康为由，以限制进口保护贸易为根本目的，通过颁布复杂多样的环保法规、条例，建立严格的环境技术标准，制定烦琐的检验、审批程序等方式对进口产品设置贸易障碍。绿色壁垒本身具有双重性。对任何一个国家而言，它既有不利的一面，也有有利的一面。对国外输往中国的科技含量不高、环境污染严重或者已经落后淘汰的电子产品，中国要严把入门关。通过立法提高进口电子产品的环保标准，或者对进口的电子产品额外征收垃圾回收费用等，把严重影响中国环境的进口电子产品挡在"绿色门槛"之外，以减轻中国电子废弃物回收和处置的压力。

（5）突出公众参与。电子废弃物的回收利用和处置是一项庞大而艰巨的工程，需要政府的努力，更需要公众的参与意识和参与行动。立法时可以要求政府通过媒体宣传、组织等相关活动和方式加大对公众的教育，提高公众对电子废弃物适当处置的意识，引导和鼓励消费者优先选购环境友好型电子产品，通过市场的力量推动生产者承担更多的责任。同时要依法引导、鼓励公众和专家开展技术革新等科研活动，为电子废弃物的循环利用，降低电子废弃物的处理成本，开发高效节能、环保的电子产品奠定基础。

参 考 文 献

[1] 鲁明明. 我国废弃电器电子产品管理现状及对策 [J]. 福建质量管理，2017（3）：67.

[2] 陈健华，林翎，高东峰，等. 我国废弃电器电子产品回收处理管理信息化现状及对策 [J]. 中国标准化，2011（6）：26-29.

[3] Thierry M, Salomon M, Van Nunen, et al. Strategic lssues in product recovery management [J]. California Management Review, 1995, 37（2）：114-135.

[4] 陈宇. 江苏省废弃电器电子产品处置环境管理对策研究 [J]. 环境科学与管理，2012（9）：20-22.

[5] 唐红侠. 上海市废弃电器电子产品回收现状及分析 [J]. 污染防治技术，2011（4）：24-27.

[6] 王志军，陈永秀. 废弃电器电子产品回收现状及分析 [J]. 资源节约与环保，2016（10）：32.

[7] 凌江，郑洋，邓毅，等. 我国废弃电器电子产品处理对策研究 [J]. 资源再生，2016（7）：38-42.

[8] 郑秀君. "互联网+回收"背景下上海市废旧手机资源化政策探讨——兼论电子废弃物资源化企业信用评级 [J]. 生态经济，2016（8）：139-143.

[9] 鲁艺. 基于双层规划模型的废弃家电回收站选址研究 [D]. 大连：辽宁师范大学，2016.

[10] 宋小龙，王景伟，吕彬，等. 电子废弃物资源化全生命周期碳减排效益评估——以废弃电冰箱为例 [J]. 环境工程学报，2015（7）.

[11] 郑星. 基于循环经济的海尔公司电子废弃物回收体系研究 [D]. 上海：华东理工大学，2016.

[12] 宋小龙，王景伟，杨建新，等. 电子废弃物生命周期管理：需求、策略及展望 [J]. 生态经济，2016（1）：105-110.

[13] 冯丛娜. 电子废弃物回收处理渠道演化的计算实验研究 [D]. 杭州：杭州电子科技大学，2016.

[14] 单明威，杜欢政，田晖. 新目录下中国废弃电器电子产品管理现状与挑战 [J]. 生态经济，2016（11）：10-12.

[15] 柴志坤. 废弃电器电子产品拆解处理行业发展现状 [J]. 资源节约与环保，2015（10）：12-16.

[16] 赵鑫鑫. 分析废弃电器电子产品拆解处理行业的发展现状 [J]. 化工设计通讯，2016（2）：189.

2 废弃电子电器产品拆解和资源化处理技术

随着电子工业的迅猛发展，电子废物已成为人们日益关注的问题，它已成为世界上增长最快的垃圾。电子废弃物俗称"电子垃圾"，是指被废弃不再使用的电气或电子设备，主要包括电冰箱、空调、洗衣机、电视机等家用电器和计算机等通信电子产品等的淘汰品。然而电子废物中 80%~90% 是可以循环再利用的。就电脑而言，平均 1t 电脑及部件要用去大约黄金 0.9kg、塑料 270kg、铜128.7kg、铁 1kg、铅 58.5kg、锡 39.6kg、镍 36kg、锑 19.8kg，还有钯、铂等贵重金属。仅这 0.9kg 黄金，价值就达 6000 美元。

按照国家环保总局 1998 年 7 月颁布的《国家危险废物名录》中的规定，电子废物不属于危险废物，但是其中含有大量的重金属和其他有害、有毒成分，如多氯联苯、铅、汞等。若随意丢弃或进行不合理的回收利用，其中的有害成分将对我们的生存环境和人体健康构成严重的危害。直接焚烧时会产生有害气体造成大气污染；作为城市垃圾填埋时，因为其中的有害成分生物降解很慢，常在土壤或地下水和植物中累积，通过水体和食物链进入人体，危害人体健康。以电脑为例，生产一台电脑需要 700 多种化学原料，大半都对人体有害，如电脑机壳上都涂有一层有毒的防火制剂，每台显示器含铅约 1kg。据保守估计，如果将所有电子废物都埋入地下，到 2004 年这些有毒物质就达 850 万吨。

电子废弃物已经对各国环境构成了很大威胁。欧洲大多数国家已经建立了相应的回收体系。在德国，电子废弃物回收处理企业一般规模都不大，大多为市政系统专业回收处理公司、制造商专业回收处理公司、社会专业回收处理公司、专业危险废物回收公司等。在美国，电子废弃物的资源化产业已经形成，共有 400多家公司，主要分为专业化公司、有色金属冶炼厂、城市固体废物处理企业、电子产品原产商（OEM）和经销商。

进入 21 世纪，包括欧盟《废弃电子电气设备指令》《限制某些有害物质在电子电气设备中使用的指令》和日本《家电再商品化法》《资源有效利用促进法》在内的国外废弃电器电子产品回收利用管理立法，对再生利用指标的规定变得越来越严格，这无疑对中国家用电器出口提出了更高的要求，有些甚至已经形成绿色技术性贸易壁垒。面对这种情况，研究国内外回收处理技术现状和特点，探索中国废弃电器电子产品回收处理产业的发展模式，是一件非常现实的工作[1~3]。

2.1 国内外电子废物处理概况

美国先将整机或部件再利用，然后对不可用部件进行分拆，塑料、金属、玻璃分门别类；再进行熔炼。欧洲在 1993 年就提出了"制造商责任制"，由制造商负责旧电脑的回收解体处理。日本从 2001 年 4 月起实施《资源有效利用促进法》，要求生产厂家义务回收废旧电脑并将其再生资源化处理。我国广东已在全省范围内建成布局合理的废旧电子电器回收中心，综合利用和处理各类电子垃圾，并形成对废旧电子电器"产生、收集、储存、处理处置、再利用"全过程的监控体系，全面实现废旧电子电器的资源化、无害化和减量化。

2.2 电子废物的资源化设想

电子废弃物中含有可回收的有色金属、黑色金属、塑料、玻璃等，对其实施资源化、减量化、无害化处理，既可以减少焚烧、填埋时造成的负面环境效应，又可以使资源再利用，从而促进社会的可持续发展。

电子废物的材料组成见表 2-1，其中许多成分经过科学的分离和提纯可成为非常宝贵的资源。借鉴国外对电子废物的研究成果，结合中国实际，对电子废物可采取金属富集的系统化综合利用，建立电子废物回收处理站，对电子废物用专门工具进行拆分，按照塑料、玻璃、线路板和金属等分门别类集中，可采用的切削分选技术有空气分选技术、空气流化床水选技术[2~7]。

表 2-1 常见电子废物材料组成　　　　　　　　　（%）

组　成	电子产品			
	计算机	电视机	电话	家用电器
电路板	23	7	11	15
塑　料	22	10	69	
含铁金属	32	20		51
不含铁金属	3	4	4	4
玻　璃	15	41		
其　他	5	18	16	30

电子垃圾回收大体上可以分成三个主要阶段：选择性分拆；提高品质（用机械、物理或冶金方法加工破碎等一系列处理）；提纯（把材料恢复到它们原来的生命周期）。

电子废物的回收可以走规模化回收—科学化分类—专业化处理—无害化利用的道路，由生产商、分销商、零售商、消费者和环保部门合作建立电子废弃物的回收系统。

根据电子废物的基本组成可提出如图 2-1 所示的具体技术路线。

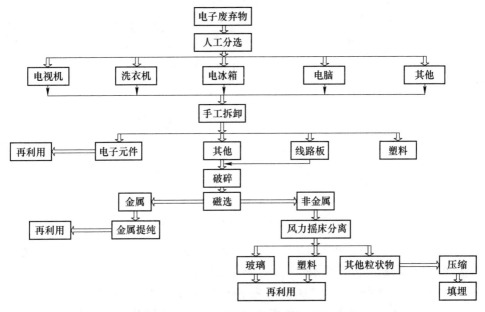

图 2-1　电子废物资源化处理技术设想

回收的塑料、玻璃，送往塑料玻璃制品厂再利用，目前的难题主要是如何将含有害重金属（如铅）的玻璃和普通玻璃分离开。有用的电子元件、线路板可以送往玩具厂制作儿童电动玩具；金属可送往冶炼厂加以利用；含有可供作物吸收的金属盐提取液可通过除去重金属处理后送往肥料厂，用作微量元素肥料添加剂。

2.3　电子垃圾回收工艺流程

电子废弃物的处理过程包括分类回收和拆卸、电子废弃物中非金属的回收处理和电子废弃物中金属的回收处理，如图 2-2 所示。

2.3.1　拆卸工艺流程计划和拆卸工作

拆卸工艺流程计划的目标是制定程序步骤和软件工具，形成拆卸策略和拆卸配置系统：投入物和产出物的分析；装配分析；不确定问题分析；拆除策略的确定。当前采用的拆卸工艺流程，主要是去除有害成分和回收可再利用或有价值的成分和材料。

2.3.2　电子垃圾的机械、物理回收工艺流程

（1）筛选。不仅用于提供符合特定机械工艺流程、大小一致的原料，还可

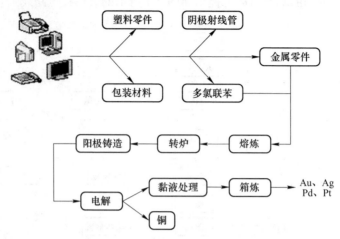

图 2-2　电子废物资源化处理技术设想

以提高金属含量。金属回收的基本筛选用旋转筛选或（旋转式）矿石筛（洗矿用滚筒），振动筛选也是常用的，尤其是有色金属的回收。

（2）形状分离技术。主要应用于控制粉末工业的微粒。这个工艺流程的基础工作原理是利用倾斜实体壁上微粒的速度、微粒通过网状窄孔所需的时间、微粒的实体壁内聚力、微粒在液体中的沉淀速度等的不同。

（3）磁力分选。利用不同材料的磁化率大小各异的特性，引进稀土永磁材料，可提供强度高、梯度大的磁场。强磁场分选，至少可以成功分选三个合金族：相对质量大、中等质量、相对质量小或反磁性铜合金。

（4）导电度分离。根据材料的不同导电度（或电阻率）对材料进行分离。有三种典型的导电度分离技术：旋涡流分离、电晕静电分离以及摩擦电分离。

2.3.3　微粒旋转涡轮机分离器

旋转涡轮机分离器已经顺利地应用在若干种有色金属分离和回收操作中，最常见的是从报废汽车和城市固体废物中回收有色金属。鉴于原料的大小尺寸要求，利用传统的旋转涡轮机分离器受到限制，微粒尺寸大于 5mm，甚至 10mm 才可以。

2.3.4　电晕静电分离

电晕静电分离适用于大小在 0.1~5mm 范围内的微粒，是一项重要技术。这个工艺流程已经广泛地应用在材料加工业和废气电缆回收上。在电晕静电分离中，电极装置、回转轴速度、水分含量以及尺寸大小对分选结果起着决定性重大影响。

2.4 分类回收处理技术和设备

电子废弃物的分类回收和拆卸通常是指电子废弃物在分类回收后运往拆卸公司,再由拆卸公司拆卸成各种碎片。在瑞典的斯特曼技术中心,电子废弃物先是被大致分成五大部分:大的金属零件、多氯联苯、包装材料、塑料零件和阴极射线管,然后再进一步拆分成 70 多种不同的碎片。在拆卸的过程中,对诸如存储器片、集成电路板等可进行修理或升级的则延长其寿命再使用;对含有害物质的部分,如水银开关、镍-镉电池和含有多氯联苯的电容器等,可预先拆下来,通过可靠性检测后再对其进行单独处理。贵金属成分含量的多少是衡量电子废弃物价值高低的基础,价值高的电子废弃物贵金属含量较多,如电脑的多氯联苯;价值低的电子废弃物贵金属含量较少,如电视、录影机的多氯联苯。但不论电子废弃物价值高低,处理流程基本是相同的。

按照废弃电器电子产品的结构特点和材料组成,通常回收处理技术和设备可分为五类,包括:冰箱回收处理技术和设备、含 CRT 的电视机和电脑显示器的回收处理技术和设备、印刷电路板回收处理技术和设备、废塑料回收处理技术和设备以及液晶电视回收处理技术和设备。

2.4.1 冰箱回收处理技术和设备

目前,国外回收处理冰箱隔热层聚氨酯中的氟利昂类发泡剂 R11 的方式有以下几种:

(1)破碎、分选、活性炭吸附、解吸、液氮冷却回收方式。这是以欧洲破碎、分选技术为代表的处理方式。

(2)用电锯锯开冰箱,手工分离冰箱内胆及外壳钢板,用专用设备将发泡聚氨酯粉碎、加压、降温回收方式。这是美国加利福尼亚家电再循环中心采用的处理方式。用电锯把经过预拆解的冰箱箱体锯成 3 块,手工撕掉 ABS 内胆和外壳钢板,分离出聚氨酯发泡料,在专用设备中将发泡料粉碎,经过加压、降温、冷却液化逸出 R11,液态 R11 经过气液过滤器,最终装入储罐。采用该回收方式,R11 回收率可达到 99.8%。

(3)破碎、加压(或加入蒸汽)、旋风分离回收方式。这是日本废冰箱处理厂采用的发泡聚氨酯处理方式。将含有发泡剂的聚氨酯破碎成 0.3mm 的粒度,加压(或通入 125℃蒸汽)使气泡破裂,发泡剂逸出,再通过旋风分离聚氨酯与发泡剂,分别进行回收。

(4)高速切割、压延,直接回收高浓度发泡剂方式。即将经过预拆解的冰箱送入高速自动切断拆解系统中,把冰箱切成 3 部分,分选、分离出可再使用的零件和铁、铜、铝等材料,然后将发泡聚氨酯送入全封闭的超高压压延装置,经过压延破碎，直接液化回收高浓度的发泡剂 R11。

欧洲 RAL 标准规定：抽取 R12 制冷剂后，润滑油中残存的制冷剂量不得超过 0.1%；处理后的冰箱隔热层发泡聚氨酯中的 R11 残存量不得超过 0.2%；处理过程中，R11、R12 不得泄漏。在日本，冰箱回收处理首先是在预拆解阶段，将废冰箱按照使用的制冷剂和隔热材料发泡剂的类型分类，然后用手工或专用设备拆解。拆解的材料包括：原料价值高的零件，如果菜盒等；含有环境风险物质的物质，如抽取 R12 制冷剂、润滑油，拆除印刷电路板等；拆下会对破碎分选工序产生不良影响的零件，如玻璃隔板、压缩机、门封、电容器、电线等。

2.4.2　含 CRT 的电视机和电脑显示器的回收处理技术和设备

CRT 主要由管屏和管锥组成，不含铅的管屏与含铅的管锥由高含铅的低熔点玻璃连接。对 CRT 进行再生利用，必须将管屏、管锥分离，且不得使含铅玻璃混入管屏中。CRT 管屏、管锥分离技术及装置有以下几种：

（1）电热丝分割法。利用电热丝加热——骤冷热应力使管屏、管锥分离，每小时可处理约 30 个 CRT，分离时无噪声，设备投资不大，但切口有时不太整齐，需做简单后续处理。

（2）激光切割法。用激光切割开管屏、管锥，切割时无噪声，切割面整齐，切割速度快，切割一个 21 英寸 CRT 仅需 22 秒，但设备昂贵，欧洲报价为每台 50 万欧元。

（3）金刚石切割法。用一对金刚石切刀切割 CRT，切割面整齐，切割速度较快，每小时可处理约 45 个 CRT，但切割噪声大，刀具磨损严重。德国产的一对切刀价格约为 2500 欧元，只能切割 6000 个 CRT。韩国的金刚砂切割机每台售价为 30 万元，每小时可处理 12 个 12~17 英寸 CRT，切刀可切割 1000 个 CRT，切割时噪声为 80dB，采用水冷却方式。

2.4.3　印刷电路板回收处理技术和设备

通常，印刷电路板的再生利用是由大型金属冶炼公司通过冶炼提取其中的铜及微量金、银等贵金属。印刷电路板经过破碎、焙烧后，冶炼铜，或者通过电气精炼回收贵金属。一些中小电子废物回收利用企业大多采用投入较少的物理机械法，通过破碎分选回收印刷电路板的金属材料。

2.4.4　废塑料回收处理技术和设备

塑料约占电器电子产品重量的 30%，对于冰箱果菜盒、洗衣机内桶等由单一材料聚丙烯（PP）制成的部件，日本废电器电子产品拆解工厂的做法是在预拆解时将这些部件取出，经过破碎、洗净、改性、再造粒，分别再生利用为分体式空调室外机装饰面板和洗衣机底座。

破碎后的家电碎块的主要成分是混合塑料，为实现再生利用首先必须使用高磁力分选机，从约$\phi50mm$的家电碎块中除去不锈钢等硬金属类，然后再破碎到$\phi8mm$左右，用振动筛整粒后，进行干式比重分选、静电分选后，得到铜等金属类含量0.1%以下、氯类含量0.1%以下的高品位混合塑料。经过湿式比重分选，实现对比重小于1.0的PP的高纯度分选，将其洗净脱水后，除去橡胶等异物，进行混合调质，挤出造粒，得到再生利用的PP粒料。

此外，湿式比重分选还可分选出比重1.0~1.1的ABS和PS苯乙烯系列的混合树脂，除去聚乙烯（PE）、尼龙（PA）等工程塑料和含有阻燃剂的、密度大于$1.1g/cm^3$的重塑料。由于ABS和PS两种树脂摩擦带电时极性不同，当带电的ABS和PS在电极间下落时，会受静电力的作用被分选。在保证90%以上的回收率的前提下，经过二级静电分选后的ABS和PS的纯度可达到90%左右。

日本某公司把废CRT显示器的ABS外壳经过粉碎、洗净、造粒后，生产出再生ABS塑料，用于制造公司内使用的垃圾箱、双色圆珠笔等。

日本用废塑料工程材料制作夹层成型的芯材，面材使用塑料原材料，既保证了成型件的强度，又不会显露出再生塑料中的异物，影响商品价值。

2.4.5 液晶电视及显示器回收处理技术和设备

目前，欧洲、日本对LCD玻璃和金属薄膜采用熔炉回收法和冶炼金属回收法处理。对于稀有元素铟，欧洲不予回收，而日本认为铟是稀有资源，予以回收利用。不过，LCD电视回收处理技术和设备正在研制过程中，中国企业应密切关注有关回收处理技术的进展情况，适时进行自主技术开发。

欧洲大多不考虑回收液晶电视和显示器中的铟，而把其中的塑料金属薄膜作为替代石油或天然气的焚烧用热源，用于熔化LCD玻璃，代替熔砂，形成工业废物焚烧炉的炉墙保护层。另一种处理方法是，在金属冶炼炉中，将LCD塑料金属薄膜作为燃烧用热源，用LCD玻璃替代熔砂，分离贵重金属。

2.5 电子废弃物中金属的回收

电子废弃物中金属的回收过程比较复杂（图2-3），通常是先通过高温使金属和杂质分离，然后通过几个相应的加工流程来提炼各种金属。

电子废弃物中的铜、金、银、铂、钯等贵金属一般通过转炉加工回收。瑞典Boliden公司和加拿大Noranda公司对含贵金属的电子废弃物的回收流程是：

熔化：取样后的不同的电子废弃物经过均匀混合，作为原料加入到熔炉中。开始焚烧时需加入一些燃料，当熔炉温度为1200~1250℃、多氯联苯所含能量为35~36GJ/t时，加工过程就可靠多氯联苯中所含有机物释放的能量来维持。在冶

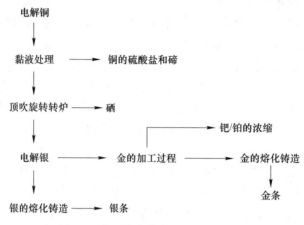

图 2-3　电子废弃物中金属的回收过程

炼过程中塑料的燃烧和金属铝的氧化会放出热量。为了控制冶炼温度不至于过高，需要加入硅酸盐，同时还要控制加入塑料的数量。在熔炼过程中，熔融的电子废弃物顶层是炉渣，底层是铜。铜和少许矿渣流入转炉中，剩下的炉渣和矿石一起通过浮选来回收一些贵金属。最后剩余的炉渣堆放在残渣中，可进一步浓缩、精炼回收贵金属。

精炼：来自熔炉的铜加入到转炉中混合精炼，通过吹氧熔融铜中的铁和硫黄，从而净化铜，并加入硅酸盐形成炉渣，其温度在1200℃左右。转炉的精炼过程是放热过程，氧化过程能提供足够的热量使转炉运行。上层炉渣主要包括铁、锌；较低层是水泡铜或白铜。炉渣可以通过进一步净化得到副产品铁砂和锌渣，再通过电炉加工铁砂和锌渣得到铁和锌。对转炉中产生的工业废气经过处理后得到的金属尘土可进行再回收。

电解：由转炉中得到的水泡铜（98%的铜）铸成阳极铜，即所谓的阳极铸造，成型的阳极铜含有99%的铜和0.5%的贵金属。铜电极通过电解提纯，利用硫酸和铜的硫酸盐作为电解液，加工过程中的直流电流约2万安培。在阴极板上一般可获得99.99%的纯铜，而贵金属和杂质则作为阳极的附着物留在阳极板上，可进一步进行提炼。贵金属的精炼在精炼厂，金、银、铂、钯可再生。

在加工过程中，阳极附着物被沥滤，从溶有铜的碲化物和镍的硫酸盐的溶液中获得铜的硫酸盐和碲，残渣被烘干后再通过贵金属熔炉精炼。在熔炼过程中，硒作为先被回收的一部分，剩余部分被浇铸成银阳极后在高强电流下电解，以获得高纯度的银、金黏液，过滤金的黏液可以使含金和钯、铂的杂质沉淀。锡铅的回收过程在熔炼过程中，75%~80%的铅来自钎料，在钎料的过程中，15%~20%的铅随着工业废气蒸发，约5%的铅残留在矿渣中，可在浮选回收铜和其他贵金属时获得。在卡尔多炉（铅熔炉）中，铅存在于工业废气或者炉渣中。炉渣中的铅可在铜流程中捕获；而存在于工业废气中的铅，经过气体加工厂，大多数都直接或间接地进入转炉中，伴随着工业废气的蒸发，99.9%的铅将会作为灰尘在气体过滤装置中被捕获。大约90%的锡由卡尔多炉进入铜转炉，其中绝大多数会伴随着工业废气排出。锡在工业废气中的回收路径与铅相同，大多数锡作为灰尘被过滤器捕获。

2.6 电子废弃物中非金属的回收处理

电子废弃物中所含的非金属成分主要是树脂纤维、塑料和玻璃，多氯联苯基板中所含的有机物包括树脂纤维，在卡尔多炉中作为燃料产生热值维持炉温，最后产生的炉渣可用作筑路材料。塑料主要来自计算机、电视、洗衣机等的外壳制件，熔化后可作为新产品的原材料使用，或者被用作燃料。玻璃主要来自阴极射线管显示器，因为含有铅，玻璃被归属为危险物品，一些公司用显示器碎玻璃制造新的阴极射线管。非金属处理经常采用填埋、焚烧或热解气化技术[3~6]。

2.6.1 填埋技术

填埋技术是一种操作简单的垃圾处理方法，它可以处理所有种类的垃圾，也由此曾风光一时。但随着时间的推移和技术的发展，其缺点开始一一暴露。填埋要占用大量土地，且大多填埋场没有7层以上严密防渗漏措施，长时间暴露在较为开放的空间中，随着雨水的渗入，电子废弃物渗出液会污染地下水及土壤，其中含有难以生物降解的萘等非氯化芳香族化合物、氯化芳香族化合物、磷酸酯、酚类化合物和苯胺类化合物；其中还含有大量金属离子，铁离子浓度可高达2050mg/L，铅离子的浓度可达12.3mg/L，锌离子浓度可达130mg/L，钙离子浓度可达4200mg/L。同时垃圾堆放产生的气体严重影响场地周边的空气质量。近年来有的城市已经认识到这些问题，建立起一批具有较高水平的填埋厂，较好地解决了二次污染问题，但却又带来了其他的问题——建设投资大、运行费用高等。最关键的是填埋厂处理能力有限，服务期满后仍需投资建设新的填埋场，进一步占用土地资源。基于这些原因，国外从20世纪80年代以来，填埋设施有逐渐减少的趋势，成为其他处理工艺的辅助方法，主要用来处理不能再利用的物质。

2.6.2 焚烧技术

焚烧是一种传统的垃圾处理方法，从古代的玛雅人到现今的社会，焚烧仍然在垃圾处理方法中占据着重要的位置。通过焚烧垃圾来发电，既最大限度地减少了垃圾的体积，又利用其产生新能源。现代垃圾焚烧技术诞生于数十年前，一度是世界上许多大城市的首选。在日本、荷兰、瑞士、丹麦、瑞典等国成为垃圾处理的主要手段，瑞士垃圾 80% 为焚烧，日本、丹麦垃圾 70% 以上为焚烧。但焚烧厂在发达国家遍地开花数十年后，人们发现了比垃圾灾难更可怕的二噁英，这种毒气导致人和动物患上癌症。二噁英是一种含氯有机化合物，即多氯二苯并对二噁英（Polychlorinateddibenzo-p-dioxin，简称 PCDD）、多氯代二苯并呋喃（Polychlorinateddibenzo-furan，简称 PCDF）及其同系物（PCDDs 和 PCDFs）的总称。它可以以气体和固体形态存在，化学稳定性高，难溶于水，对酸碱稳定，不易分解，不易燃烧，易溶于脂肪，进入人体后几乎不排泄而累积于脂肪和肝脏中，不仅具有致癌性，而且具有生殖毒性、免疫毒性和内分泌毒性。其中毒性最强的是 2，3，7，8-TCDD，其毒性是马钱子碱的 500 倍，氰化物的 1000 倍。于是在 20 世纪 80 年代末，欧洲和日本的研究人员又开始"第三代"垃圾处理技术的研究开发。许多发达国家的政府公布了新的、更严格的废物排放标准，日本政府已决定在若干年内把现有的 1800 多座焚烧厂逐渐关闭。

2.6.3　热解气化技术

第三代垃圾处理技术——热解气化技术是在焚烧法基础上发展起来的、结合热解气化和熔融固化的一种新型垃圾处置方法，可实现无害化、显著的减容性、广泛的物料适应性和高效的能源与物资回收，在 20 世纪 90 年代中期，开始在工业发达国家流行。

气化熔融技术是先将垃圾在 450~600℃ 的还原性气氛下气化，产生可燃气体和易于铁、铝等金属回收的残留物，再进行可燃气体的燃烧，使含碳灰渣在 1350~1400℃ 条件下熔融，整个过程把低温气体和高温熔融结合起来。它不同于传统意义上的焚烧，它将大量的城市生活废物——废旧的电器，电脑，电池，打印机硒鼓、墨盒，医院废弃的一次性输液、注射品，巨量的生活垃圾等统统高温分解转化为汽，由此产生新的热能来发电和供热。

与传统焚烧技术相比，气化熔融技术有许多优点：首先，可以最大限度减容、减量。气化熔融技术使垃圾中的可燃成分被高温分解，熔渣致密性大大提高，可以减容 70% 左右，减重 85% 以上；其次，可以实现二噁英的低排放。目前，世界最先进的焚烧设施的二噁英排放标准大概是 $0.1pg/m^3$，而热解气化技术的二噁英排放标准已经降到 $0.01pg/m^3$。

气化熔融技术之所以能够有效地控制二噁英，主要表现在以下两个方面：

气化炉排出的灰渣与可燃气体一同进入 1400℃ 左右的高温熔融炉（一般为旋涡式）焚烧，停留时间保持在 2s 以上，充分满足了控制二噁英的"3T"技术要求（焚烧温度高、停留时间长、湍流度好），不仅能够彻底摧毁垃圾中含有的二噁英及其前趋物，而且能将绝大部分飞灰熔融固化下来，杜绝在下游设备上由 Deacon 反应生成二噁英的催化剂来源；同时熔渣中二噁英含量大大降低，不会对环境造成负面影响。

垃圾中最主要的氯源来自 PVC 类高氯树脂。研究表明，PVC 气化初始阶段（350℃）氯元素主要以 HCl 的形式析出，此时加入石灰石、白云石等吸附剂定向脱氯，可以有效减少烟气中氯元素的含量；同时还原气氛和氯的及时脱除又使垃圾中的 Cu、Fe 等金属元素不易生成促使二噁英形成的催化剂（$CuCl_2$、$FeCl_3$ 等），进而可有效抑制低温烟道中二噁英的形成。

气化熔融技术还可以固化有害重金属元素。垃圾焚烧法容易造成二次污染，其中之一就是重金属的污染，主要包括汞、铅、镉、铬、砷及其化合物的污染。这些重金属元素的共同特点是：剧毒性、生物体内累积性以及大气中滞留性。它们对人体的生理机能、新陈代谢、生物遗传等方面造成极大的负面效应。熔融固化法目前被认为是灰渣无害化处理的有效方法之一。在高温（1400℃）的状况下，飞灰中所含的沸点较低的重金属盐类，部分发生气化，部分转移到熔渣中。灰渣中 SiO_2 在熔融处理中形成 Si—O 网状构造，把熔渣金属包封固化在网目中，形成极稳定的玻璃质熔渣，重金属溶出的可能性大大降低。从炉内取出的熔渣可水冷成细微固化物，或将它空冷成较大块状固化物后排出。经过熔融使灰渣全部形成玻璃化，使重金属封存不致溶出。

热解气化技术的另一个优点是垃圾无须分类，这样不仅可以降低电子废弃物分类的费用，还可大大缩短电子废弃物处理的周期，并可产出热能和电能。

2.7 电子废物的回收利用技术现状

2.7.1 国外回收和利用技术现状

2002 年 3 月以来，美国麻省等多个州相继出台了新的环境保护法，规定任何人不得随意扔弃、销毁电脑主机板、显示器等；专家们建议用户在处理旧电脑时要具有环保意识，并提出了具体的办法。将旧电脑"循环使用"，其实，电脑最易遭淘汰的主要是 CPU 及主机板，像硬盘、软驱、光驱、键盘、鼠标如无大碍可尝试在新电脑上使用；一些老式终端可以直接连上服务器使用，通过软件支持还能访问互联网。

据 2012 年 4 月 22 日的《纽约时报》报道，美国计算机生产商、地方政府和环保人士在之前的三方对话中，达成一项原则性协议，尝试建立覆盖全美的废旧计算机回收网络。这项协议要求在每台个人计算机零售价格中增加 25~30 美元，用于资助计算机的回收项目。负责组织这次对话的美国"国家电子产品事务管理倡议组织"希望，协议的具体框架能够在 2012 年 9 月底完成，并在今后数年内逐步补充完善。如果这项协议最终得到实现，它将成为美国为数不多的全国范围内的废旧物品回收计划之一。

20 世纪 80 年代初，德国、瑞典、瑞士等国家就开始对电子废物的综合利用进行深入的研究，他们致力于手工拆卸和金属富集工艺技术的开发。1991 年德国提出了"七部分创造"的手工拆卸方案。目前德国建有年处理 21 万吨电子废物综合利用厂，其工艺流程为：电子废物→手工拆卸→破碎→筛分→分选→金属富集体深加工。

德国于 1991 年 7 月颁布了《电子废弃物法规》，1992 年起草了关于防止电子电器产品废弃物产生和再利用法草案，目前已进入立法程序的最后阶段。瑞典起草了电子电器产品废弃物法令，2001 年 1 月 1 日起生效。瑞典 SR-AB 公司在 20 世纪 90 年代也开发使用了金属富集的机械化工艺。

荷兰起草了《电子电器产品废弃物法》，规定 2000 年电冰箱、洗衣机的材料再利用率达到 90%。荷兰一所大学提出个人计算机-电脑解体线系统，该系统能从电路板上识别电子部件，由彩色摄像机和传感器识别不同的物质。1990 年奥地利制定了灯具及白色家电的回收再利用法，1994 年 3 月提出电子电器废弃物法草案。1998 年比利时一些地区制定了白色和褐色家电的法规，规定含铁金属、非铁金属及塑料的回收目标。

日本全国约 82% 的电子废物是通过销售店回收后处理的，剩余的是通过地方途径解决，1998 年 6 月公布实施了《家用电器资源回收法》。20 世纪 90 年代后，新加坡也建有一家年处理 1 万吨电子废物的工厂，采用机械化综合利用工艺。

2.7.2　我国废旧处理成熟自主开发技术

目前，我国已经具备较成熟的物理机械法处理印刷电路板技术，适合中小企业采用的投资少、运行成本低、简单实用的处理技术有：湿法破碎+水力摇床分选，可避免破碎时产生刺激性气体和粉尘，分选效率达 95%，设备供应商有南京环务资源再生科技有限公司、江西铭鑫冶金设备有限公司等；干法破碎+气流分选，适合处理废印刷电路板及其边角料，分选效率达 95%，设备供应商有湖南万容环保设备公司等。

冰箱、空调制冷剂回收、净化技术和设备，净化装置可有效去除制冷剂中的水汽、杂质，分离出制冷系统中的废油。设备供应商有青岛金华工业集团、合肥华美制冷配件有限公司、南京春木制冷机电科技设备有限公司等。对于冰箱隔热层发泡聚氨酯的回收处理，可以采用美国加利福尼亚家电再循环中心的技术和设备。

CRT 管屏、管锥的分离可以采用电热丝加热—骤冷热应力分离方式。中国家用电器研究院、四川仁新设备制造有限公司制造的电热丝法分离 CRT 屏锥设备已在 CRT 处理线上得到应用。

对于废塑料，可在预拆解阶段把不含有害物质的单一材料塑料件拆解下来，达到一定数量后，寻找使用再生塑料的客户，并根据客户要求，对废塑料进行破碎、洗净、改性、造粒，并注射成合格的再生塑料件。处理过程中，应尽量减少产生混合塑料，以降低处理成本。

2012 年 9 月 1 日上午，国内首座集资源化、焚烧、安全填埋与高温消毒为一体的危险废物处理处置基地——天津市危险废物处理处置中心建成，并投入运营。该中心是国家高科技产业化示范项目，总投资 1.3 亿元，为中法合资企业，分为焚烧厂、安全填埋场和资源化处理厂，年处理危险废物能力 3 万吨，其中焚烧 1.35 万吨（包括 7000 吨医疗废物），安全填埋 6200 吨，物理化学方法处理 1 万吨，项目国产化率达到 90%以上，投资仅相当于国外同类企业的 1/10。

2.7.3　我国废旧处理应与国情结合

我国与工业发达国家国情不同。主要表现在：

（1）劳动力价格不同。

（2）废旧电器回收的付费机制不同。日本实行废弃者付费制，废弃 1 台冰箱需支付 4600 日元及运输费、管理费；欧盟回收处理废弃电器电子产品实行保证金制度，每台冰箱缴纳 17 欧元保证金，作为废弃时的回收处理费用。中国废弃电器反而要向废弃者付费，回收 1 台冰箱需付费数百元。

（3）旧电器电子产品市场规模不同。工业发达国家人工费用高，付费维修旧电器电子产品往往不合算，限制了二手电器电子产品市场的发展。中国各地经济发展不平衡，城市流动人口多，旧电器电子产品消费群体很大，二手电器电子产品市场应运而生。

（4）国外技术机械化程度较高。为了提高资源再生利用效率和降低处理成本，德国、日本等人工费用较高的发达国家，均采用机械化、自动化程度高的，以破碎、分选技术为主的处理工艺，并以回收的各种金属碎料作为冶炼的炉料。这种处理线采用全封闭负压处理系统，年处理量约 3 万吨，只需操作工人 5~7人，但设备昂贵且耗电量大。

我国与工业发达国家国情的巨大差异，意味着中国必须在借鉴工业发达国家先进回收处理经验的同时，探索出适合我国国情的废弃电器电子产品处理技术：

（1）我国人力资源丰富，劳动力价格相对低廉，应充分发挥这种优势，采用手工拆解加专用工具、专用设备为主的技术路线，提高零部件、元器件再使用部分的比例，提高再使用品、材料再生利用的附加值，降低处理成本。

（2）有限度地采用破碎、分选技术和设备，部分引进国外适用的处理技术和设备，形成先进、适用、经济、高效的环保型废弃电器电子产品处理工艺和技术。

（3）应尽量降低焚烧、填埋量。

2.8   我国废弃电子电器产品的拆解处理企业

我国已经形成了天津、山东、浙江、广东、江苏等五大废旧家电回收再利用基地，家电龙头企业包括 TCL、长虹等已经率先进行布局。其中，TCL 奥博在天津的项目一期年处理废旧家电 300 万台，是我国最大的废旧电器电子处理厂。长虹格润年处理能力达 200 万台，是西南地区最大的废旧家电处理企业之一。海尔在山东有合资拆解企业，美的也在河北邯郸申请拆解资质。

废弃电子电器产品拆解处理设备企业、能处理所有类型废弃电子电器产品的拆解处理企业以及具体针对某种或多种废弃电子电器产品的回收处理企业包括：中国再生资源开发有限公司、深圳市格林美高新技术股份有限公司、湖南万容科技有限公司、华星集团环保产业发展有限公司、四川塑金高分子科技有限公司、东江环保、TCL、格林美、桑德环境、菲达环保、深圳能源、新环保能源。

废弃电子电器处理设备工程安装相关案例：南京凯燕电子废弃物处置滨江新厂、武汉荆门格林美、江西格林美电子废弃物处理工厂、江西中再生废旧家电回收拆解处理厂、广东赢家环保废电子电器回收拆解及资源循环利用扩建项目、清远市东江环保废旧家电拆解及综合利用基地、兰州泓翼废旧电子产品拆解加工中心、大冶有色博源环保废弃电器电子产品处理建设项目、TCL 贵屿废旧电子产品集中处理厂、安徽鑫港炉料废旧电子电器拆解中心及陕西九州废弃电子物拆解处理项目。

2.9   结论

电子废弃物的回收应走规模化回收—科学化分类—专业化处理—无害化利用的道路，结合中国实际并借鉴国外的管理和处置技术，由生产厂家—消费者—环保部门联合建立电子废弃物回收网络。电子垃圾的特性为发展有效分离技术提供了健全合理、可靠稳固的基础，要做深入研究。为了进行分选，电子垃圾必须粉碎成小微粒，通常在 10mm 或甚至 5mm 以下，要用到机械分选。涡流分离和电晕静电分离是重要的工艺流程，为分选电子垃圾的微粒提供了可供选择的方法。到目前为止的研究调查主要集中于从废弃个人电脑和印刷线路板回收贵金属，回收的贵金属含量很低，棕色货物的回收有待进一步研究。

参 考 文 献

[1] 张宇平. 废旧电子电器产品资源化利用技术 [J]. 中国环保产业，2010（9）：26-28.

[2] 邓梅玲，赵新，周超群，等. 废弃电器电子产品拆解信息管理系统研究 [J]. 环境技术，2014（6）：83-87.

[3] 柴志坤. 废弃电器电子产品拆解处理行业发展现状 [J]. 资源节约与环保，2015（10）：

20-21.

［4］陈宇. 江苏省废弃电器电子产品处置环境管理对策研究［J］. 环境科学与管理，2012
（9）：20-22.

［5］唐爱军，万玲. 废弃电器电子产品拆解行业发展透析及趋势分析［J］. 再生资源与循环经
济，2014（3）：21-24.

［6］余辉，吴军莲，蔡璐，等. 江苏省"十二五"废弃电器电子产品定点拆解及环境管理
［J］. 再生资源与循环经济，2016（8）：35-38.

［7］唐爱军，万玲. 废弃电器电子产品拆解行业发展透析及趋势分析［J］. 再生资源与循环经
济，2014（3）：21-24.

［8］魏岩，唐爱军，万玲. 废弃电器电子产品拆解行业发展透析及趋势分析［J］. 资源再生，
2014（4）：17-20.

3 废旧电路板回收处理技术

印刷电路板（printed circuit board，PCB）是电子工业的基础，是各类电子产品不可缺少的重要组成部分。由于电子与信息行业的产品更新换代加速，导致大量电子废弃物形成，废弃电路板的数量以惊人的速度逐年增加。据估计，废弃电路板在电子废弃物中所占的比重为3%左右。世界印刷电路板业工业的平均年增长率为8.7%，我国的增长率为14.4%。

目前我国已成为全球第一大电路板生产国。在中国大陆地区，2006年电路板产量就已达到13万亿平方米，按照平均每万平方米重30吨估算，总重量达39万吨。而覆铜箔板基材加工成电路板的材料利用率约90%，即印制电路板生产企业年消耗基材约14440万平方米，产生的边角废料约1440万平方米，按照平均每万平方米重量25吨估算，边角废料就有3.6万吨；此外，基材生产企业边废料约为其成品的7%，可推算出CCL产生的边角废料为2.5万吨；成品印制电路板在整机厂利用率约95%，可推算出整机厂产生的边角废料为2.0万吨。上述三项总和为8.1万吨。每年大量进口的废弃电器及中国大陆报废电子产品拆解的废旧电路板总量达40万吨以上。如被称为全世界最大电子垃圾拆解基地的贵屿镇，每年回收的电子垃圾在百万吨级以上，而电路板在电子垃圾中所占比重约为15%，仅贵屿一地，每年所产生的废旧电路板就达15万吨左右。可见，中国大陆每年需要处理掉的废印制电路板在50万吨以上。

我国从2003年起进入家电淘汰报废高峰期，每年进入更新换代期的冰箱、洗衣机、电视机和电脑都在500万台左右，致使废弃线路板及其加工废料数量与日俱增，已成为一个新的污染源，贻害无穷。另外，技术的进步和信息产业的飞速发展又促使电子产品的更新换代不断加快，接踵而来的被淘汰和因使用寿命到期而报废的电路板以及电路板生产制造时产生的边角余料等形成了巨大的电子电路板废弃物。珠江三角洲、长江三角洲、渤海湾是我国电子电路板生产企业集中的领域，其中仅珠江三角洲每个月就有万吨以上的边角余料产生，而广东贵屿地区对废旧电子电器产品的拆解及加工，使贵屿成为了一座"城市矿山"。以电子工业发达的广东省东莞市为例，每月产生的废弃电路板超过5000吨，整个广东省超过8000吨。除国内产生大量的废弃电路板外，每年大量进口的电子废弃物中也含有大量的废弃电路板。每年拆解和处理从全国各地购进和部分走私进来的废旧电子电器产品达55万吨（1997~1999年高峰期年拆解100万吨）以上，其中大型电话交换机、电机、电脑、家用电器40多万吨，电路板15多万吨，并且每年都在趋于增长，其他沿海地带及电子电路板生产集中地域都存在类似现象[1~3]。

废弃电路板主要由有机强化树脂、玻璃纤维、铜箔和电子元件组成，其中含有大量的有价金属（如铜、铁、铝、锡、铅等），还含有贵金属（如金、银、铂、钯等），具有很高的资源回收价值。然而，废弃电路板中还含有铅、汞、镉、铬等多种重金属和聚氯乙烯、卤化物阻燃剂等有毒有害物质，处理不当将对环境造成严重的二次污染。因此，如何有效地实现废弃电路板无害化回收，实现其再资源化，对于减轻环境压力和防止环境污染，提高二次资源的再利用率，确保我国经济、社会和环境可持续发展都有着十分重要的意义。

在电子废弃物中，虽然电路板的回收处理难度大，但是它具有相当高的经济价值。电路板中的金属品位相当于普通矿物中金属品位的几十倍至上百倍，金属的含量高达40%以上，最多的是铜，此外还有金、锡、镍、铅、硅等金属，其中不乏稀有金属，而自然界中的富矿金属含量通常情况下也只不过3%~5%。另外，废旧电路板的非金属废渣可以作为建筑原料利用。同时，废旧电路板上的焊锡以及塑料等物质也是可以被回收利用的重要资源。

如何有效地进行废弃PCB等电子废弃物的资源化回收处理，已经成为当前关系到我国经济、社会和环境可持续发展及我国再生资源回收利用面临的一个新课题。国家发改委2004年即组织实施资源综合利用关键技术国家重大产业技术开发专项，"印刷电路板回收利用与无害化处理技术"属第三项"再生资源综合利用技术"的重点开发内容之一[4~6]。

3.1 废弃电路板资源特点

3.1.1 废弃电路板的来源

废弃电路板的来源主要有两个：一是废弃的电子电器产品中含有的印刷电路板；二是印刷电路板在生产过程中形成的边角料和报废品。从计算机、电视机到电子玩具等，几乎所有的电子产品中都含有印刷电路板。因此，电子电器产品一旦被废弃，会产生大量的废弃电路板。随着科技日新月异的发展，电子电器产品被淘汰的速度越来越快，将形成大量的废弃电路板。除此之外，据有关资料显示，印刷电路板在生产过程中由于裁剪工艺产生的边角料高达24%。

3.1.2 废弃电路板的材料组成

废弃电路板的回收处理在很大程度上依赖于对其材料组成与结构的认识，因此，从定性和定量的角度确定废弃电路板上各种物质的组成和含量非常必要。印刷电路板的基板材料通常为玻璃纤维强化酚醛树脂或环氧树脂，其上焊接有各种构件，成分非常复杂，其中含有多种金属，具有很高的资源回收价值。目前已有不少研究者对废弃电路板的组成和结构特点进行了研究，显示不同的电子产品对应的电路板中元素组成和含量各不相同。例如，电视机中印刷电路板上贵金属的含量比计算机少，铁、铅和镍的含量多，但所含元素的种类基本相同。瑞典Ronnskar冶炼厂对个人计算机中的印刷电路板的组分进行了分析，结果见表 3-1[2~4]。

表 3-1　电脑电路板的主要物质组成

物质名称	塑料	铜	铁	溴化物	铅	锡	镍	锑	锌	金、银
比例/%	49.779	23.728	7.467	4.646	4.480	3.650	3.319	1.825	0.747	0.166
物质名称	镉	钽	钼	钯	铍	钴	铈	铂	镧	汞
比例/%	0.066	0.032	0.026	0.021	0.015	0.014	0.008	0.006	0.005	0.002

从材料组成来看，废弃电路板中含有大量可回收的金属和塑料等非金属物质，具有很高的回收利用价值。废弃电路板含有的金属分为两大类：一是基本金属，如铝、铜、铁、镍、铅、锡等；二是贵金属和稀有金属，如金、银、铂、钯等。一般而言，废弃电路板中基本金属含量高，贵金属和稀有金属含量低。然而，废弃电路板还含有铅、汞、镉等重金属和溴化阻燃剂等有毒有害物质，如果处理不当会对大气、土壤和地下水造成严重污染，对人类健康造成巨大危害。

3.2　废弃电路板回收处理技术概述

废旧电路板的回收处理方法一般采用直接掩埋法、焚烧法、水洗及裂解等方法，但都有有毒物质释放，易造成空气或土壤等环境的严重二次污染，国家环保政策不允许或者限制这些处理模式。

国际上推行的回收处理废弃电路板的最佳方法是物理方法，这种方法最显著的特点是环境污染小、综合利用率高、附加值大等，是电子废弃物处理的发展趋势；其劣势是处理成本略高于焚烧或者水洗的回收处理模式。由于废旧电路板韧性较大，多为平板状，很难通过一次破碎使金属与非金属分离，并且它所含物质种类较多，分离分解工艺复杂，这些特点决定了废旧电路板的回收处理具有一定的难度，需要开发能适合国情的高效节能型的大型废旧电路板回收处理成套设备。

目前，最常用的废弃电路板回收技术主要有机械处理法、火法、湿法、热解等或几种技术的组合方法[1~15]。

3.3　机械处理法

机械处理法是先将废弃电路板破碎成细小颗粒，然后根据其中各组分物理性质的差异实现分离的方法，一般包括破碎、磨碎、分选等处理工艺。

3.3.1 废旧电路板物理回收处理技术原理及工艺特点

基于电子电路板的组织结构特点及物理化学特性，为了能使再生资源得到充分合理的利用，同时考虑到国家的环保政策及方针、经济效益和社会效益，通过分析对比，比较可行的是选择用物理方法来处理和回收废旧印刷电路板中有用的金属和非金属原料，其中主要工艺过程包括废旧印刷电路板的破碎和解离及回收技术。

电子印刷电路板（PCB）的种类较多，基板主要是单层或多层，玻璃布基或复合基环氧树脂覆铜板。PCB 所含的金属也包括基本金属（铝、铜、铁、镍、铅、锡和锌等）、贵金属和稀有金属（金、银、钯、铑、硒）等，其中铜的含量较高；不同电子产品的电路板中元素的组成和含量不同，如电视机中 PCB 的贵金属含量比计算机少，铁、铅和镍的含量多。电脑主板和电路板中的主要成分是树脂和玻璃纤维、塑料、铜、铁、合金等。显而易见，用物理方法分离不同物料的前提是使不同组分破碎解离。

废旧电路板与煤炭、矿石的性质不同，主要表现在以下几方面：电路板的硬度较高、韧性较好；有良好的抗弯曲性能；多为平板状，很难通过一次破碎使金属与非金属分离；所含物质种类较多，解离后金属有缠绕现象等。这些特点决定了 PCB 的破碎与天然矿石破碎不同。选矿常用的圆锥破碎机、颚式破碎机、辊式破碎机等均不适合破碎电路板，冲击式破碎机和锤式破碎机采用冲击破碎的原理，可以用于电路板的破碎，但国内仍没有技术成熟的可用于废旧电路板的破碎机。

日本 NEC 公司采用去除元件和焊料后再破碎分选的方法处理废弃电路板，其处理流程如图 3-1 所示。去除元器件和焊料后，分别使用剪切破碎机和具有剪断和冲击作用磨碎机，将废板粉碎成小于 1mm 的粉末。再经过重力分选和静电分选两级分选可以得到铜含量约 82% 的铜粉，其中超过 94% 的铜得到了回收。树脂和玻璃纤维混合粉末尺寸主要在 100~300μm 之间，可以用作聚合物产品如油漆、涂料和建筑材料等商品的添加剂。

上海交通大学许振明课题组对废弃电路板的机械回收处理进行了研究。其回收工艺主要包括两级破碎、静电分选、金属回收和非金属材料的再利用，如图 3-2所示。首先采用剪切式旋转破碎机和冲击式旋转磨碎机相结合进行一级破碎和二级破碎，达到金属-非金属充分解离的程度，然后应用辊式电晕-静电复合电场高压电选机对已破碎的废弃电路板进行金属颗粒与非金属颗粒的分选。

对于上述机械处理技术而言，各种材料尽可能充分地单体解离是高效率分选的前提。废弃电路板破碎程度不仅影响破碎设备的能耗，还将影响后续的分选效

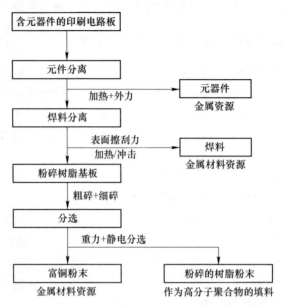

图 3-1　日本 NEC 公司研发的废弃电路板回收流程

图 3-2　废弃电路板回收流程

率，所以说破碎是关键的一步。由于印刷电路板基材硬度高、韧性强，要求细碎能耗大，破碎过程中部分机械能转变成热能，树脂、塑料等有机物由于局部高温产生有毒气体，还会产生噪声和含有玻璃纤维、有机树脂的粉尘，对环境造成不利影响。

德国 Daimler-Benz Ulm Research Centre 公司提出了一种液氮冷冻破碎技术对电路板进行处理，采用四段式工艺：预破碎、液氮冷冻粉碎、分类、静电分选。这种用低温破碎的方法使废弃电路板基材脆化而更容易破碎，减少了有毒气体的产生。但是，液氮冷冻使得处理成本大大增加，对设备的要求也很高。由此可见，机械法处理废弃电路板，在环境保护和资源化回收利用等方面还存在着一些问题。

3.3.2 湖南万容废旧电路板物理回收以及综合利用技术

目前现有的废旧电路板处理模式均存在严重的二次环境污染，湖南万容利用"旋风涡流重力分离"的原理，在北京航空航天大学电路板处理专利技术的基础上，结合其他行业的成熟技术和国外的先进经验，进行自主创新，通过反复试验，在 2005 年开发出"废旧电路板完全物理回收以及无害化综合利用技术"，紧接着又相继开发出了第二代物理方法回收处理设备生产线，并于 2006 年初开始投放市场进行规模化生产，先后在广东东莞、深圳公明镇及江苏无锡等地建立了废旧电路板回收处理基地。年处理规模达万吨以上。单个基地总投资额不超过 600 万元；建设两条回收生产线，设备投资 360 万元；年处理电路板 5500 吨以上。按每处理 1 吨电路板利润 600 元计，项目投产正常运营后可以实现年利润 300 万元，静态投资回收期约 2 年。该设备系统封闭，没有废气废水排放，单套设备的产能达到 3000 吨/年，整体金属回收率不低于 95%，同时非金属粉料的推广应用也取得了重大进展。该技术的逐步推广应用将取得良好的社会效益和经济效益。

在研发的初始阶段，使用了各类被认为行之有效的破碎机或粉碎机来破碎和解离废旧电路板中的金属及非金属材料，通过大量的实验数据分析后发现，只有将电路板粉碎到一定的细度或粒度，其中的金属和非金属才能完全解离，并且综合技术指标才比较理想；若粉碎太粗，金属和非金属不能解离或解离不完全，达不到理想结果；若粉碎太细，虽然金属和非金属解离比较完全，但是，效率及产能低下，并且使金属和非金属粉末的分离困难，甚至根本就分离不出来，造成金属回收率达不到要求。同时，因非金属粉末中金属含量偏高，使其应用范围缩小，其经济效益和社会效益没有得到充分发挥。

通过对各类不同粉碎机的结构和原理分析及大量的实验数据证明，粉碎机只有通过高速冲击和剪切的原理相结合，对废旧电路板的破碎及解离才是比较理想的，其粉碎的粒度及形状也能得到很好的控制，这对后道工艺的分级分离也是很有帮助的；当然，废旧电路板的回收处理属于系统工程，单从一个方面来控制是不能得到理想结果的，必须从整体上来考虑、综合平衡才能达到期望的效果。

对废旧电路板回收和处理的目的是将其中所含的金属和非金属分离出来，使再生资源得到充分的利用；仅仅把电路板破碎，使其金属和非金属解离开来是不够的，最重要的是能将金属与非金属粉末通过科学合理的工艺方法将其分离开来才是关键的技术；传统工艺是首先将粉碎后粒度大小不一的混合粉末筛分成粒度尺寸大约相等，然后根据物料的比重不同，采用重力风选的原理及方法将不同种类的物料分离开来；这种工艺方法虽然可运用于回收和处理废旧电路板当中，但由于这种工艺复杂、能耗高、效益低、设备投资大，因此，从经济角度考虑，它有一定的局限性。

为了克服上述传统分级分离工艺上的复杂性，在吸取传统工艺优点的基础上，对粉碎机内部结构进行了改造，并将粉碎和风选分离两道工序集中组合在一台设备中完成，这样，不但简化了生产处理工序，减少了设备投资，降低了生产成本，而且各个方面工艺技术指标都得到了明显的改善和提高，形成了独特的工艺处理方法。

在上述两个最大的工艺技术难题得到突破的同时，即电路板的破碎解离和金属与非金属粉末的分离技术，对整个回收设备处理生产线进行了系统优化。其工艺过程是，首先将废旧印刷电子电路板通过二次粉碎到能将金属剥离的粉末粒度，再利用物理方法将电路板中的金属和非金属粉末分离开来，金属粉末根据不同的需要再进一步做深加工处理或直接销售给客户；非金属粉末经过特殊工艺处理后，可直接作为塑胶填充改性材料及活性粉体材料使用，具有较高的使用价值，可以生产物流托盘、工业垫板、室外景观材料、市政工程排污用管道及下水道井盖等产品。由于整个生产过程中采用了物料管道负压输送、除尘器除尘、喷淋冷却塔除味、水冷空冷相结合及降噪等技术，不仅设备性能好，处理量大，而且各方面都能达到国家相关的产业环保标准及要求。

研发制造的该废旧电子电路板回收处理设备生产线自 2006 年 5 月开始大规模投产试运行以来，已经取得了明显的经济效益和社会效益，达到了预期的目标及设计要求，以下是设备系统上要的工艺技术参数指标和特点：

（1）产能（kg/h）：≥500kg。

（2）装机容量：290kW。

（3）整体金属回收率：≥95%。

（4）非金属粉末中金属含量：<1%。

（5）整套生产线采用负压系统输送物料，在一个封闭的系统中运行，采用标准脉冲除尘器系统回收粉尘，基本没有粉尘泄漏情况（注：主要在粉末包装（装袋）处有轻微泄漏）。

（6）噪声：车间内约 90dB，车间外约 60dB，通过降噪和屏蔽装置，可以进一步降低并达到国家环保标准要求。

（7）废气处理：经喷淋塔 3 级化学溶液喷淋除味和气水分离，排放的气体完全能达到国家标准。

（8）生产过程中没有废水排放：由于采用"旋风涡流重力分离"技术，整个过程中没有废水排放。机械设备冷却用水循环使用，不需要排放。

（9）非金属粉料的大规模工业化应用形成了一条真正意义上的循环经济产业链：在整个电路板回收处理技术中，非金属材料的应用一直是一个很大的难题。由于采用完全的干法处理电路板，分离以后的非金属粉料的颗粒状况以及分布比较适合于作为各种填料使用。通过对非金属粉料进行表面活化改性，目前已经将其应用于木塑、型材、复合材料板材以及防火产品领域，制成的产品有室外景观材料、建筑管材、物流托盘等。

3.3.3 FXS 废旧电子线路板回收处理成套设备——无害化处理技术

国家废旧家电及电子产品回收处理体系建设试点浙江丰利粉碎设备有限公司研发的 FXS 废旧电子线路板回收处理成套设备，于 2004 年 12 月 25 日在杭州通过省级新产品鉴定。该设备采用先进的物理法回收工艺：废旧线路板→强力破碎→磁选→中碎→精细粉碎→超微分级→高压静电分离→成品；所研制的强力破碎机、中碎机、精细粉碎机、超微分级机、高压静电分离等设备创新性强，其资源化的处理工艺路线先进合理。该设备能对各类废旧印刷线路板及加工废料、废旧电器等进行机械粉碎回收处理，其金属回收率高，回收金属的纯度高达 97%。该机械处理工艺属国内首创，拥有 4 项自主知识产权，其技术处于国内领先水平，开创了工业化批量回收处理废旧线路板的先例，标志着我国废旧线路板回收处理技术进入国际发达国家的先进行列。

3.4 火法冶金

火法冶金是一种回收废弃电路板金属尤其是贵金属的传统技术。在火法冶金过程中，废弃电路板首先被燃烧以去除塑料，然后对剩余金属进行熔渣和提炼。比利时 Umicore 公司提出用铜熔炼的方法处理电子废弃物，其处理流程如图 3-3 所示。

废弃电路板等电子废料经预处理后，送入 Isa 熔炼炉进行熔炼。产生的气体送硫酸厂处理；得到的粗铜送电解精炼回收铜、贵金属和稀有金属；炉渣送铅鼓风炉回收铅、锡等其他金属以及贵金属和稀有金属等。

高温冶金处理的最大优点是能够处理所有形式的电子类废品，但也存在许多缺点。单纯采用高温冶金处理废弃电路板存在一些问题：

(1) 废弃电路板的有机塑料没有实现高附加值资源化；

(2) 焊锡等金属在火法冶金过程中回收量很低或无法得到回收；

(3) 火法冶金过程中产生大量的废气、废渣需要妥善处理与处置。

3.4.1 欧洲电子废弃物处理回收行业概况

Aurubis 公司在德国的 Lünen 和 Hamburg 分公司均开展有电子废弃物处理业务。其中，Lünen 分公司是专业的二级公司。Hamburg 分公司主要处理精矿，不过也通过一个电炉处理电子废弃物材料。在 Lünen，Aurubis 公司采用内部的

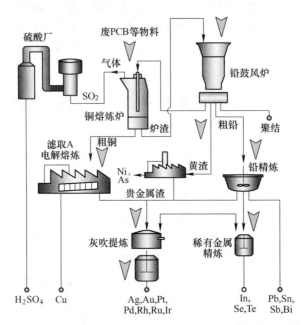

图 3-3　比利时 Umicore 公司的金属熔炼流程

Kayser 回收系统：一个顶部浸入式喷枪炉，可以处理包括电子垃圾在内的一系列的废品材料。Aurubis 同时运营自己独立的机械预处理系统，包括一个带有可对不同金属和塑料进行分类、分离的切割机。同时对切碎后的废弃材料、颗粒物以及印刷电路板实施预处理。Aurubis 的子公司 E. R. N（Elektro-Recycling Nord）也对电脑、打印机等大件的电子废弃物进行分类预处理。它从中小型预处理商那里（通常负责处理前的人工分类和拆卸工作）小量购买打印机电路板、报废电缆、计算机硬盘等部件。在将废弃材料送往 Aurubis 公司之前，E. R. N 将这些废弃部件进行切割和机械分离。Aurubis 和 E. R. N 联合起来，对电子废弃物的处理量毛重达到 7 万吨，其中，Lünen 和 Hamburg 两分公司处理的电路板有 2.5 万吨，1.5 万吨粒状废品和 3 万吨大块电子垃圾，如计算机、打印机和其他 IT 设备。

　　Boliden 公司在其瑞典北部的 Rönnskär 冶炼和精炼综合中心加工处理电子垃圾。该中心从 1980 年就已经开始商业化处理电子垃圾。Boliden 公司在该地运营三个冶炼炉：一个是 Boliden 自主设计的卡尔多炉，用来处理电子垃圾；一个是处理其他类型垃圾的电炉；还有一个处理精矿的奥托昆普闪速炉。卡尔多炉的电子垃圾处理能力是 4.5 万吨/年。主要处理的是经预处理过的打印机电路板和已经切碎或磨碎的计算机报废件。这些废弃物广泛来源于欧洲各地，经铁路运送到 Rönnskär。卡尔多工艺生产出的粗铜被转移到冶炼厂的转换通道，然后与来自闪速炉和电炉的气泡进行化合。该工艺使用废气材料中的塑料做燃料，同时做还原剂，破坏其中的氧化性物质。

2010年4月，Rönnskär公司扩张电子垃圾处理能力的计划得到批准。随着第二个卡尔多工艺设备的安装，处理能力将会翻三番，达到12万吨/年。此工程在2011年底或2012年初全部完成，使Boliden公司会成为世界上最大的电子废弃品处理商。

Umicore是欧洲第三大电子废弃物处理商。其位于比利时Hoboken的工厂专业致力于冶炼（电解）残渣和废弃物材料中贵金属的回收。除了电子垃圾外，还处理工业残渣、阳极泥和其他富含贵金属的废弃物，如触媒转化器等。以收入衡量，从电子废弃物中回收的铜被认为只是一种副产品。Umicore的主要业务是专门处理整件的或经过切碎处理的打印机电路板。在欧洲，电子废弃材料主要由几大经销商提供，如SITA和Sims金属管理公司。

冶炼厂采用艾萨喷枪熔炼技术，将含铜材料经过加压酸浸，然后电解提取，最后富含贵金属的富集物被输送至贵金属精炼厂。

二级生产商比利时Metallo-Chimique公司和澳大利亚Montanwerke Brixlegg公司也开展电子垃圾处理业务，但在公司业务中所占的比例不大。位于比利时贝尔瑟的Metallo-Chimique公司，从劣质残余物、矿渣到优质废弃物，处理垃圾的范围很广。该公司以处理劣质、混合型废弃物见长，从中回收铜、锡、铅和镍等一系列产品。除了部分电视机被整体处理过，其所收集的电子废弃物多为切碎处理过的材料。塑料可用作燃料，同时也可回收铅。不回收贵金属，精炼产生的阳极泥被售往第三方处理。位于奥地利布里克斯莱格（Brixlegg）的Montanwerke Brixlegg公司主要处理含铜量为30%～40%的切碎处理过的电子产品废弃物。也处理少量的整件电路板和计算机显示器。电子垃圾主要来源于奥地利当地市场，由负责部件拆分、切碎和打磨预处理的合作公司提供。

3.4.2 日本电子废弃物处理回收行业概况

日本有一个专业的处理电子废弃物的二级公司。另外，三菱公司在其Naoshima的分公司也开展电子垃圾的处理业务。

2007～2008年，通过安装奥斯麦特炉，Dowa公司将其初级分公司转变为二级公司。该炉于2008年初开始运转，主要处理对象是电子废弃物和工业残渣，包括来自Akita Zinc Iijima冶炼厂的含贵金属的残余物以及来自Onahama铜冶炼厂的阳极泥和含铅残留物。所供应的电子废弃物全部经过切碎处理。该熔炉不能处理打印机电路板整件。废弃物主要由国内市场供给，不过也有些材料从美国、欧洲和亚洲其他国家进口。由于日本国内电子废弃物的收集率很高，所以国内供应相对充足。日本的电器产品制造商也倾向于在其国内处理废弃产品，而不是出口至中国。

　　三菱公司（Mitsubishi）：意识到电子产品比精矿的价值更高，同时也为了缓和精矿市场的紧俏，三菱公司的 Naoshima 冶炼厂正在提高废弃物的处理量（包括电子产品废弃物）。Naoshima 冶炼厂废弃电子产品的年处理量是 4 万~4.5 万吨/年，包括高等级的电路板、切碎的电路板和手机，以及低级的家用电器碎裂残留物。高级材料在三菱炉处理，低级材料在二级炉—回转窑处理，电路板来自世界各地，而家用电器的废弃材料由三菱专门的家电回收公司提供。

3.4.3　韩国电子废弃物处理回收行业概况

　　LS-Nikko 铜业分公司正在韩国中部地区 Danyang 开发一套奥斯麦特装置。该炉将主要处理经破碎预处理过的废弃物，包括电子废弃物、汽车废碎物和混合类废碎物。生产出的一种冰铜，可用作其 Onsan 冶炼厂的原材料。该公司最近还提高了其对美国回收业公司 ERI 的股份。ERI 是全美最大的电子废弃物预处理公司。

3.4.4　北美电子废弃物处理回收行业概况

　　加拿大超达铜业公司的 Horne 冶炼厂是北美唯一一家大规模处理废弃物的铜业公司。一般情况下，Horne 厂年处理再生原料 12 万吨，其中包括 5 万吨电子废弃物；实际该厂的电子废弃物年处理能力可达到 10 万吨。工厂也同时处理铜精矿，而且是把再生原料和铜精矿一起添加到诺兰达（Noranda）反应炉中进行冶炼；诺兰达反应器可以处理的原料品种很多。废弃物就地进行分类并切碎；但取样化验工作在超达铜业公司位于加州 San Jose 和罗得岛州普罗威顿斯市东部的特殊设备上进行。

　　除电子垃圾外，该冶炼厂还处理工业残渣、浮渣和碎屑、催化剂、二级废铜、黄铜及铜屑等。总体来看，来自废弃材料的铜占铜产量的 15%，黄金占 20%，银占 10%，铂族金属占 85%。

　　北美地区的废弃物原料非常丰富。美国因处理能力有限，是主要的电子垃圾出口国。

　　在不列颠哥伦比亚省，特克资源公司的 Trail 冶金综合企业公司进行电子废弃物的回收处理，但不做回收提取精铜的业务；Trail 冶金公司也是不列颠哥伦比亚省 Encorp Return-It 电子项目的主要成员。电子垃圾被收集到回收中心进行分类，然后送往 Trail 公司。Trail 冶金公司和承包商 KC 回收公司联合，将废弃产品分类并切碎；而后，铜和贵金属含量高的电路板及其他部件被送往第三方进行处理，铝制和钢制的其他部件也送往第三方处理；最后，碎玻璃被送往 Trail 公司的 Kivcet 炉系统，其余的废料在渣烟化炉进行处理。含铅和锌的浓烟被送往临近的工厂处理，以回收有价值的金属。

3.5　湿法冶金

湿法冶金也是一种传统的废弃电路板回收技术。Young Jun Park 等提出了一种"机械破碎分选+湿法冶金"的方法处理印刷电路板，主要包括破碎、铁铝分选、焊料浸出回收、铜浸出回收、贵金属回收和镍锌分离几部分，如图 3-4 所示。分别用磁选和涡电流分选分离铁和铝后，用含有 Ti（Ⅳ）的酸液处理废弃电路板使锡或含锡和含铅的合金溶解为 Sn（Ⅱ）和 Pb（Ⅱ），通过电积的方法把锡离子和铅离子还原为金属锡和铅而回收；最后采用硫酸铵溶液浸出、萃取、电积得到铜，再进行贵金属回收、锌和镍的分离回收。采用湿法冶金处理废弃电路板具有金属回收率高、金属纯度高等优点，然而湿法工艺流程复杂、化学试剂耗量大，在处理过程中产生大量的废水、废渣需要妥善处理。

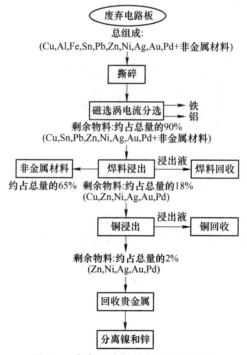

图 3-4　废弃电路板的金属回收流程

3.6　热解

热解是在缺氧或无氧条件下将有机物加热至一定温度，使有机树脂中的化学键断裂，把网状的大分子分解成有机小分子，残留物为无机化合物，生成气体、液体（油）、固体（焦）并加以回收的过程。从 PCB 的组成能够看出，树脂塑料等高分子材料占废弃 PCB 质量的 30% 左右，这类材料直接或间接来源于石油产品，具有很高的热值，利用它们既可产生能源也可生产相关的化学产品，以一定的形式回收这部分材料具有经济和环境的双重价值[8~12]。

近年来，随着工业的急速发展，人们逐渐意识到环境保护和开发再生能源的重要性，热解技术开始用于固体废物的资源化处理。由于热解法对固体废物特别是有机高分子聚合材料处理所具有的减量化、无害化和资源回收率高等明显优势，国内外已开展了采用热解方法处理废弃电路板的理论研究和工程实践。

目前大部分废弃电路板的热解研究是在氮气气氛下进行的，而在真空条件下对废弃电路板进行热解的研究很少。真空热解与在惰性气氛下进行的热解技术相比具有很多优点，比如真空条件下能减少二次裂解反应的发生，降低样品的热分解温度，且避免了引入载气，从而降低了回收成本。中南大学丘克强课题组研发了处理废弃电路板的新技术，其中就包括了废弃电路板有机树脂的真空热解分离技术，其热解装置如图3-5所示。

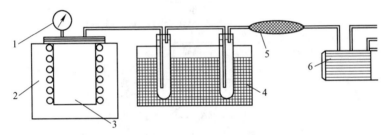

图 3-5　真空热解装置示意图
1—真空计；2—电炉；3—反应器；4—冷栅；5—碱性干燥管；6—真空泵

采用热解技术在减容减量方面有很大的优势，能实现有机物和金属的一步分离。但是，目前这种方法用于产业化还存在着技术难题：一是热解油的脱卤；二是热解尾气治理。

3.7　结语

综合现有的回收技术来看：

（1）火法处理量大，这是主要的工业加工方法，但资源回收率低、废气废渣处理成本高；

（2）湿法分离回收成本高，若处理不当还会对水资源造成严重污染；

（3）热解技术在减容减量方面是可行的，但热解油的利用是该技术产业化的瓶颈；

（4）用干式机械破碎分选的方法回收金属、贵重金属及其他组分，可获得高的回收率。已有的实践说明，采用粉碎、筛分、气流分级、磁选、电选等干法分离技术应该作为目前及今后解决废弃电路板回收利用问题的出路。

参 考 文 献

[1] 张宇平. 废旧电子电器产品资源化利用技术 [J]. 中国环保产业, 2010 (9): 26-28.

[2] 刘旸, 刘静欣, 郭学益. 电子废弃物处理技术研究进展 [J]. 金属材料与冶金工程, 2014 (2): 44-49.

[3] 王娟, 张德华. 废旧电路板资源化研究的进展 [J]. 化学世界, 2013 (12): 759-765.

[4] 于宁涛, 铁占续, 王发辉. 废旧印刷电路板资源化研究综述 [J]. 中国资源综合利用, 2011 (7): 21-24.

[5] 曹进成, 刘磊, 韩跃新. 废旧电路板中铜的综合利用方法进展 [J]. 矿产保护与利用, 2014 (4): 51-53.

[6] 洪大剑, 张德华, 邓杰. 废印刷电路板的回收处理技术 [J]. 云南化工, 2006 (1): 31-34.

[7] 苑仁财, 李桂春, 康华, 等. 废旧印刷线路板粉碎及浮选分离 [J]. 中国粉体技术, 2012 (3): 66-68.

[8] 刘辉, 王同华, 谭瑞淀. 废印刷电路板资源化处理技术研究进展 [J]. 环境科学与技术, 2009 (5): 92-95.

[9] 郭晓娟. 热解技术处理废弃印刷线路板的实验研究 [D]. 天津: 天津大学, 2008.

[10] Cui Quan, Li Aimin, Gao Ningbo, et al. Characterization of products recycling from PCB waste pyrolysis [J]. Journal of Analytical and Applied Pyrolysis, 2010, 89 (1): 102-106.

[11] 张航, 王佐仑, 丁洁, 等. 不同废旧电路板的热解行为 [J]. 广东化工, 2014 (19): 37-38.

[12] 彭绍洪, 陈烈强, 李留斌, 等. 废旧电路板中溴的回收工艺研究 [J]. 安全与环境学报, 2010 (1): 64-67.

[13] 王旭. 新兴污染物质溴代阻燃剂的环境问题 [J]. 中国科技信息, 2011 (12): 38.

[14] 刘小军, 卢燕妮, 崔花莉. 废弃印刷线路板回收处理技术的研究进展 [J]. 广州化工, 2011 (14): 42-44.

[15] 陈烈强, 谢明权. 废印刷电路板回收处理技术的研究进展 [J]. 广东化工, 2008 (9): 100-103.

[16] 曹兴, 刘红江, 黄山多, 等. 废弃电子电路板中回收铜的工艺研究 [J]. 印制电路信息, 2013 (5): 123-127.

4 废旧电池回收处理技术

我国是世界电池的生产和消费大国，2014年生产电池180亿只，主要有锌锰电池、镍镉电池、锂离子电池等，占世界总产量的30%。2014年消耗电池80亿只，约折合40万吨。北京地区年消耗电池约2.1亿只，约合1万吨。

到目前为止，我国电池的生产和消费仍呈快速增长势态。以二次充电电池为例，产品由20世纪80年代的镍镉电池、20世纪90年代初的镍氢电池发展到目前的锂离子电池，产品不断更新换代，技术不断推陈出新，一些技术含量高的热电池、燃料电池、太阳能电池等的研究开发也取得了长足的发展。干电池的生产同样经历了一个技术不断革新的过程，由原来的高汞糊式电池向低汞碱性电池发展，电池原料性能也不断改进。从总体情况来看，锌锰干电池因原料易于获得、通用性大、价格低廉，将长期主导电池产品市场。电池生产消耗大量的锌、镍、铜、锡等有色金属材料。以我国为例，每年用于生产电池所消耗的锌在12万吨以上。

但由于长期以来在失效干电池回收工艺方面的科研经费投入较少，在技术、经济上较为合理的回收工艺还不完全成熟，以及关于失效干电池的收集、回收等相关政策尚未制定，我国失效干电池的回收目前基本处于停顿状态，回收率不到2%，大量的失效电池未经处理直接排放到环境中。以北京为例，北京市1998~2014年共回收了失效电池400余吨，回收率约为1.7%，其余约1万吨的失效电池则混于生活垃圾中排出。2014年，北京市生活垃圾的无害化率仅为56%，尚有44%的垃圾随意堆放。即使是无害化处理的垃圾中，电池中的锌、锰、镍、铅、镉、汞等多种重金属也会对环境造成二次污染。需要注意的是，20世纪50年代发生于日本的水俣病就是由汞污染造成的。虽然我国自2014年1月1日起就禁止在国内生产汞含量大于电池质量0.025%的电池，但许多厂家由于经济利益和技术上的原因，仍未能完全实现电池生产的低汞化，目前每年用于电池生产所消耗的汞仍高达百吨以上。国家质检局2002年8月对碱性锌锰电池的抽查显示，产品汞含量的抽样合格率仅为68%。镉在人体极易引起慢性中毒，如骨质软化、肺气肿、贫血，严重时导致人体瘫痪。因此失效干电池的回收处理不仅有利于资源综合利用，减少生活垃圾无害化处理量，而且可以解决失效电池对环境产生的严重危害，极大地改善人们生活和居住的环境条件。

以二次充电电池的生产和消费为例，2014 年我国生产镍氢和锂离子电池约 10 亿只，消耗金属钴约 1200 吨。由于国外主要电池品牌均向我国转移电池生产线或委托我国厂家生产它们的品牌，我国逐步成为世界电池材料以及电池产品的生产加工中心，预计到 2020 年锂离子电池产量将接近世界的 70% 以上（2003 年已达到 35%）。在消费方面，由于各种轻型家用电器，如手机、笔记本电脑、摄像机、随身电子产品等均采用质量较轻的锂离子电池，而这类电器在我国仍处于普及的前期阶段，未来的消费量极大，因此对二次充电电池的需求将会持续高速增长，预计近 5 年内年平均增长速度将在 30% 以上，5 年后也将保持在 10% 左右。以手机的消费为例，截至 2017 年 6 月底，我国拥有移动电话用户总数 13.6 亿。锂离子电池的使用寿命一般为 2 年，因此，我国已成为失效锂离子电池的第一大产出国。在锌锰干电池中，锌在整个电池中所占的比例约 23%，二氧化锰约 22%，此外还含有大约 10% 的 NCl、5% 的乙炔黑、7% 的炭棒和 0.2% 的铜，微量的汞以汞齐的形态存在于锌皮中。虽然失效锌锰干电池的回收价值不是很高，但由于其潜在的社会危害非常严重，因此，研究开发处理成本低、经济上略有盈利的回收处理工艺，其社会意义非常巨大。在锂离子电池中，钴以钴酸锂形式用作正极主要成分，钴酸锂中的钴含量约为 60%，钴在整个电池中所占的比例约为 17%，此外还含有大约 15% 的 Cu、4% 的 Al 和 0.5% 的 Ni，回收价值极高。因此，研究开发有价金属综合回收利用好、处理成本低的回收处理工艺，其经济效益将非常可观[1~5]。

4.1 废旧电池的危害

近些年来，废旧电池对环境的影响成为日益凸显的重大民生问题。据中国电池工业协会统计数据，每年有接近 200 亿只电池报废。其中，我国每年报废 50 万吨废锌锰电池；铅酸蓄电池每年报废量大于 1 亿只，且年增长率达 30%。废电池含有毒重金属（如铅、镉、汞、锌、锰等）和酸、碱化学物质，对人体健康和生态环境造成巨大危害。因此，废电池的合理处置及再生利用越来越受到人们极大的关注。废旧电池包括一次性普通干电池（锌锰电池）、镉镍/氢镍电池、铅电池、锂电池等。不同种类废电池对于环境的污染差别较大，相对应的处置及再生利用技术也不同。一般来讲，废电池需要经过破碎预处理分选出各部件，主要包括电极活性物质、集流体、板栅、隔膜、外壳及附属件、电解液等。其中重点是对电极活性物质中的有价金属进行回收再利用。

由于产生的废旧电池量日渐增多，这些废弃的电池如不适当处理，会给人们的生活环境带来严重危害。

废弃的电池含有许多有害物质，表 4-1 中列出了常见电池中所含的有害物质。其中，Hg、Cd、Ni、Pb 等对人类和大自然有极大危害。

表 4-1　常用电池组成

电池种类	所含主要物质	主要有害物质
锌锰电池	Zn, MnO_2, NH_4Cl, $ZnCl_2$	Hg
碱性锌锰电池	Zn, MnO_2, KOH	KOH, Hg
镍镉电池	Cd, Ni, KOH	Cd, Ni, KOH
镍氢电池	Ni, KOH	Ni, KOH
锂离子电池	Li, Co, Ni, Mn	有机电解质
铅酸蓄电池	Pb, H_2SO_4	Pb, H_2SO_4, $PbSO_4$

一节 1 号电池如不经过处理，随意丢弃在田地里，能使 $1m^2$ 的土壤永久失去农用价值；一粒纽扣电池可使 600t 水受到污染。废弃的电池如不适当处理，电池中所含的重金属元素就会渗漏出来，污染土壤和地下水，并在动植物体内蓄积，经过生物链最后被人体吸收。在人体内这些有害物质如果长期蓄积难以排除，会损害人的神经系统、造血功能、肾脏和骨骼，甚至还能致癌，危害人类健康。

4.2　废电池回收处理的意义

废旧电池是可以再生利用的二次资源。以占我国电池总量 92.5% 的锌锰电池为例，1 号废旧锌锰电池的质量约 70g 左右，其中，炭棒 5.1g、锌皮 7.0g、锰粉 25g、铜帽 0.5g、其他 32g。其中的有用物质锌、放电二氧化锰、铁、铜、汞及石墨质量占电池总量的 75% 左右，仅锌、放电二氧化锰、铁质量就占了 70%，可以作为资源化的主要对象。根据中国电池工业协会提供的 2000 年我国电池生产的数据计算，仅生产锰锌电池每年就要消耗锌金属 15 万吨，放电二氧化锰 27 万吨，铜金属 0.8 万吨，钢 16 万吨，还有石墨的消耗。这些金属和非金属都取自于我国的矿产资源。据有关部门测算，我国每年产生的废旧电池经处理可回收 12 万吨锌、2 万吨铜，以及大量的其他可利用物资。由此可见回收并再生利用废旧电池，符合我国可持续发展战略。

4.3　国外废旧电池回收现状

传统二次电池因为出现年代早。使用期限长，因而其回收处理处置技术相应也出现比较早，其技术成熟度也较高。其中废旧铅酸蓄电池的回收处理已大范围推广。有数据显示，目前国内的铅消费有 40% 来自处理废旧铅酸蓄电池的再生铅。

而锂离子电池因是新兴产物，使用远未达到普及的程度，因此其废旧电池的回收利用也还处于起步阶段。不过未来在二次电池领域，锂离子电池将得到迅猛发展，尤其是其在动力能源领域的消费将使得其消耗量将急剧增加。因此，锂离子电池的大量使用势必导致大量的废旧电池产生。废旧锂离子电池的回收处理处置将是未来一段时间内科研及市场化运作的重点方向。

各类废旧电池回收处理处置的相关情况说明对比见表4-2。

表4-2 各类废旧电池回收处理处置的相关情况对比

序号	废旧电池类别	是否为危险废弃物	可回收利用价值	回收技术成熟度	经济价值
1	废旧锌锰电池	是	++	+++	++
2	废旧铅酸蓄电池	是	++++	++++	+++
3	废旧镍氢/镍镉电池	是	+++	++++	+++
4	废旧锂离子电池	否	++++	++	++++

注："+"越多，说明该指标越高或越大。

4.3.1 国外废旧电池回收现状

欧美日等国家和地区电池回收已具相当规模。

日本：日本回收处理废弃电池一直走在世界前列，早在1993年就开始回收电池。汽车用铅酸蓄电池目前已经全部回收，并有成熟的处理方法，其他二次电池的回收率也已达84%。采用的方法是在各大商场和公共场所放置回收箱。依靠电池生产企业的赞助实施回收。目前回收的废电池93%由社团募集，7%由电池生产厂收集（含工厂废次电池）。

本田汽车公司正采取措施提取电池内可回收利用的金属，同时与金属生产商合作提取电池内含稀土，以推进资源回收利用活动的发展。丰田汽车公司则从电池中提取金属镍作为电池原料，同时也积极推进其他金属的回收利用。此外，日产汽车公司及三菱汽车公司也在其公司内进行电池回收实验。

欧洲：回收利用企业已具备了先进的锂电池回收处理技术，优美科公司新开发的超高温处理技术（火法回收），可用于大量处理废旧锂电池。优美科公司位于比利时安特卫普的霍博肯工厂目前能够达到年处理7000吨废旧充电电池的规模。丹麦是欧洲最早对废旧电池进行循环利用的国家。丹麦从1996年开始回收镉镍电池，其具体做法是：电池按销售单价0.9美元/只电池的回收费用售出，从回收费中按17.6美元/千克支付给电池回收者。该政策的制定，使镉镍电池的售价相对较高，从而改变了消费者的消费行为，小型二次电池的消费重点转向环保型电池。1997年镉镍电池的回收率就已达到了95%。

美国：美国有很多家废电池回收公司，许多地方的垃圾清扫公司也从事电池回收业务。美国规模最大的电池回收公司当为RBRC公司，这是一家非营利的民间环保机构，它得到全国200多家生产镍镉电池厂商的赞助。1999年RBRC公司在美国及加拿大设立了 25000 多个电池回收点，回收用过的镍镉电池。该公司在 2000 年还在全国每一个邮区内都设立回收点。RBRC 公司设计制作了专用的电池回收箱、带拉链的塑料回收袋以及专门的电池回收标志，将它们分发给各地需要的电池零售商和社区的垃圾收集站。Toxco 公司的锂电池回收处理技术：在液氮环境下低温冷冻电池，从而使其材料的化学性质变得不活泼，然后拆开电池分离其中的材料。美国杜克能源与日本伊藤忠集团已签署共同研发先进能源技术协议，着手开展关于电动汽车电池回收利用的评估与测试工作，包括用于其他用途（家庭能源、储能电站等）二次利用。

4.3.2 国外失效干电池的回收处理现状

工业发达国家对失效电池的收集和处理大都制定了相当严格的法律法规。如日本法律规定生产商、销售商和消费者均必须交纳一定比例的回收处理费用，通过联合多家公司成立了遍布全国的收集分支机构和网点，以方便失效电池的收集，同时由政府资助建成了数个失效电池的回收处理工厂，并享受许多优惠政策。目前对失效干电池的处理，工业发达国家大多采用岩洞封存待处理，或防渗水泥固化后填海造地的方法，绝大多数尚未实现无害化回收。只有少数（美、德、日、韩）国家开发出了较成熟的处理工艺和技术设备，如日本 Sumitomo 重工发明的高温挥发和还原熔炼工艺。瑞士 Batrec 公司在 Sumitomo 重工的技术基础上经进一步改进和完善，建立了年处理 3000 吨失效干电池的生产线。韩国资源回收技术公司（R-tec）开发了采用等离子体技术处理失效锌锰电池回收铁锰合金和金属锌的生产线，年处理失效锌锰电池量达 6000 吨。日本 ASK 理研工业株式会社开发的采用分选、预处理、焙烧、破碎、分级，再湿法处理生产金属化合物产品的技术，年处理失效锌锰电池量可达几千吨。此外，德国 AID 公司也开发出了采用真空冶金的办法处理失效电池的应用技术[6~9]。

4.4 国内外废旧电池处理技术

目前废旧电池的回收处理方法主要分为三类，即人工分选法、火法和湿法[4~12]。人工分选回收利用法就是将回收的废旧干电池先进行分类，人工分选出炭棒、铜帽、锌皮及各种产品残留物，并分别采用相应的方法予以处理。这种方法简单易行，但使用劳动力多、经济效益差、存在二次污染。

4.4.1 火法处理技术

废旧电池的火法处理技术是在高温下使电池中的金属及其化合物氧化、还原、分解和挥发、冷凝，有效地回收其中的 Hg、Cd 等易挥发物。按照回收工艺的不同，干法回收利用技术又可以分为常压冶金法和真空冶金法。常压冶金法在处理废旧电池时，通常有如下两种方法：（1）在较低温度下加热废旧电池，使 Hg 挥发后再在较高的温度下回收 Zn 和其他重金属；（2）在高温下焙烧废旧电池，使其中易挥发的金属及其氧化物挥发，残留物可作为冶金中间物产品或另行处理。常压冶金法是在大气中进行，空气参与反应，会造成二次污染且能源消耗高。真空冶金法处理废旧电池是基于组成电池的各种物质在同一温度下具有不同的蒸气压，在真空中通过蒸发和冷凝，使各组分分别在不同的温度下相互分离，从而实现废旧干电池综合回收与利用。在蒸发过程中，蒸气压高的 Cd、Hg、Zn 等组分进入蒸气，而 Mn、Fe 等蒸气压低的组分则留在残液或残渣中，实现了分离。冷凝时，蒸气相中 Hg、Cd、Zn 等在不同温度下凝结为固体或液体，实现分步分离回收。目前真空冶金法回收废旧电池研究还比较少，该法与湿法及常压冶金法相比，基本无二次污染，流程短、能耗低，具有一定的经济优势。

4.4.2 湿法处理技术

废旧电池的湿法处理技术是基于电池中金属及其化合物溶于酸的原理，将分类、破碎分选后的电池粉末浸泡于酸性溶液中，使目标组分溶于酸液中，然后经过过滤，弃去有机电解质及隔膜杂质，调节所得含目标组分的滤液的 pH 值，将 Al、Fe 等微量元素以氢氧化物的形式除去。利用化学沉淀、电化学沉积、离子交换或萃取分离的方法使目标组分以纯金属或金属盐的形式得以回收。湿法工艺种类较多，处理所得产品的纯度通常较高，但具有流程长、污染重、能耗大、生产成本高的缺点。

4.5 失效干电池的回收处理

4.5.1 瑞士 Batrec 处理技术

瑞士 Batrec 处理技术主要包括以下 3 个步骤：

（1）在 300~750℃下，干电池在竖炉内热分解，有机化合物在炉内气化挥发，金属汞汽化后被蒸发排出再冷凝回收；

（2）在熔炼炉内于 1500℃下还原金属氧化物，铁、锰、镍被熔炼成锰铁合金，锌、镉和铅蒸发后在锌冷凝器中冷凝回收；

（3）用酸性和碱性水洗涤废气，净化后的一氧化碳废气为竖炉提供热能。

该技术工艺完善，所有的烟尘、废气处理均采用湿法酸洗、碱洗工艺，将电池处理过程可能对环境造成的危害降到最低，正因为如此，Batrec 方法的辅助烟尘、废气、废水处理系统相对庞大（两套），投资及运行费用高，经济上不合理。该项目为瑞士国家资助项目，2000 年后由于取消了国家资助，该失效干电池处理厂被迫停产。

4.5.2　韩国 R-Tec 公司的等离子体处理技术

韩国资源回收技术公司（R-Tec）开发的采用等离子体技术，年处理失效电池 6000 吨，但由于能耗高，在经济上也不十分理想，国家每年在这方面都有一定的投入。该技术主要由三部分组成：（1）电池破碎。（2）等离子炉和锌冷凝回收器。等离子炉由阴极、阳极和炉体组成，石墨阴极采用铜管水冷。在炉体内，电池被熔化、还原，锌、汞、镉被蒸馏出去，在锌冷凝回收器中被喷射出的液态铅捕集回收。（3）废气处理系统，包括燃烧室、旋风收尘、布袋收尘和热交换装置。

4.5.3　日本失效干电池处理技术

由于经济发达，加之对环保和资源综合利用的重视，日本在失效电池的收集和处理方面居于世界前列，2014 年其失效电池的再资源化率达到了 70%。在失效电池的处理技术方面，除 Sumitomo 重工的熔炼技术和 ASK 理研工业株式会社的焙烧、破碎—湿法处理生产金属化合物产品的技术外，2000 年，NKC 公司引进德国 ALD 公司的技术，建立了失效电池的真空冶金处理厂。

4.5.4　德国真空失效干电池处理技术

德国 ALD 公司利用其在真空冶金领域的技术优势，开发了失效电池的真空冶金处理技术。由于干电池各组分的沸点不同，首先在较低的温度和压力下，使低沸点的水分、电解液、碳氢化合物蒸发，再升温蒸发汞、镉，与锌、锰、镍、铜、铁等分离，蒸发出去的组分直接冷凝成电解液及金属汞和镉。该技术流程短、设备少，过程中产出的废水废气量少，不产生废渣，具有能耗低、投资少、处理费用低、对环境影响小等优点，实现了对有价资源的综合利用。

4.5.5　中国失效干电池处理技术

我国许多科研机构在 20 世纪 80 年代初就进行了失效干电池湿法冶炼综合回收的研究工作。北京矿冶研究总院于 1984 年和天津市有色金属工业公司合作，开展了失效锌锰干电池综合回收工艺研究，开发出了在国内具有代表性的全湿法回收处理工艺技术方案：还原浸出—锌锰同时电解工艺，项目进行了日处理 0.5~0.8t 的半工业试验，并在武昌炼锌厂的改扩建工程中进行了工业试验，其锌、锰回收率达 95% 以上，主要产品为 2 号电锌和电解二氧化锰。但由于污染治理和经济效益等问题未能完全实现工业应用。该冶炼工艺存在的缺点是工艺流程复杂，废水处理困难，废水中的铵盐、BODs（生化需氧量）、CODc（化学需氧量）等项目难以达标，造成富营养化，易形成废水的二次污染。针对国内外失效干电池回收处理技术普遍存在的操作费用和运行费用偏高、经济上不合理的缺点，北京矿冶研究总院在吸收有关工艺精髓的基础上，提出了失效干电池无害化处理的"一步法"工艺技术方案，失效电池经一步高温还原挥发，使电池中的锌、汞、镉及有机物在高温下或分解或还原挥发，然后分步冷凝回收锌、汞、镉等，电池中的铁和 MnO 则被熔炼成锰铁合金，取消了 Batrec 工艺中电耗高的感应炉还原熔炼工艺，只保留一套辅助烟尘、废气、废水的处理系统，具有投资省、操作成本和运行成本低、经济效益较好的特点。初步试验表明，该工艺技术经济可行。此外，北京科技大学、西安冶金建筑大学、武汉大学、物资再生利用研究所、中南大学等单位也开展了失效电池处理的研究工作，并取得了一定的进展。

4.6　失效镍氢电池回收处理技术

随着手机、数码相机、笔记本电脑和移动多媒体产品等电子产品的迅速普及，我国已成为全球最大的二次电池消费大国，同时也是二次电池生产大国，其产量仅次于日本，位居全球第二。

小型二次电池主要指镉镍电池、镍氢电池和锂离子电池。据统计，我国二次电池行业已成为国内最大的钴消费行业，如 2006 年中国电池行业用钴 5771t，约占当年国内钴消费总量的 49.5%；2007 年中国电池行业用钴量为 6054t，约占当年国内钴消费量的 48.5%。目前中国钴的消费量已约占全球钴消费总量的 1/4。但我国钴资源极为匮乏，实际可经济利用的钴储量仅约 4 万吨，现国内矿产钴仅约 1000~1800t，约 90%以上钴需要从非洲等地进口。

近年来，随着非洲国家钴精矿出口禁令的逐步实施，我国钴工业及电池行业等下游产业已受到高钴价的巨大冲击。因此，在积极开发钴的替代技术的同时，钴镍再生资源开发已成为关注的热点。镉镍、镍氢及锂离子电池等二次电池含有约 1%~20%的钴，且我国的社会存量巨大，已成为钴镍再生资源的重要来源。如普通锂离子电池约含钴 20%、铜 7%及锂 3%，镍氢电池中约含镍 30%、钴 4%及稀土金属 10%，镉镍电池约含镍 20%、钴 1%。由于这些二次电池的循环寿命为数百次，一般使用 2~3 年即报废，特别是手机用锂离子电池往往随着手机样式的落伍而提前淘汰。2007 年时信息产业部统计当年生产了手机 5.96 亿部，随机配置的锂离子电池块超过 10 亿只，而我国的移动通信用户截至 2017 年 6 月底已达 13.6 亿户。我国每年约更新手机 2 亿部，其中大城市的手机更新速度更快，而随之将产生大量的失效锂离子电池，其所含的钴等金属价值约数亿元。此外，二次电池生产过程中将产生 1%~3%的残次品电池和少量废极片。根据国家环保部制定的我国固体废物的分类方法，镍镉、镍氢、锂离子电池及其生产废料属于危险废物的范畴，对其中含有重金属钴、镍、镉、稀土金属等进行回收和利用，不但可以解决其对环境污染严重的问题，而且可以回收宝贵的金属资源。有关二次电池资源再生利用工艺，已有大量的报道与综述[12~15]。

4.7　动力电池回收的技术路线和趋势

4.7.1　动力锂电池的需求量和报废量不断增长

2015 年中国锂电池总产量 47.13GW·h，其中，动力电池产量 16.9GW·h，占比 36.07%；消费锂电池产量 23.69GW·h，占比 50.26%；储能锂电池产量 1.73GW·h，占比 3.67%。

我们测算，到 2020 年动力锂电池的需求量将达到 125GW·h，报废量将达 32.2GW·h，约 50 万吨；到 2023 年，报废量将达到 101GW·h，约 116 万吨。规模庞大的动力锂电市场伴生的将是锂电池回收和下游梯次利用的行业机遇，发展锂电池回收和梯次利用在避免资源浪费和环境污染的同时也将产生可观的经济效益和投资机会。

2016 年上半年，中国新能源汽车产销分别达到 17.7 万辆和 17 万辆，依旧是全球最大的新能源车市场。1~2 月受春节和政策因素影响产销量较低，随着政策调整推进，3~6 月新能源车逐步实现恢复性增长，6 月冲刺到 3.5 万台水平。7~8 月新能源车处于 3 万台左右的稳定状态，等待进一步的增长动力。

据中汽协会统计，2015 年 8 月新能源汽车生产 21303 辆，销售 18054 辆，同比分别增长 2.9 倍和 3.5 倍，其中纯电动汽车产销分别完成 13121 辆和 12085 辆，同比增长 3.8 倍和 6.1 倍，插电式混合动力汽车产销分别完成 8182 辆和 5969 辆，同比分别增长 2 倍和 1.6 倍。

动力电池的需求量和报废量不仅与新能源车新增产量密切相关，还与不同车型的占比、电池技术路线的转移趋势、不同动力电池的使用寿命及不同电动车型的报废年限等有关。

不同动力电池的平均质量分别为：插电式乘用车 275kg、插电式商用车 235kg、纯电动乘用车 550kg、纯电动商用车 1900kg。

4.7.2　废弃动力锂电池中钴和锂潜在价值最高

废弃动力锂电池具有显著的资源性，其中钴和锂潜在价值最高。组成锂离子电池的正极、负极、隔膜、电解质等材料中含有大量的有价金属。不同动力锂电池正极材料中所含的有价金属成分不同，其中潜在价值最高的金属包括钴、锂、镍等。例如，三元电池中锂的平均含量为 1.9%，镍为 12.1%，钴为 2.3%；此外，铜部分、铝部分等占比也达到了 13.3% 和 12.7%，如果能得到合理回收利用，将成为创造收入和降低成本的一个主要来源。

钴是一种银灰色有光泽的金属，有延展性和铁磁性，因具有很好的耐高温、耐腐蚀、磁性性能，被广泛用于航空航天、机械制造、电气电子、化学、陶瓷等工业领域，是制造高温合金、硬质合金、陶瓷颜料、催化剂、电池的重要原料之一。

钴资源多伴生于铜钴矿、镍钴矿、砷钴矿和黄铁矿矿床中，独立钴矿物极少，陆地资源储量较少，海底锰结核是钴重要的远景资源。再生钴的回收也是钴资源的重要来源之一。据数据，2015 年全球产出钴矿 12.38 万金属吨，刚果（金）产出钴矿 6.3 万吨，占比超过 50%，中国仅产出钴金属 7700 吨，占比 6.2%。

钴矿扩产项目包括：2016 年刚果（金）的 Etoile Leach SX-EW plant、澳大利亚的 Nova Nickel、美国的 ldaho Cobalt 和 NorthMet，phase 1 等，合计新增产能 7235 吨；2017 年新增项目较少，仅加拿大 NICO 和赞比亚 Cobalt converter slag 等，合计新增产能 2215 吨；2018 年澳大利亚 Gladstone Nickel 和刚果（金）Project Minier 的新矿山投产，合计新增产能 9600 吨。

钴矿减产项目包括：嘉能可的 Katanga 和 Mopani 项目、巴西的 Votorantim Metais 矿山，预计减产金属量 5200 吨。未来随着铜镍价的继续低迷，不排除其他大型矿企也会加入减产的阵营。

由于 2016 年上半年动力锂电池市场的快速发展所带动的对于钴的需求提振以及各大矿山减产的预期，钴价在 2016 年年中出现了拐点，预计未来两年内仍将维持供给紧平衡的态势。从全球市场来看，钴的需求 42% 集中在锂电池领域，其次是高温合金（16%）和硬质合金（10%）；从中国市场来看，电池材料占比高达 69%。随着新能源车下游需求逐步明确，国内动力电池厂商 2016~2017 年纷纷扩大产能，对于钴的需求将进一步提升。因此从废旧电池中回收再利用钴也越来越具有经济性。

锂元素作为广泛用于动力锂电池中的元素，其用途非常广泛，且目前市场上碳酸锂的价格不断走高，需求端尤其是新能源汽车驱动的需求扩大以及供给端产能释放的难度共同作用于碳酸锂的价格，促使越来越多的企业开始关注锂电池回收的经济效益。

锂资源在自然界中广泛分布，然而锂资源的提取工艺行业壁垒较高，因此供需格局较为稳定。近年来的供应端变动主要有：银河资源复产（MtCattlin 矿山）；SQM 成立合营公司开发 4 万吨的阿根廷盐湖 Cauchari-Olaroz 项目；ALB 与智利本土企业加强合作，2020 年有望在智利形成 3 座锂盐厂，合计 7 万吨 LCE 生产规模。

2015 年，锂电池占全部锂需求的 50% 以上；根据 SQM 的预测，2016~2025 年锂需求的复合增速将达到 8%~12%，其中动力锂电的锂需求复合增速将达到 18%~24%，根据该预测，2025 年全球锂需求将达到 49 万吨（折 LCE）。

Tesla Model3 的揭幕同时带来了对于高端氢氧化锂需求的增加。Tesla 设置的目标是在 2020 年达成整车制造 50 万辆/年、超级电池厂 35GW·h/年的既定产能建设目标。假设能够达成目标的 80%、碳酸锂单耗为 0.6t/(kW·h)，则对应锂需求 1.68 万吨（折 LCE）。该现象级事件同时也会对整个产业的发展起到推动作用。

从三元材料销量来看，全球市场三元材料销量呈现快速增长态势，由 2009 年的 1.2 万吨快速增长至 2015 年的超过 9 万吨，年均复合增速达到 40%。根据对未来三元材料企业发展趋势的分析，未来国内三元材料龙头企业产能占比仍维持在较高水平，预计未来前十大企业的产能占比将维持在 80% 以上。

从三元材料的产能来看，预计 2016 年动力三元材料产能将超过 7.1 万吨/年，2016~2018 年的年复合增长率将达到 56%。

碳酸锂作为盐湖和锂矿提取的直接产品，是其他锂产品的基础原料，氢氧化锂目前主要用于 NCA 三元材料和高镍 NCM 三元材料的生产，需求随着三元材料需求的增长而增长。

由于氢氧化锂稳定性高，反应过程中不产生一氧化碳干扰物，有助于增大材料的振实密度，相比于碳酸锂更适合作为三元正极材料合成的基础锂盐。

氢氧化锂为富锂锰基正极材料的合成必须基础原料。富锂锰基正极材料 xLi_2MnO_3-$(1-x)$ $LiMO_2$ 具有高比容量（$200~300mA·h/g$），能很好地满足锂电池在小型电子产品和电动汽车等领域的使用要求，是最具潜力的下一代动力锂离子电池正极材料。

我国碳酸锂主要从锂辉石中提取，采用硫酸法、石灰石焙烧法等，成本较高，约为 2.2~3.2 万元/吨。少数碳酸锂来自盐湖卤水提取，针对我国盐湖镁锂比较高、卤水品位差的现状，采用煅烧法和溶剂萃取法的成本比从矿石中提取低，但依然高于国外盐湖提锂成本，且受制于恶劣生产条件，产量十分有限。

国外如 Albermarle 公司和 SQM 在美国银峰盐湖和智利阿塔卡玛盐湖，主要采用蒸发沉淀法提取碳酸锂。这种方法成本最低，在 1.2~1.9 万元/吨，是目前碳酸锂生产的主流方法。

金属进行回收再利用的节能率在 70%~90% 之间，如果使用电池回收原材料生产电池，在节能减排方面具有绝对优势。考虑锂离子电池回收的经济性问题，需要从电池的全生命周期考虑。电池原材料以有色金属为主，我国有色金属工业的能源消耗水平与国际先进水平存在明显的差距，能源消耗主要集中在矿山、冶炼和加工三大领域，但有色金属回收过程的能源消耗远小于原生金属。

4.7.3　废弃动力电池对环境和人类健康的潜在威胁

废弃动力电池威胁环境和人类健康，影响社会可持续发展。现有的废旧电池处理方式主要有固化深埋、存放于废矿井和资源化回收。但目前我国电池资源化回收的能力有限，大部分废旧电池没有得到有效的处置，将给自然环境和人类健康带来潜在的威胁。

虽然动力电池中不包含汞、镉、铅等毒害性较大的重金属元素，但也会带来环境污染。例如其电极材料一旦进入环境中，电池正极的金属离子、负极的碳粉尘、电解质中的强碱和重金属离子，可能造成环境污染等，包括提升土壤的 pH 值，处理不当则可能产生有毒气体。

此外，动力电池中含有的金属和电解液会危害人体健康，例如钴元素可能会引起人们肠道紊乱、耳聋、心肌缺血等症状。

动力电池回收问题影响社会经济的可持续发展。电动汽车有应对环境污染和能源短缺的优势，如果动力电池在其报废之后不能得到有效回收，会造成环境污染和资源浪费，有违发展电动汽车的初衷。对企业来说，动力电池的回收蕴藏着巨大的商机，经过回收处理，可以为电池生产商节约原材料成本。此外，动力电池回收还关系到政府建设低碳经济和环境友好型社会。

4.7.4 失效锂电池回收处理技术

由于失效锂离子电池的回收价值相对较高，人们对其回收利用的兴趣和重视程度也很大。目前对失效锂离子电池的处理主要有化学法和机械法（物理方法）[16~18]。

化学处理方法中比较典型的流程为破碎、电解液处理、焙烧、磁选、细磨、分类和筛分、再经熔炼，产出高品位的钴合金，再经湿法处理，产出金属钴或碳酸钴和碳酸锂。机械法（物理方法）比较典型的流程为破碎、电解液处理、热处理、磁选、细磨，再经分类筛分和分离，产出含铜废料和精制钴料。韩国矿产资源科学研究院回收研究所研究开发了从失效锂离子电池中再生钴酸锂的湿法冶金方法——非晶型柠檬酸盐沉淀法。工艺流程为：失效锂离子电池—热预处理（电池解离、硬化塑料）——一次破碎——一次筛分—二次热处理—二次筛分—高温焙烧—硝酸介质还原浸出（H_2O_2 作还原剂）—净化除杂—柠檬酸沉淀—高温焙烧—钴酸锂。国内有关单位研究了采用硫酸介质还原浸出（H_2O_2 作还原剂）—萃取除杂生产氯化钴的工艺。日本索尼公司和住友金属矿山公司合作开发了从失效锂离子电池中回收钴等元素的技术。其工艺为先将电池焚烧，以除去有机物；再筛选去除铁和铜，将残余的粉末溶于热的酸溶液中，用有机溶剂提取钴。由于锂离子电池的结构比较特殊，外壳为镀镍钢壳，内部为卷式结构，正负极之间有塑料薄膜，主要有价物质—钴酸锂和铝箔集流体黏合紧密，不仅不易解体和破碎，而且在筛分和磁选时，钴酸锂的机械夹带损失严重，回收率很低，这是导致整个工艺钴、铜、锂综合回收率低的主要原因。以非晶型柠檬酸盐沉淀法为例，其有价金属钴、铜、锂的综合回收率只有约50%，且由于处理工序较多，所用的还原剂比较昂贵，生产成本较高。

国内有关单位研究了采用硫酸介质还原浸出生产草酸钴的工艺。主要工艺流程为：破碎解体—分选出塑料外壳、铜铁连接件、石墨负极和正极—正极废料碱浸除铝—碱浸渣硫酸还原浸出（H_2O_2作还原剂）—净化—草酸沉钴。和国外的有关处理工艺类似，由于需要分选，虽然浸出工序 Co 的浸出率很高，但由于分选困难（实际生产过程中，要实现电池正负极的完全分离几乎没有可能）、回收率低，导致整个工艺钴的回收率很低（约50%）。该处理工艺的另一个缺点是不能回收锂，且试剂昂贵、消耗较高。另外，采用 NaOH 浸出回收价值不高的铝，其经济上也不够合理。针对失效锂离子电池的回收利用并借鉴上述有关工艺的优缺点，北京矿冶研究总院提出了火法和湿法相结合的工艺流程，并进行了系统的小型试验研究，取得了满意的结果，Cu、Co、Ni、Al 和 Li 的综合回收率均达到95%以上。

4.8　国内典型电池回收企业

格林美建成我国国内规模最大的废旧电池与报废电池材料处理生产线，年回收利用钴资源4000多吨，占中国战略钴资源供应的30%以上。以此为依托，格林美集团建成年产1.7万吨锂离子电池材料生产线（其中荆门格林美园区1万吨），供应四氧化三钴、镍钴锰三元材料、镍钴铝三元材料等锂电池正极材料前驱体产品，占国内市场30%以上，并远销日本、韩国[16~18]。

在荆门格林美公司镍钴锰三元电池材料生产车间可以看到，由废旧电池循环再造的镍、钴、锰配成溶液，添加合成剂，经过系列工序，变成镍钴锰三元动力锂电池正极材料（见图4-1）。能源汽车均采用锂离子电池作为能量源。锂离子电池成本占整车的50%以上，而锂离子电池中，正极材料成本又占到电池成本的30%~40%。

湖南邦普循环科技有限公司（以下简称"湖南邦普"）成立于2008年，总注册资本6000万元人民币，是广东邦普循环科技有限公司的全资子公司。湖南邦普位于湖南长沙国家节能环保新材料产业基地，总占地面积130000m^2，是目前国内最大的废旧锂电池资源化回收处理和高端电池材料生产的国家级高新技术企业。湖南邦普年回收处理废旧电池总量超过6000吨，年生产镍钴锰氢氧化物（三元前驱体）、镍钴锰酸锂（三元材料）、钴酸锂、氯化钴、硫酸镍、硫酸钴和四氧化三钴达4500吨。邦普通过独特的废料与原料对接的"定向循环"核心技术，不仅实现了废旧电池的变废为宝，而且使废旧电池还原成了高端的电池正极材料（见图4-2）。这些富含战略性资源的"逆向产品"主要以"反哺形式"提供给国内知名的电池材料和电池制造企业，其中邦普三元前驱体广受国内外正极材料企业青睐（中国有色行业三元材料产品标准、分析方法标准、三元前驱体检测标准均由邦普参与起草和负责验证）。

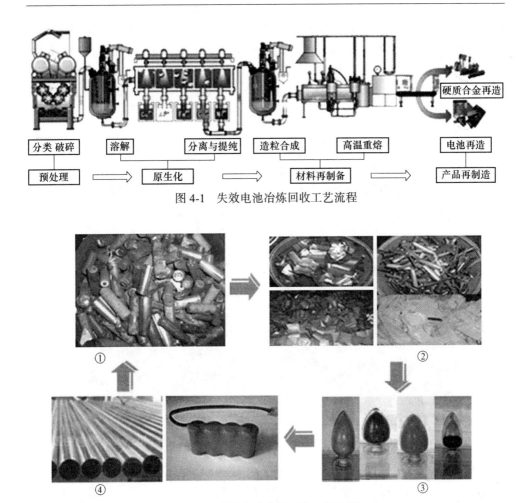

图 4-1 失效电池冶炼回收工艺流程

图 4-2 失效电池冶炼回收工艺流程

除小型二次电池回收处理之外，湖南邦普还具备电动汽车用动力电池回收处理技术，主要包括镍氢动力电池、锂离子动力电池（三元体系、锰系、铁系）两大类型，总设计处理规模为 10000 吨/年。目前，湖南邦普已与国内多家动力电池制造企业和电动汽车整车制造企业合作，为他们提供全方位的动力电池回收处理和资源化解决方案，协助承担制造企业的生产者延伸责任。作为邦普循环产业的核心产业版块，湖南邦普在废旧电池高端循环领域取得成功的同时，已成功申请并获批成为长沙市宁乡定点报废汽车回收拆解企业，拆解场总占地面积 29430m²，年回收拆解报废汽车设计总量为 20000 辆、回收和再生产钢炉精料 18000 吨、有色金属 900 吨、非金属及其他材料 5000 吨。其中汽车零部件深度再制造技术已成为湖南邦普从事报废汽车高端循环产业的核心利器。

江门市芳源环境科技开发有限公司成立于 2002 年 6 月，是一家专业从事镍、铜、钴等有色金属资源综合利用的民营高科技企业。持广东省危险废物经营许可证，通过回收含镍、铜、钴的工业废物等再生资源，运用先进的湿法冶金技术，生产镍、铜、钴的金属化工产品。主要产品有电镀级硫酸镍、硫酸铜、硫酸钴及二次电池功能材料——球形氢氧化镍系列产品（见图4-3），从而真正实现了资源的循环利用。

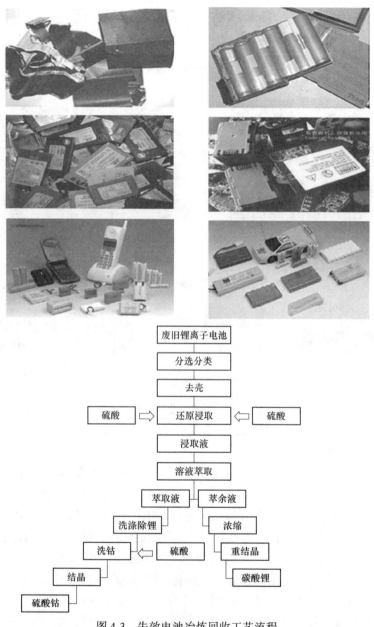

图 4-3　失效电池冶炼回收工艺流程

4.9 建议

废旧电池回收是一件利国利民的大事，针对我国目前废旧电池回收率低，经济效益不高的现状，提出以下建议：（1）建立完善的废旧电池回收体制，通过制定法律、对消费者征税、对电池生产厂家纳税、教育、宣传等手段来保证废旧电池的回收。在居民区、学校和公共场所设置废旧电池回收箱，加快普及垃圾分类回收，建立完善的电池回收运输体系。（2）对从事废旧电池回收利用的个人和单位实行各种优惠的政策，促进废旧电池回收技术优化改进，开发出适合我国国情的电池回收处理工艺，使之成为真正的环保工艺。

参 考 文 献

［1］赵由才. 危险废物处理技术 ［M］. 北京：化学工业出版社，2003：128-151.

［2］王成彦，邱定蕃，陈永强，等. 国内外失效电池的回收处理现状 ［J］. 有色金属（冶炼部分），2004（5）：39-42.

［3］李金惠. 废旧电池管理与回收 ［M］. 北京：化学工业出版社，2005：17-25.

［4］黄伟，侯秀萍. 废旧电池的回收处理 ［J］. 能源环境保护，2004（1）：57-60.

［5］Sayilgan E, Kukrer T, Civelekoglu G. A review of technologies for the recovery of metals from spent alkaline and zinc-carbon batteries ［J］. Hydrometallurgy, 2009 (3/4): 158-166.

［6］李朋恺，周方钦，陈发招，等. 废电池回收锌、锰生产出口饲料级一水硫酸锌及碳酸锰工艺研究 ［J］. 中国资源综合利用，2001（12）：18-22.

［7］Nan Junmin, Han Dongmei, Cui Ming, et al. Recycling spent zinc manganese dioxide batteries through synthesizing Zn-Mn ferrite magnetic materials ［J］. Journal of Hazardous Materials, 2006, 133 (1-3): 257-261.

［8］王升东，王道藩，唐忠诚，等. 废铅蓄电池回收铅与开发黄丹、红丹以及净化铅蒸汽新工艺研究 ［J］. 再生资源研究，2004（2）：24-28.

［9］王子哲，裴启涛. 废铅酸蓄电池回收利用技术应用进展 ［J］. 资源再生，2008（5）：56-57.

［10］Andrews D, Raychaudhuri A, Frias C. Environmentally sound technologies for recycling secondary lead ［J］. Journal of Power Sources, 2000, 88: 124-129.

［11］刘辉，银星宇，覃文庆，等. 铅膏碳酸盐化转化过程的研究 ［J］. 湿法冶金，2005（3）：146-149.

［12］Sonmez M S, Kumar R V. Leaching of waste battery paste components. Part 1: Lead citrate synthesis from PbO and PbO_2 ［J］. Hydrometallurgy, 2008 (1-2): 53-60.

［13］廖华，吴芳，罗爱平. 废旧镍氢电池正极材料中镍和钴的回收 ［J］. 五邑大学学报（自然科学版），2003（1）：52-56.

［14］Rudnik E, Nikiel M. Hydmmetallurgical recovery of cadmium and nickel from spent Ni-Cd batteries ［J］. Hydrometallurgy, 2007, 89 (1): 61-71.

［15］朱建新，聂永丰，李金惠．废镍镉电池的真空蒸馏回收技术［J］．清华大学学报（自然科学版），2003（6）：858-861.

［16］温俊杰，李荐．废旧锂离子二次电池回收有价金属工艺研究［J］．环境保护，2001（12）：39-40.

［17］李洪枚．废旧锂离子电池处理技术研究［J］．电池，2004（6）：462-463.

［18］申勇峰．从废锂离子电池中回收钴［J］．有色金属，2002（4）：69-70，77.

5 电子废弃物中非金属材料的再生利用技术

废电路板金属成分分离回收过程中产生了占其质量 50%~80% 的非金属材料废物，已成为电子废物处理的难题。本章首先对废电路板非金属材料的产生特性、处理和处置、资源化利用技术和方法现状进行对比分析。在此基础上，结合对非金属材料的来源特征、成分组成和界面微观特性等各方面分析研究，提出非金属材料制备复合材料再生利用的技术工艺方案。

5.1 非金属塑料的来源及成分组成

废电路板基板以环氧树脂、酚醛树脂或聚四氟乙烯等为黏合剂，以纸或玻璃纤维为增强材料组成的复合材料板，在板的单面或双面压有铜箔。非金属材料废物是指来自废电路板通过物理、化学及其组合等方法分离铜金属和其他贵金属物质后产生的废渣。废电路板在分选分离出铜等有价金属成分后，产生占其质量 50%~80% 的非金属材料，其中有机物质和无机组分约分别占 40% 和 60%。有机物通常为树脂、溴化阻燃剂、双氰胺固化剂、固化促进剂等；无机物通常是以 SiO_2、CaO、Al_2O_3 为主体的多种氧化物制成的玻璃纤维。对于装载有元器件的废电路板处理后产生的非金属材料，可能含有极少量的铜金属和其他贵重金属（如金、银、钯等）外，还含有少量的铅焊锡材料及含溴阻燃剂。对于边角料处理产生的非金属材料，以塑料和增强材料为主，危害物质主要为含有少量的铜等重金属以及溴化阻燃剂。通过 X 射线荧光光谱仪对 FR-4（阻燃型）电路板非金属粉料进行元素分析，结果见表 5-1[1~5]。

表 5-1 电路板非金属粉料元素分析

化学成分	C	O	Si	Ca	Br	Al	Fe	Mg	Cu	Ti	Ba
含量/%	40.66	29.92	10.88	7.45	5.99	3.73	0.30	0.23	0.18	0.17	0.09

化学成分	Sr	Na	Cr	Pb	S	K	Cl	P	Ni	Sn	Zn
含量/%	0.08	0.07	0.06	0.05	0.03	0.03	0.02	0.02	0.01	0.01	0.01

根据废电路板的基板类型以及处理利用方式不同，非金属材料从外观结构到内在成分组成均存在较大差别，如图 5-1 所示。

　　　　　(a) 边角料　　　　　　　　　　　　　　　(b) 粉料

图 5-1　非金属材料外观结构

5.2　非金属塑料处理和利用过程存在的问题

　　相对于电路板中的铜金属等高值成分，非金属材料回用价值低，再生利用难度大。工业发达国家建有完善的焚烧和填埋处置系统，并且废物处理企业享有各种补贴和优惠政策。而在我国，由于目前符合环境保护要求的安全填埋场和焚烧处置场处理能力十分有限，处理成本相对较高；并且电子废物拆解和处理集散地以及部分中小回收企业以回收提取有价金属为主，非金属材料一般以堆置、简易填埋、或进行露天焚烧处置为主，是重要的环境污染源。目前，非金属材料处理和利用过程主要存在以下问题[2~4]。

　　（1）产生量大，易产生二次污染。电子废物是增长速度最快的固体废物之一，比城市生活垃圾量的增长速度快近 3 倍。电路板作为电子电器设备必不可少的组成部分，其废弃量逐年递增。随着废电路板中铜等贵重金属机械物理回收方法的日趋成熟和广泛应用，大量非金属材料废物随之产生。非金属材料的种类和物质成分随电路板废料的基板材料类型差异而各不相同，其中存在的少量危害成分难以再分离，包括含溴系阻燃剂、含铅焊料和其他少量贵重金属。

　　（2）成分复杂，回收利用价值低。由于废电路板回收工艺过程复杂，包括热处理（焚烧/热裂解）和机械物理等方法，各种方法所产生的非金属材料成分组成和物理化学性质差别大。例如，湿法冶金技术，用强酸等溶剂溶解回收金属，剩余的残渣主要为无机物料；而使用机械物理法分离高值金属产生的非金属材料，为热固性树脂塑料和无机增强材料的混合物，即使对于机械物理方法而言，由于破碎分选组合工艺和设备的不同，非金属材料性质本身也存在差异。

　　（3）利用过程中缺乏管理规范和标准。在我国对于废电路板非金属材料废物的环境管理规定尚不明确，是否按照危险废物管理需通过相关标准鉴别确认，相关的产品质量标准和环境安全标准有待出台或进一步研究。这使得非金属材料的回收利用和资源化产品的开发面临困境。

研究和开发适用范围广、投资成本低、产品性能优良的再生利用技术是非金属材料处理的必然途径，也是电子废物无害化、资源化处理面临的技术难题。

5.3 非金属材料再生利用技术

非金属再生利用技术和方法包括：热处理方法（作为填料制备再生板材或生产建筑材料）以及化学处理方法，如图 5-2 所示[4-8]。

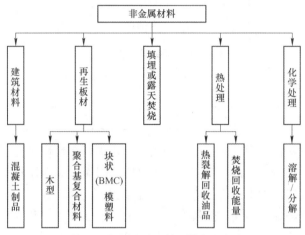

图 5-2 非金属再生利用技术和方法

以非金属材料作为热塑性基材制备复合板材，可选择如下技术路线：细碎→高混→挤出造粒→成型→产品性能测试→产品环境风险分析和管理措施（图5-3）。此工艺适合机械物理法处理废电路板，回收金属成分后对非金属材料的资

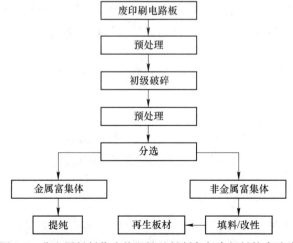

图 5-3 非金属材料作为热塑性基材制备复合板材技术路线

源化利用。在非金属材料制成复合材料利用过程中，必须从产品质量性能、工艺投资成本和产品使用环境安全性等方面加以综合考察。

5.3.1　热处理

非金属材料中的热固性树脂成分具有良好的热利用价值，可以通过燃烧来得到能量。相关的燃烧试验研究表明，此类废料焚烧回收能量的效果较好。例如，把这些聚合物复合材料以 10% 的比例和生活垃圾混合燃烧，是一种较为实用的方法；一般塑料废弃物的热值平均可达 40MJ/kg，接近燃料油，非金属材料废物由于含有无机增强材料玻璃纤维，其平均热值略低（表 5-2）。

表 5-2　非金属材料的热利用价值

材料	ABS	PS	PVC	PET	PP	其他非金属材料	燃料油	煤	复合材料
热值/MJ·kg^{-1}	35	41	18.4	22	44	11	44	29	7.5

由于非金属材料中含有卤素阻燃剂以及含铅锡料，焚烧过程操作不当极易产生二噁英（400~800℃区间）等剧毒有害物质。因而，非金属材料废物的焚烧处置一般应在高温焚烧炉中进行，并且必须配备完善的烟气处理系统。

热解法与焚烧处置不同。热解（pyrolysis），在工业上也称为干馏，是将有机物质在隔绝空气条件下加热，或者在少量氧气存在的条件下部分燃烧，使之转化成有用的燃料或化工原料的基本热化学过程。热解技术被认为是一种较新型有效的塑料类废物回收再生方法。热解技术主要应用于铜金属含量较低的废电路板或是分离高值金属后非金属材料的处理，将其中的树脂塑料部分转化为气体或液体燃料而回收。德国 Daimler-Benz-Ulm Research Centre 研究开发出了基于破碎预处理的电路板废料热解资源化工艺。在氮气氛围下应用热重法研究了玻璃纤维增强环氧树脂电路板废料的热解反应及其动力学，加热终温为 1400℃，其研究表明废料热解可以划分为三个阶段：300℃ 以下，质量基本不变化，主要是干燥过程，存在水分损失；在 300~360℃，质量急剧减少，明显发生热裂解；而从 360~1000℃，质量减少较缓慢，直到加热到 1400℃ 发生完全热裂解，废渣的质量稳定在原始质量的 62% 左右。孙路石等在氮气气氛下进行热解玻璃纤维增强环氧树脂废电路板研究表明，可回收得到 15%~21% 的液体油、15%~20% 的气体以及 60% 左右的固体残渣。图 5-4 为于可利等对废电路板进行低温热重分析的研究结果，废料的起始热裂解温度在 300~400℃。

采用热裂解作业回收轻质油来利用非金属材料的技术、方法或设备并不成熟，回收利用效率低，对于热解过程废料中的有毒有害物质尚缺乏有效控制手段。例如，需明确热解过程含溴阻燃剂的转化和迁移规律，以及其中少量铅类重

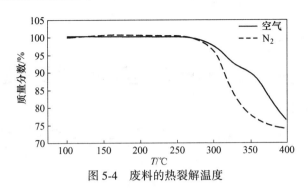

图 5-4 废料的热裂解温度

金属污染物的释放迁移特征。尤其需要防止和控制热裂解过程及尾气处置过程的二噁英的产生。

5.3.2 生产复合材料

5.3.2.1 生产聚合物基复合材料[8~12]

复合材料是目前材料领域最具有应用和发展前景的领域之一，也是塑料树脂废物利用的主要途径。非金属材料主要由热稳定性较好的聚合物构成，并经过特定的化学处理，能承受较高的热力学检验和苛刻的环境条件，其具有填料的普遍性质，可用于涂料、铺路材料、塑料制备的填料，或是作为增强材料和绝缘胶粘材料用于制造阻火剂和建筑材料，具有良好的应用前景。

以聚合物为基体材料、非金属材料为填料制备复合材料，根据聚合物基材的不同可分为两种不同技术方法：热塑性复合材料和热固性复合材料。

（1）热塑性聚合物基复合材料。选用 0.045mm（300 目）以下的非金属材料作为填料填充 PP（polypropylene，聚丙烯）制备复合材料，并进行力学性能测试试验。该技术方法采用传统的挤出、成型工艺来制备聚合物基复合片材。此外，用非金属材料做填料制备木塑制品也是研究热点，主要工艺有一步法和两步法挤出成型（见图 5-5）。将非金属粉料与基材混合均匀，置于成型模具中压实，其中固化剂采用电玉粉、废旧聚乙烯塑料或两者的混合物，然后通过成型模具加热并施压制备复合板材。

（2）酚醛模塑料（phenol molding compound，PMC）、片/团状模塑料（sheet mould compound，SMC）和玻璃钢（fiber glass-reinforced plastics，FRP）。郭杰等利用非金属材料制备酚醛模塑料：先将非金属材料制备成粉料，代替部分木粉用于生产酚醛模塑（见图 5-6），主要是通过固化预混合、冷却、造粒等组合工艺制备酚醛模塑料。利用非金属材料粉料制作玻璃钢制品，其制品经国家玻璃钢质量检测中心检测，非金属材料中的短玻璃纤维可以使玻璃钢的机械物理综合性能提高，其中抗弯曲强度提高了 35%。

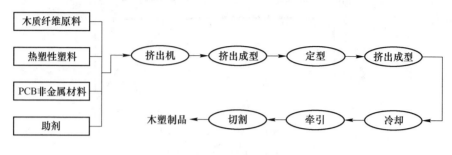

图 5-5 聚合物基复合材料

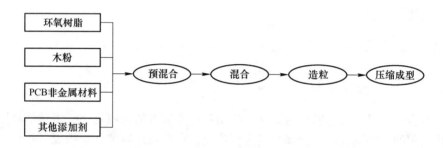

图 5-6 非金属材料制备成粉料代替部分木粉用于生产酚醛模塑

5.3.2.2 制备建筑材料

以非金属材料作为填料制备建筑材料也是其再生利用的方法之一。例如可用于生产路基材料、建筑砖、水泥砂浆填料等。

（1）水泥砂浆。以非金属材料做水泥砂浆添加剂，并将其水泥制品与标准水泥制品的物理和化学性能进行对比。研究表明，当非金属材料粉料粒径大于0.08mm，水浸出膨胀率超过2.0%，其改性制得的水泥制品性能优于标准水泥制品；由非金属材料替代沙子制备的水泥砂浆与标准水泥砂浆相比，其抗压强度增强10%，但随着添加比例增加，水泥砂浆的抗压强度下降。

（2）沥青改性添加剂。采用非金属材料作为沥青添加剂，研究温度对改性沥青针入度和软化点的影响。结果表明，非金属材料改性沥青的最佳温度为180℃，此时的针入度、软化点综合情况最佳；改性沥青体系的最佳剪切时间为1h，此时的针入度、软化点综合情况最佳。

5.4 展望

通过填埋等方法处置非金属材料废物，尽管操作简单，但费用高、资源浪费严重、也有潜在环境污染，因而应逐步减少这类处置方法。采用热处理方法回收处理非金属材料废物，设备投资成本和运行费用高，操作不当极易产生二噁英等有机废气污染，难以在工业过程中加以应用。非金属材料制成复合材料是目前研究的一种热点技术，但提出的各种技术方法普遍存在制品性能难以保证、潜在环境安全问题和成本高的问题，限制了非金属材料制备复合材料利用途径的发展以及其在工业上的应用。以非金属材料作为热塑性基材制备复合板材，可选择如下技术路线：细碎→高混→挤出造粒→成型→产品性能测试→产品环境风险分析和管理措施。此工艺适合机械物理法处理废电路板回收金属成分后对非金属材料的资源化利用，在非金属材料制成复合材料利用过程中，必须从产品质量性能、工艺投资成本和产品使用环境安全性等方面加以综合考察。

（1）保证混合效果。非金属材料作为填料，主要起到增强复合材料性能的作用，其既有粒度要求，还需要被均匀分散到基体材料中。一般典型挤出成型工艺是先采用高速混合机混合，这一步的主要作用是添加改良剂，同时把不同物料混合均匀；随之通过挤出机制备粒料，即在螺杆的推动下，不同粒径的物料充分混合，同时受热发生物理化学交联，并在一定的压力下通过模具形成粒料，最后由注塑机成型为标准制品。

（2）受热均匀。如果采用热压成型，存在以下问题：加热模具的加热方式从模具四周或中心开始，这样就导致离加热位置近的原料温度过高，而距离远的温度较低，致使物料受热不均匀，影响制品性能。因而在工艺设计过程，通过挤出造粒结合注塑成型的传统组合工艺可保障混料再生过程中的受热均匀性。

（3）压力分布均匀。成型模具一般采用液压装置施加压力，这与传统的挤出成型技术方法相比，不能保证物料受到的压力基本一致，难以保证制品的密实性。

（4）产品性能。可选择建筑挡板、工业托盘、砧板为产品目标。对于开发的复合材料，从力学性能、界面微观结构等多方面综合分析，使产品综合性能达到或接近同类产品标准。

（5）环境风险评价。首先分析复合材料的浸出毒性，分析其中重金属的含量水平以及存在形态，同时模拟产品使用环境和暴露途径，结合环境风险分析方法学，提出产品环境安全性控制对策。

参 考 文 献

[1] 张宇平. 废旧电子电器产品资源化利用技术 [J]. 中国环保产业，2010（9）：26-28.

[2] 王卓雅，温雪峰，赵跃民. 电子废弃物资源化现状及处理技术 [J]. 能源环境保护，2004（5）：19-21，43.

[3] 帖千枫. 浅谈废电路板非金属材料的二次利用 [J]. 大科技，2016（35）：303.

[4] 夏大元. 废电路板的利用 [J]. 电子制作，1997（12）：25.

［5］ 沈志刚，蔡楚江，邢玉山，等．废印刷电路板中非金属材料的回收与利用［J］．化学工程，2006（10）：59-62.

［6］ 张杜杜，徐东军．废旧线路板非金属材料综合利用［J］．再生资源与循环经济，2009（10）：38-41.

［7］ 黄继忠，陆静蓉，朱炳龙，等．废印刷线路板中非金属材料再生利用进展［J］．再生资源与循环经济，2017（10）：31-36.

［8］ 明果英．废印制电路板的物理回收及综合利用技术［J］．印制电路信息，2007（7）：47-50，63.

［9］ Pickering S J, Benson M. The Recycling of Thermosetting Plastics［M］. London：Plastics and Rubber Institute，1991：5-10.

［10］ Nystrom B. Energy Recovery from Composite Materials［M］. Molndal，Sweden，2002：10-15.

［11］ 洪大剑，张德华，邓杰．废印刷电路板的回收处理技术［J］．云南化工，2006（1）：31-34.

［12］ 罗林，黄志雄，赵颖．SMC/BMC 的回收与再利用［C］．中国功能材料及其应用学术会议，2007：3470-3472.

［13］ Melchiorre M, Jakob R. Electronic scrap recycling［J］. Microelectronics Journal，1996，28：8-10.

6 报废汽车拆解处理及资源回收技术

近年来汽车产业蓬勃发展，我国汽车产销量和保有量逐年增加。2009年汽车产销量首次突破1000万辆，分别达到1379.10万辆、1364.48万辆，我国跃居世界第一大汽车产销国；汽车保有量为7619万辆，预计2020年将会突破1.5亿辆。2009年汽车报废量达270万辆。以6%的报废率计算，2020年报废量将达到900万辆。汽车保有量的剧增，在带来交通便利的同时，也加重了交通压力和城市污染；而汽车报废处理过程中潜在的环境风险，如随意处理不易回收利用的废弃物，随意掩埋或烧毁分拣麻烦、不易处理的塑料等非金属材料，直接排放拆解过程产生的"三废"等，不仅造成二次污染，损害周边居民健康，严重者甚至会造成不可逆转的环境危害。

我国已进入汽车时代，如何处理报废汽车是我国面临的新型环境问题，同时也对我国的环境保护管理能力提出了挑战。随着我国汽车报废量的速增，回收利用问题也受到了更多的关注，我国报废汽车回收拆解企业一直是作为劳动密集型产业存在的，整体水平低，拆解企业和再利用企业的技术和设备落后，报废汽车回收处理的流程比较简单，分拣水平和再利用水平落后，绝大部分企业没有专用的拆解设备，拆解手段原始，对报废汽车的拆解基本采用简单的手工作业，回收利用率低，直接后果是对资源、能源的严重浪费和环境的严重破坏。

6.1 国外报废汽车回收拆解再利用的经验

国外报废汽车回收拆解再利用的经验与教训，可为我国处理报废汽车问题提供重要的借鉴[1,2]。

6.1.1 日本《汽车回收再利用法》

日本《汽车回收再利用法》颁布于2002年，日本经济产业省和环境省与企业、协会等各方面充分沟通，共同提交《汽车回收再利用法》，于同年7月在国会审议通过，自2005年1月1日起实施。该法出台的目的，正是为了避免非法丢弃报废汽车，明确报废汽车处理时应遵守的规范，应对破碎残渣、氟利昂类、安全气囊等处理问题，实现填埋量的最小化。《汽车回收再利用法》将非政府机构汽车回收再利用促进中心和再资源化协力机构等纳入管理机制，通过政府和非政府两个途径分别进行管理；明确规定了报废汽车处理流程：报废汽车所有人——

收购公司—拆解公司—破碎公司—最终处理公司，并明确了各相关方的责任和资源回收再利用费用；同时，该法还引进电子目录系统，对全部车辆制定编号，追踪汽车回收处理整个流程的运行。

回收拆解情况：日本报废汽车回收，最初是以回收废钢铁资源为主要目的。1985 年，随着日元升值，废钢铁价格越来越低，报废汽车产生量也越来越大，而且国家对环境保护的要求也越来越高，汽车回收制度开始发生变化，逐渐转变为以回收处理废弃物，减少对环境的影响为主要目的。1990 年，拆解企业开始使用切片机、粉碎机及其他分选设备，对树脂类废弃物进行回收利用。

日本的旧车及报废汽车主要由汽车销售店和汽车维修厂回收。如果没有使用价值，车主需交纳处理费，废车由销售店回收的数量占废车总量近 99%。只有一小部分通过汽车维修厂回收。

日本报废汽车回收拆解主要是通过旧车回收、废车拆解、金属切片加工（废钢铁破碎及分选）"三段式"来完成的[3,4]。销售店回收的车辆交拆解企业进行拆解。拆解时先将油箱内剩余的汽油放掉，再将空调、蓄电池、废机油等对环境危害大的废弃物收集起来，交专业处理公司处理，最后将重料件拆下，剩下以车体为主的轻抛料连同车座等一起，用专用设备压成块。供出口或给切片厂。

（1）报废车的零部件基本上不再用，只有很少一部分状况较好的发动机，如国外有订货，经过严格的台驾试验，标明再生品供出口。

（2）对于事故车，主要用来拆解二手零部件，除了车身之外，几乎所有的零部件都有，品种、规格齐全。从外观上看，一般人很难看出与新零部件的差别，价格却只有新件的 1/5 ~ 1/10。二手零部件一般通过全国联网的二手零部件信息网络寻找客户，出口则主要是按照客户的订单来组织旧机动车零部件出口。二手零部件主要销往国外，包括荷兰、澳大利亚等发达国家，少量用于国内汽车维修。拆解、加工和出售二手零部件是拆解厂的主要收入来源。

（3）拆解剩下的车身，在拆解工厂压块，大多数废车压块都出口到韩国、中国等国家，近 10%交由日本国内的切片厂加工。废车压块交到金属切片厂以后，首先进行初步粉碎和分选。然后进入粉碎机加工、分选或人工分选后，最终能生产出七八种产品，除拳头大小的废钢铁块销售给钢铁企业外，铜、铝、塑料等产品也分别供应给其他用户。

（4）占废车压块 30%的终端垃圾，即不能利用的铅、塑料、纤维、橡胶、少量金属等混合物送垃圾填埋场填埋。

6.1.2　德国报废汽车回收利用的立法与实践

报废汽车回收利用是发展循环经济和建设资源节约型、环境友好型社会的重要途径。德国是世界上较早实行报废汽车回收利用的国家之一，形成了比较完整的法律法规和管理体系。当前，德国政府为应对金融与经济危机采取了"以旧换新"环保补贴促进汽车消费，支持汽车工业发展的政策，收到了明显的效果。以下就德国报废汽车回收利用的法律法规、管理制度和实施效果做简要概述。

德国报废汽车回收利用概况与特点：

（1）市场概况。据德国汽车工业协会（VDA）统计，2008年，德国内汽车产量605万辆，其中小轿车553万辆，商用车51.4万辆，是全球第4大汽车生产国。同年，德国新上牌照车辆342.5万辆，其中小轿车309万辆。目前，德国汽车保有量为4660万辆。近几年，德国每年注销的小轿车约320万辆，注销原因包括报废处理、出口和停放超过18个月。在这些注销车辆中，绝大部分作为二手车被出口至东欧和非洲国家，每年实际报废汽车回收利用仅45万~50万辆，占注销车辆总数的15%左右。

（2）报废汽车回收利用的适用范围：除驾驶座外，最多不超过8座的汽车、重量不超过3.5吨的轻型卡车、三轮机动车、具有特殊用途的载人用车（如旅行房车）。

（3）回收网络布局。在德国，汽车生产商和进口商有义务从最后一位车主手中将其生产或经销的车辆免费回收。为此，德国汽车生产商和进口商在德国各地设立了众多的回收站，回收汽车生产商或进口商指定的品牌汽车。目前德国共有15000个废旧汽车接收站或回收站、1370家拆解企业和40家废车压扁厂。回收网点主要根据居民分布和人口密度设置，离居民最远的回收网点一般不超过50千米。

（4）回收利用运作流程。车主将其报废汽车送往旧车回收网点，回收站将其送往官方指定的汽车拆解厂。拆解厂一般对报废车辆进行"两级"处理和回收利用。第一级首先对车辆进行"脱干"处理，即将车内的动力油、冷却液、机油、制冷剂等液体全部抽走；再对气囊、含毒部件、催化剂等进行分解处理；然后再拆解可回收利用的部件。第二级处理是拆解厂将废旧车身送往压扁厂压扁，作废铁、废钢回收利用。拆解厂对车辆进行拆解和回收利用后，必须填写车辆回收利用证明。

（5）回收利用率。据德国联邦统计局统计和德联邦环保局公布的最新统计，2006年德国报废车辆的回收利用率为86.8%，如将能源回收利用包括在内，回收利用率则达89.5%。其中，金属回收利用率占73.6%。自2004年以来，德国报废车辆回收利用率提高了9~10个百分点。

（6）拆解厂的收入来源主要靠接收旧车时从车主和生产商或进口商收取的费用以及出售拆解后的零部件及废钢废铁所得。德国政府对旧车回收站和拆解厂不提供财政补贴，对旧车回收价格也无明确规定。由于德国政府实行"以旧换新"购车补贴政策，报废车辆明显增多，拆解厂对报废车辆收取的费用高于往年。

（7）德国报废汽车回收利用的主要特点。德国不按车辆年限或行驶总里程实行强制报废，而是利用环境和经济杠杠促进汽车报废更新。在德国，车辆只要通过每 2 年一次（新车出厂后 3 年内免检）的年检，就准许上路行驶。但在车检中会逐年加强尾气排放等环保标准，未达标者不予通过，而使用年限越长的车，其年检或维修保养费用也会逐年增加，这也成为车主考虑报废旧车的一个重要因素。

德国报废汽车回收利用的管理制度：

（1）法律依据。德国有关报废汽车回收利用的法律最早可追溯到 1992 年通过的《旧车限制条例》，规定汽车制造商和进口商有义务回收废旧车。1996 年生效的《循环经济和废弃物法》规定，无法通过 TUEV 检查的车辆或维修费用超过车辆自身价值的车辆必须进行报废处理。德国目前执行的报废汽车回收利用的法律规定主要是 2002 年 6 月 28 日生效的《废旧车辆处理法规》，该法是在原《旧车限制条例》基础上，根据欧盟报废汽车指令（2000/53/EG）修订的。除明确规定报废汽车回收利用的适用范围外，该法还对车主的委托义务、汽车制造商和进口商的回收义务、拆解厂的资质认证和回收利用率、禁止使用重金属等做了明确规定。

（2）委托义务。车主有义务只委托被承认的报废汽车接收点、回收站或拆解厂进行报废处理，违者将被处以最高达 5 万欧元的罚款。车主可以通过德国旧车回收总会网站或电话获知最近的接收点和回收站地址和联系方式。后者有义务将其接收的报废车辆转给官方认可的拆解厂。

（3）回收义务。汽车制造商和进口商有义务免费将其生产和经销的车辆从最后一任车主手中回收。免费回收的前提是报废车辆必须含有发动机、车身、底盘、尾气催化净化器以及电子控制装置等主要零部件。

（4）拆解和回收利用义务。从 2006 年起，制造商、进口商、销售商和处理商必须共同保证，平均至少每辆车重量 85% 的部分要被利用起来，80% 要作为材料利用起来或作为汽车零部件再利用，自 2015 年起旧车利用部分的比例要达到 95%，作为材料利用或作为汽车零部件再利用的比例要达到 85%。

（5）禁止使用重金属。自 2003 年 7 月 1 日起，禁止含有镉、汞、铅等重金属的汽车或汽车零部件流动，《旧车法规》附件对部分不直接使用重金属的情况作为例外规定。

（6）管理体制。德国实行联邦、州和地方（乡镇）三级联邦制管理，对报废汽车回收利用的管理。

6.2　国内外报废汽车回收拆解再利用的经验

废旧汽车回收拆解相关情况如图 6-1~图 6-6 和表 6-1、表 6-2 所示。

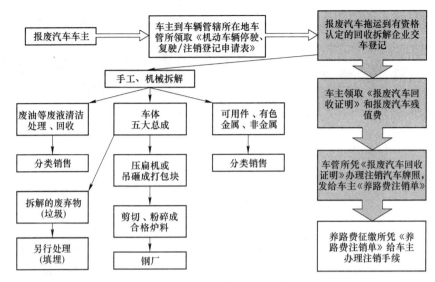

图 6-1 废旧汽车回收运作（接收→存放→拆卸→分存→压实）

(a) 拆解前存放　　　　　(b) 拆解后存放　　　　　(c) 拆解后存放

图 6-2 国外废旧汽车拆解规范存放实例

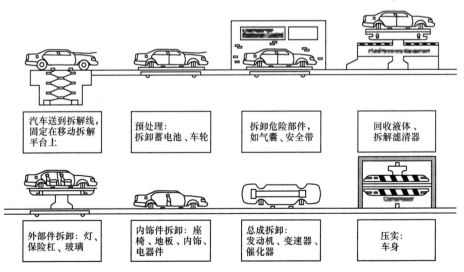

图 6-3 流水式拆解作业

(a) 车轮拆解　　　　　　(b) 发动机室盖拆解　　　　　　(c) 废液抽排

(d) 废液抽排设备　　　　　(e) 仪表台拆解　　　　　　(f) 排气管拆解

图 6-4　现代汽车公司拆解线主要工艺装备

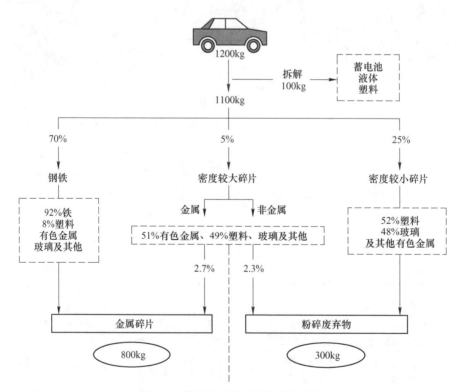

图 6-5　废旧汽车破碎回收利用水平

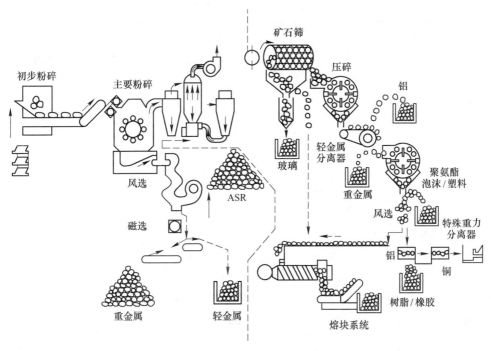

图 6-6　废旧汽车破碎回收利用

表 6-1　目前汽车零部件回收利用与拆解方式

序号	部件名称	利用方式	拆解方式	序号	部件名称	利用方式	拆解方式
1	挡风玻璃	碎片，再生玻璃	破坏性	11	发动机	发动机或铝	非破坏性
2	座椅	车辆隔音材料	破坏性	12	蓄电池	蓄电池或铝	非破坏性
3	车身	汽车部件和其他	破坏性	13	变速器	钢、铝制品	非破坏性
4	行李箱盖	汽车部件和其他	破坏性+非破坏性	14	齿轮油	锅炉燃料	回收
5	线束	铜产品、铸造铝	破坏性	15	催化器	稀有金属	破坏性
6	发动机室盖	汽车部件和其他	破坏性+非破坏性	16	车门	钢制品	破坏性+非破坏性
7	后保险杠	后保险杠、内饰件	破坏性+非破坏性	17	车轮内胎	橡胶或燃料	破坏性
8	散热器	铜、铝材料	破坏性+非破坏性	18	悬架	钢、铝制品	破坏性
9	冷却液	锅炉燃料	回收	19	前保险杠	保险杠内饰	破坏性+非破坏性
10	发动机机油	锅炉燃料	回收	20	车轮	车轮、钢、铝	破坏性+非破坏性

表 6-2　可拆解性设计准则要点

序号	设计准则	设计要求	设计效果
1	减量化	减少零部件数量和质量；减少危害和污染环境的材料量；减少紧固件数量	减少拆解作业量
2	一致性	减少零部件材料种类；减少连接紧固类型	降低拆解复杂度
3	通用性	使用标准件；增加系列产品零部件的通用性	
4	可达性	易于接近拆解点和破坏性切断点；避免拆解位置的变化和复杂的移动方向	
5	耐久性	可重复使用或再制造，避免零部件被污染和腐蚀	提高再使用率
6	组合性	采用组合式可分解结构，以提高可再用零件的比例	
7	无损性	尽量避免表面损伤及二次处理；避免易老化及腐蚀材料的连接	
8	分离性	有利于不同材料的分离、筛选	保证再循环率
9	相容性	避免在塑料部件中嵌入金属件；避免不同材料组合型结构	
10	辨识性	采用可再生材料成分标识和可再用零件标识	
11	工艺性	模块化设计；优化拆解工艺；避免零部件或材料损坏拆解或加工设备	改进拆解效率
12	环保性	保证对危害和污染环境的材料及部件的拆解处理效果，避免二次污染	避免环境污染

汽车拆解技术水平需要不断提高，以满足技术政策要求：

（1）拆解是废旧产品回收利用的重要过程，只有合理拆解才能实现高纯度的材料回收，并有可能实现零件的再使用和再制造。因此，对废旧汽车合理有效的拆解，才能实现技术政策法规提出的基本要求。

（2）废旧汽车的外部形态多变，内部零件破损程度不可预料。因此，有效的拆解方式选择和合理的拆解深度确定有很大难度。采用高效率的机械化或自动化拆解工具、仪器和装备，是提高废旧汽车再生资源回收利用质量和效益的途径。

（3）在短期内废旧汽车还是以材料回收利用为重点，所需的机械设备主要有拆解、压实、破碎、分离与筛选等。同时，以清洁生产为中心的拆解工艺和技术仍是研究重点。

汽车可拆解性设计是提高再生资源利用的基础条件：

（1）产品应具有良好的可拆解性，才可能提高再生资源的利用率，减少产品废弃时对环境的污染；只有在产品设计的初始阶段将报废后的拆解性作为设计目标，才能最终实现产品的高效回收。

（2）由于可拆解性设计尚无数量化的完整计算方法，因此，可拆解性设计主要是基于可拆解知识积累与设计经验总结的指导性设计准则。

（3）它使可拆解性设计过程趋于系统化，避免设计者个人思维的局限性，扩大产品设计约束的调节范围，使容易被忽视的影响因素得到应有的重视。

可拆解性评价是对设计的检验，也是对回收利用性的衡量：

（1）通过构建产品拆解模型，利用拆卸时间概率来计算可拆解度，可以同时对新设计产品和在用产品进行可拆解性评价。

（2）与基于拆解时间评价产品可拆解性的方法不同，用在规定时间内达到规定拆解深度的概率，能更准确评价产品的可拆解性。这是因为产品拆解性的影响因素有多方面，各种因素在不同条件下所起的作用程度不同，对同样产品或部件的拆卸所需时间是不确定的，因此拆解结果有随机性。

（3）所以，采用基于拆卸时间概率的计算方法来评价产品的拆解性更合理。

6.3 汽车产品回收利用应用

报废汽车资源回收利用需要经过从废旧产品的回收、拆解到使其转化为新的产品或者材料的复杂过程，这一过程需要采用各种高新技术，涉及众多学科。

目前，汽车产品回收利用应用的关键技术可分为共性技术、再制造技术、再利用技术等[5~9]。

（1）共性技术包括基于结构改进和材料替代的回收利用设计技术（可拆解性设计 DFD、可回收性设计 DFR）、高效拆解技术等。

（2）再制造涉及面向废旧汽车零部件失效分析、检测诊断、寿命评估、质量控制等多种学科，具体包括微纳米表面工程技术、再制造信息化升级技术、质量控制技术、先进材料成形与制备一体化技术、虚拟再制造技术、先进无损检测与评价技术、再制造快速成型技术等。

（3）再利用技术包括材料分类检测技术、资源化预处理技术、产品粉碎及粒化技术、材料物理及化学分选技术、产品循环利用技术等。在美、日、欧等发达国家，都在积极研究汽车产品回收利用的高新技术，汽车产品回收利用率已基本达到85%的水平。国外汽车产品回收利用技术的发展趋势是：尽可能提高回收利用率；开发利用快速装配系统和重复使用的紧固系统及其他能使拆卸更为便利的技术及装置；开展可拆解性、可回收性设计；开发由可循环使用的材料制作的零部件及工艺；开发易于循环利用的材料；减少车辆使用中所用材料的种类；开发有效的清洁能源回收技术；开发高效拆解技术，普遍采用先破碎后分选的技术。

6.3.1 废旧部件再使用、再制造

通过旧汽车零部件的再使用，可以延长零部件的使用寿命，从而节省能源。由于汽车零部件产品不可能达到等寿命设计，因此当产品报废时总有一部分零部

件性能完好。这部分零部件经过检测合格后可直接使用。再使用又可分为直接、翻新和修复使用等三种方式。通过再使用使旧零部件得到重新利用，基本上不会消耗额外的能源和产生额外的污染，是最为理想的回收利用方式。

再制造是指以产品全寿命周期理论为指导，以优质、高效、节能、节材、环保为目标，以先进技术和产业化生产为手段，进行修复、改造废旧产品的一系列技术措施或工程活动的总称。它是通过采用包括先进表面工程技术在内的各种新技术、新工艺，将废旧产品零部件作为毛坯，在基本不改变零部件的形状和材质的情况下，对废旧汽车零部件产品实施再加工，充分挖掘废旧产品中蕴含的原材料、能源、劳动付出等附加值，生成性能等同或者高于原产品的再制造产品的资源再利用方式，节能减排效果显著。汽车零部件再制造无论从技术成熟性、经济合理性，还是产业规模都具发展优势。例如，汽车发动机再制造与新品相比，降低成本 50%左右，节约能源 60%、节约原材料 70%。据美国 Argonne 国家实验室统计：新制造 1 台汽车的能耗是再制造的 6 倍；新制造 1 台汽车发电机的能耗是再制造的 7 倍；新制造汽车发动机中关键零部件的能耗是再制造的 2 倍。

6.3.2　报废汽车中有色金属的回收利用

现今全世界汽车工业界已清楚地认识到，节省资源和减少对环境的污染是其迫切需要解决的两大问题。要使汽车更省油，一个重要措施就是减轻自身重量，广泛和更多地使用轻质材料。汽车重量对燃料经济性起着决定性的作用，车重每降低 100kg，油耗可减少 0.7L/100km。

目前，在汽车上普遍使用的轻质材料主要有超轻高强度钢板、铝、镁、塑料等。在报废汽车中尽管有色金属所占比例不大，但利用价值却很高。

（1）铝合金是最佳的汽车轻量化用材，汽车用铝主要是铝合金，从铝合金零件来看，以铸件为主（约占 70%），变形加工件为辅（约占 30%），主要用于活塞、气缸体、气缸盖、燃油管、燃油箱、风扇、离合器壳体等。

（2）镁是一种最轻的结构材料，镁合金的强度不高但是比强度很高，因此加工性能非常好，目前镁合金零件主要用于小汽车或赛车中的变速器、离合器壳体、操纵杆托架、大梁等，虽然镁合金在汽车上的比例远远低于铝合金，但由于其重量上的优势，未来在汽车材料上的应用一定会越来越广。

（3）另外，汽车上使用的有色金属还有纯铜、黄铜等，纯铜用来制造制动管、散热管等，铜合金则广泛用于其他零部件，如水箱本体、水箱盖、制动阀阀座、化油器通气阀本体、转向节衬套、活塞销衬套等。但是由于铜及铜合金的密度较大，不符合汽车轻量化的发展方向，因此已经开始逐步被铝合金取代，欧洲铝化率已达 90%以上，美国 60%~70%，日本也已达到 25%~35%。

对于有色金属的回收，一般认为，最理想的回收方法是原零件的重用，这种回收方法以人工为主，手工分解汽车，精心拆解、挑选，然后将各种材料和零部件分类放置，这样，铝、镁、铜等合金零部件可按变形或铸造合金，或者按不同合金系进行回收再生。

工业发达国家在回收报废汽车中有色金属时，已经从回收零部件的旧模式转向回收原材料的新模式，通过机械化、半自动化的方法去杂、分离，回收原材料，已较多采用切碎机切碎报废汽车车体后再分别回收不同的原材料，主要流程如下：

（1）排尽所有液态物质后用水冲洗干净。

（2）拆卸易分离的大件，如车身板、车轮、底盘等。

（3）将拆卸下的大件和未拆卸的报废汽车车体，分别进入切碎机系统流水线，先压扁，然后在多刃旋转切碎装置上切成碎块。

（4）流水线对碎块进一步处理，其顺序是：全部碎块通过空气吸道，利用空气吸力吸走轻质塑料碎片；通过磁选机，吸走钢和铁碎块；通过悬浮装置，利用不同浓度的浮选介质分别选走密度不同的镁合金和铝合金；由于铅、锌和铜密度大，浮选方法不太适用，利用熔点不同分别熔化、分离出铅和锌，最终余下来的是高熔点铜。

这种回收方法流程合理，成本相对不高，但对回收铝、镁合金来说仍有欠缺，主要是由于轿车上用的铝、镁合金属于不同的合金系，既有变形合金又有铸造金，经破碎和浮选后，不能再进一步分离，成为不同合金的混合物，就会给接下来的重熔再生合金的化学成分和杂质元素控制带来非常大的困难，因此大多数情况下仅能作为重熔铸造合金使用，降低了使用价值和广泛性。为了解决铝、镁合金重熔回收后成分混杂、使用价值低的问题，在汽车设计时，宜对材料的选择与开发进行更多的研究，同时，新的分离方法也在不断被开发出来，如铝废料激光分离法、液化分离法等。

6.3.3 报废汽车黑色金属材料的回收再利用

黑色金属材料，按是否含有合金元素来分，钢又可分为碳素钢和优质碳素钢。合金钢有合金结构钢和特殊钢之分。根据钢材在汽车的应用部位和加工成型方法，可把汽车用钢分为特殊钢和钢板两大类。特殊钢是指具有特殊用途的钢，汽车发动机和传动系统的许多零件均使用特殊钢制造，如弹簧钢、齿轮钢、调质钢、非调质钢、不锈钢、易切削钢、渗碳钢、氮化钢等。钢板在汽车制造中占有很重要的地位，载重汽车钢板用量占钢材消耗量的50%左右，轿车占70%左右。按加工工艺分，钢板可分为热轧钢板、冷冲压钢板、涂镀层钢板、复合减震钢板等。

报废汽车经拆卸、分类作为材料回收，则必须经过机械处理后，将钢材送钢厂冶炼，铸铁送铸造厂，有色金属送相应的冶炼炉。当前机械处理的方法有剪切、打包、压扁和粉碎等。对于黑色金属材料的机械处理，目前国外最普遍的方法是采用报废汽车整车连续化处理线，即送料—压扁—剪断—小型粉碎机粉碎—风选—磁选—出料或送料—大型粉碎机粉碎—风选或水选—出料。

这种自动化处理方式的特点是可以将整车一次性处理，可将黑色金属和非金属材料分类回收，所回收的黑色金属纯度高，是优质的炼钢原料，适合于大型企业报废大量报废汽车处理使用。英国群鸟集团公司安装的粉碎生产线，小的处理能力可达到 250t，但是它的占地面积也大，功率大（小型粉碎机的功率在1000kW 以上，大型的在 4000kW 以上），需要的投资也较多，适合于大量处理旧车的专用厂，随着我国汽车工业的迅速发展，轿车进入家庭是必然的趋势，每年必然有大量的汽车报废，这样的生产线和设备是必需的。

6.3.4　报废汽车塑料的回收再利用

从现代汽车使用的材料看，无论是外装饰件、内装饰件，还是功能与结构件，到处都可以看到塑料制件的影子。外装饰件的应用特点是以塑料代钢，减轻汽车自重，主要部件有保险杆、挡泥板、车轮罩、导流板等；内装饰件的主要部件有仪表板、车门内板、副仪表板、杂物箱盖、座椅、后护板等；功能与结构件主要有油箱、散热器水室、空气过滤器罩、风扇叶片等。

报废汽车中塑料的最理想出路是再利用，然而其回收处理工艺却十分复杂，即使在一些回收处理技术较先进的国家，对塑件的回收和再生利用也尚在研究开发之中。目前，国外仍主要采用燃烧利用热能的方式来处理汽车废旧塑料件，并通过一定的清洁装置，将不能利用的废气和废渣进行清洁处理。但日本及欧洲各国在几年前已分别提出了对汽车废旧塑料的利用要求，并规定了具体的年限。由于汽车工业发达国家政府的高度重视，促进了包括塑料和橡胶在内的废旧材料的回收利用，汽车废塑料制品的实际利用率预计可达到 95%。目前，汽车废旧塑料的回收、再生与利用技术，在国外已成为一个热点并逐步形成为一种新兴的产业。

拉曼光谱分析法分拣塑料的新技术：至今为止，废旧塑料的分拣技术是一大难题，其最大的原因是塑料的种类繁多。为了克服这一难题，进一步推进资源有效利用及回收再利用，日本开发出利用拉曼光谱分析法分拣废旧塑料的新技术。

近年来，日本的各种回收利用法付诸实施，报废的家电及汽车由厂商负责回收，几乎所有的零部件都可以作为资源回收再利用。但是，废塑料的处理是一项急待解决的重要课题。在废塑料中，除了像汽车保险杆等大型零部件之外，大多数都是加工成 ABS 树脂、聚丙烯（PP）、聚苯乙烯（PS）等不同种类的混合塑料混合。使用这样的混合塑料，无法再生制成用于家电产品的高品质零部件，只能够作为包装使用的缓冲材料等原料，或者作为生产热能时使用的燃料。

用于废旧塑料分拣的传统方法是通过手工筛选，或使用近红外线传感器进行分类处理，但一个最大的障碍就是成本和挑选的精确度问题。如果废品回收企业不能够对大量的废塑料进行快速并且高精度的挑选，则就不能够将这些废塑料作为再生塑料的原料投入流通市场。

大阪府和福冈县从事回收利用业务的株式会社 Saimu 在废塑料分拣处理上导入的拉曼光谱分析法，利用物质在光线照射的情况下，不同的物质所受到的照射光不同这一现象的分析法。用激光照射塑料碎片时，通过检测拉曼光谱来分拣不同种类。这一方法的最大特点是分拣精确度高。与测定吸收光线强弱的近红外线方式有所不同，着色的塑料碎片也能够正确地分门别类。而且，从激光照射到分拣花费的时间仅为 3/1000s，速度比近红外线方式快了近 100 倍。

在 2011 年 10 月开始正式运转的分拣系统中，以 100m/min 速度转动的传送带上，各种材质的塑料碎片源源不断地移动。根据分拣结果，再由传送带末端的压缩空气喷枪，将不同种类的废塑料碎片喷射到不同的回收容器中。

由于原油价格上涨，再生塑料原料的月产量只要超过 300t，就可以满足企业核算的基准。大阪公司的发货量为每月大约 500t。如果不使用拉曼光谱分析法根本就达不到这个数字。

6.3.5　报废汽车轮胎的综合利用

废旧轮胎被称为"黑色污染"，其回收和处理技术一直是世界性难题，也是环境保护的难题。据统计，目前全世界每年有 15 亿条轮胎报废，其中北美大约 4 亿条，西欧近 2 亿条，日本 1 亿条。在 20 世纪 90 年代，世界各国最普遍的做法是把废旧轮胎掩埋或堆放。以美国为例，1992 年废旧轮胎掩埋、堆放率达 63%。但随着地价上涨，征用土地作轮胎的掩埋、堆放场地越来越困难；此外，废旧轮胎大量堆积，极易引起火灾，造成第二次公害。

我国利用废旧轮胎生产胶粉的企业仅有 60 家，年产胶粉不足 5 万吨，每年仍有 2000 多万条废旧轮胎无人问津。如何利用废旧橡胶制品和废旧轮胎，是搞好资源综合利用的重要课题，也是合理利用资源、保护环境、促进国民经济增长方式转变和可持续发展的重要措施。

6.3.6　报废汽车玻璃的回收再利用

汽车废玻璃的回收和再利用同汽车上其他非金属材料一样，虽然在技术上是可行的，但实际操作起来却比较困难。这是因为这些材料的回收一般都是采用手工拆卸，因此成本过高；还有因为回收过程中容易混入其他杂质，造成回收材料的纯度不够，不仅增加了回收的难度，而且影响了再利用的效果；再就是现有进行材料回收的基础设施还不够，造成回收工作难以进行。近年来，随着人们日益追求和强调汽车的主动安全性和美观，车用玻璃的材料也在不断地变化。为此，回收的难度也在不断地加大。

6.4　报废汽车拆解处理及资源回收研究展望

我国报废汽车回收工作目前还处于初级阶段，为了进一步促进汽车制造业的发展，使汽车从设计、生产制造、使用和回收成为一个真正的绿色循环链，作为"汽车链"中的最后一个环节，应该给予报废汽车的回收处理特别的重视与关注，特别是科技进步和培养市场这两大要素，规范产业行为，为汽车工业健康发展创造一个良好的外部环境。

2012 年，天奇股份公司子公司铜陵天奇蓝天机械设备公司牵头向国家科技部申报了"退役乘用车高效拆解破碎分选技术及装备示范"项目，并入选国家"863"计划。选址铜陵市经济技术开发区内，计划投资 2 亿余元，建设废旧汽车精细拆解、高效分拣自动化装备。该项目获得国家发改委 2012 年战略新兴产业项目批复，中央预算投资 2000 万元。

（1）项目一期主要建设报废汽车拆解、破碎、分选、ASR 处理等回收利用区，配套服务区包括港口物流保税区、废钢加工配送区、有色金属加工区、塑料机非金属材料再利用区等；同时针对汽车普随后残余物（ASR）处理普遍不充分的情况，引入世界领先的 ASR 回收利用系统，将报废车回收利用率提高到 95%以上。2013 年投产，达产后贡献收入超过 3.5 亿元。

（2）项目二期建设轮胎再制造与再利用区、再生资源交易市场、零部件再制造区等，整体工程 2017 年建成。目前该公司"牵手"世界废品回收再利用行业龙头"德国 ALBA"公司，研发应用具有自主知识产权的报废汽车绿色深度拆解及高效破碎分选系统，突破现有报废汽车手工拆解导致的环境污染和生产力低下等问题。

（3）建设以基地为中心的报废汽车回收利用和零部件再制造企业战略联盟，形成从报废汽车拆解、破碎、原材料生产直至零部件再制造的完整产业链。

ALBA 是世界十大环境服务提供商之一。ALBA 集团是欧洲领先的资源再生和废弃物管理公司。在汽车回收领域，ALBA 公司拥有超过 40 年的经验和先进技术。天奇股份公司于 2011 年 8 月 15 日对外披露了与德国 ALBA Group PLC & Co. KG（以下简称 ALBA）的合作事项，双方决定在安徽省铜陵市共同建设一个报废汽车回收利用和零部件再制造产业基地。该合营企业将向中国市场：

（1）引入诸如"报废汽车绿色深度拆解及高效破碎系统"等创新技术，并因地制宜实施德国技术。一辆回收的报废汽车从进入车间到完全拆解，经过安全气囊引爆、轮胎拆除、引擎盖拆除、蓄电池拆除等 20 余个程序，而这些还只是前期最简易的程序，后期还将进行破碎、分选、ASR 处理等程序。所引入的各项创新技术为解决目前报废汽车手工拆解所导致的环境污染和生产力低下等问题提供了突破性的解决方案。

（2）将业务延伸至废旧汽车精细拆解和高效分拣自动化装备系统领域，有利于提升公司的设备成套供货能力，同时通过与 ALBA 公司的合作，进一步增强公司废旧汽车拆解业务及汽车回收业务盈利能力。

（3）将引入世界领先的"汽车破碎后残余物（ASR）回收利用系统"，将报废汽车回收利用率提高至 95%左右（见图 6-7）。

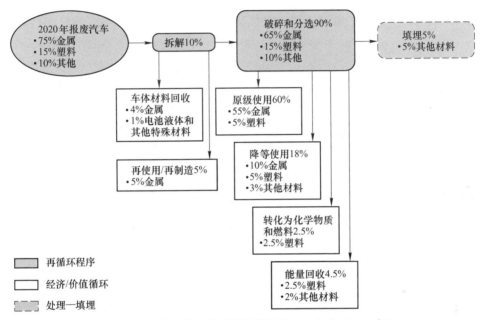

图 6-7 将报废汽车回收利用率提高至 95%左右（2020 年）

参 考 文 献

［1］ 曹永新. 报废汽车资源回收利用技术研究［J］. 南方农机，2017（14）：90.

［2］ 肖向彬，张松. 加强科技创新与应用促进再生资源产业发展——以天津市为例［J］. 再生资源与循环经济，2014（2）：27-29.

［3］ 肖强，徐文亭，于升峰，等. 国内外废旧汽车绿色拆解与再利用研究及发展建议［J］. 科技成果管理与研究，2016（9）：39-43.

［4］ 贾萧，陈庆樟，戴国洪，等. 废旧汽车回收技术与经济性分析［J］. 农业装备与车辆工程，2013（4）：13-16.

［5］ 孙建亮，郑乃金. 报废汽车材料的回收利用技术研究［J］. 材料导报，2012（z1）：127-130.

［6］ 刘学卿. 基于 LCED 的报废汽车回收体系的研究与实现［D］. 西安：长安大学，2015.

［7］谢小娟. 车用起动机再制造性分析及应用研究［D］. 上海：华东交通大学，2015.

［8］冯福庆，王嵩，杨明铎，等. 关于报废汽车拆解生产线的研究［J］. 冶金设备管理与维修，2016，34（2）：34-37.

［9］杨利芳，孟继军，张蓉. 报废汽车回收利用及无害化处理［J］. 广州化工，2014（21）.：157-159.

7 废旧塑料的处理技术

我国是塑料工业的生产大国、出口大国、消费大国。我国合成树脂行业发展起步于20世纪50年代，在经历了60~70年代的缓慢发展、80年代至20世纪末的飞速增长等阶段后，自21世纪以来，我国合成树脂行业进一步调整、完善和提高，现已形成包括配方改性、树脂合成、助剂配套、加工应用在内的完整产业体系。我国是塑料制造大国，塑料工业是我国轻工行业支柱产业之一。近几年我国塑料行业增长速度一直保持在10%以上。智研咨询发布的《2017-2022年中国合成树脂市场专项调研及投资战略研究报告》显示：2016年中国合成树脂产量达8226.7万吨，产量同比增长7.0%。自2010年以来，我国合成树脂产量整体保持稳步增长的态势，产量均高于4000万吨。

2013年全球塑料产量为2.99亿吨，其中我国产量居第一位，占比24.8%。2016年，塑料制品行业的运行走势与中国宏观经济走势高度吻合。据国家统计局数据统计，2016年，我国塑料制品总产量为7717.2万吨，出口塑料制品1038万吨。

再生塑料产业的发展与国内消费量增长分不开。据保守测算，2014年我国塑料消费量为6785万吨，五大合成树脂表观消费量为6208.9万吨，占合成树脂消费总量的81%。塑料制品使用当年废弃率通常在20%以上，5年废弃率在50%以上。因此，塑料产量的增加使废旧塑料原料增多。

我国再生塑料的原料除了来自国内，还有相当一部分来自国外。据中国塑料协会塑料再生利用专委会介绍，我国是全球第一大废塑料进口国。2000年以后的十几年中，我国废塑料进口总量一直处于高速增长状态。废塑料进口量从2000年的200.7万吨增长到2014年的825.4万吨，占进口废弃物量的18.53%。自2013年以来，伴随国内环保意识的增加，国内废塑料回收量的增长幅度逐渐放缓，废塑料质量同步提高。当前废塑料进口已成为历史，符合国内循环经济的发展方向。

2006~2015年，我国废塑料回收利用量由700万吨逐年增长到3000万吨，涨幅约达328.57%，可见废塑料行业发展规模之迅速庞大。据中国塑料协会塑料再生利用专委会数据，2014年，我国塑料加工行业规模以上企业（销售收入在2000万元及以上）增加到13699家，其主营业务收入、利润、利税保持稳步增长。数据表明，塑料加工业在满足国民经济配套需求上仍取得合理的常态增长。

　　我国废塑料回收体系仍不健全，市场毛料回收仍以散户走街串巷回收为主，原料供应主体依然以小家庭作坊为主，这种回收模式具有回收利用率偏低、不能保证再生料的持续稳定供应等弊端，难以提升到发达国家水平。

　　据业界预测，2007~2020 年全球塑料需求量年均增长率为 1.7%。也就是说，为生产塑料，每年需多开采石油 1.7%。由于废塑料能够缓解对于石油的需求，具有强替代性，成为我国经济发展面对有限资源和市场需求的最佳选择。

　　汽车拆卸产生大量废塑料。但是，废弃塑料使垃圾量大、种类多，处理困难，"白色污染"已成为一大环境问题。目前，除少量产生的废塑料再生利用外，其他大多做填埋和焚烧处理，易污染地下水源，并易产生二噁英等剧毒物质给环境带来巨大的负担。因此，塑料废弃物的回收利用已成为全球性的问题。

　　对于再生塑料产业的环保整顿主要集中在两点：

　　(1) 废旧塑料进口及流向问题；

　　(2) 在再加工过程中造成的环境污染问题。

　　由于国内的回收体系不完善，废塑料资源未得以充分利用，国内的再生塑料生产企业大部分原料从国外采购。从国外进口"洋垃圾"，是否会产生新的环境问题，一直受到环保人士的质疑。对此，国家也从政策层面上严把环保关，对废旧塑料的进口和加工进行严格管控。2012 年以来，环保部相继出台了《废塑料加工利用污染防治管理规定》和《进口废塑料环境保护管理规定》等文件，提高废旧塑料加工市场的准入门槛，严格禁止不负责任的废料再生加工，同时规范了废旧塑料进口加工利用企业类型，并对加工利用企业环境保护要求做出了具体规定。2017 年 7 月，国务院办公厅印发《禁止洋垃圾入境，推进固体废物进口管理制度改革实施方案》，提出全面禁止洋垃圾入境，完善进口废物管理制度，切实加强固体废物回收利用管理。

　　再生塑料产业已成为塑料行业中的新趋势。塑料容易加工成型，而且塑料原料丰富，因此被广泛使用，甚至可以代替部分木制品、金属制品等。而再生塑料可以循环再利用，属于典型的环保材料，符合当前低碳环保的潮流。再生塑料产业也是未来工业发展的一个必然的方向，是制造业的一个极为重要的组成部分[1~3]。

7.1　废旧塑料的处理技术和综合利用途径

　　随着垃圾问题的日益尖锐化，如何处理废塑料成为一个关键的课题，把废塑料掩埋在垃圾堆积场下很难降解，在焚化炉燃烧时会产生大量热气和毒气。世界各国的科学家都在想方设法把废塑料变成有用的资源。目前国内外废旧塑料的处理技术和综合利用主要有 10 个途径[1~8]：

　　(1) 制造燃油。

（2）生产防水抗冻胶。

（3）制取芳香族化合物。

（4）制备多功能树脂胶。

（5）铝塑自动分离剂。

（6）防火装饰板。

（7）再生颗粒。

（8）生产克漏王。

（9）生产塑料编织袋。

（10）塑料回收利用的炭化技术。

废弃塑料回收方法种类多，已形成了一个完善的多门类体系，如图7-1所示。

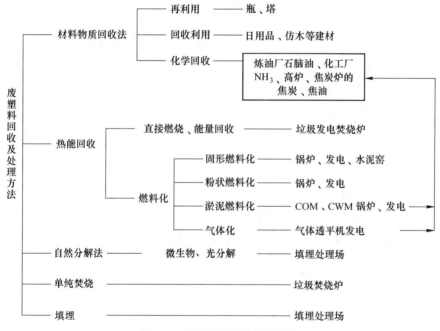

图7-1　废弃塑料回收利用技术

废旧塑料回收利用技术多种多样，有可回收多种塑料的技术，也有专门回收单一树脂的技术。

7.2　分离分选技术

废旧塑料回收利用的关键环节之一是废弃塑料的收集和预处理。尤其我国，造成回收率低的重要原因是垃圾分类收集程度很低。由于不同树脂的熔点、软化点相差较大，为使废塑料得到更好的再生利用，最好分类处理单一品种的树脂，因此分离筛选是废旧塑料回收的重要环节。对小批量的废旧塑料，可采用人工分选法，但人工分选效率低，将使回收成本增加。

国外开发了多种分离分选方法：

（1）仪器识别与分离技术。意大利 Govoni 公司首先采用 X 射线探测器与自动分类系统将 PVC 从相混塑料中分离出来。美国塑料回收技术研究中心研制了 X 射线荧光光谱仪，可高度自动化地从硬质容器中分离出 PVC 容器。德国 Refrakt 公司利用热源识别技术，通过加热在较低温度下将熔融的 PVC 从混合塑料中分离出来。近红外线具有识别有机材料的功能，采用近红外线技术的光过滤器识别塑料的速度可达 2000 次/秒以上，常见塑料（PE、PP、PS、PVC、PET）可以明确区别开来，当混合塑料通过近红外光谱分析仪时，装置能自动分选出 5 种常见的塑料，速度可达到 20~30 片/分。

（2）水力旋分技术。日本塑料处理促进会利用旋风分离原理和塑料的密度差开发了水力旋风分离器。将混合塑料经粉碎、洗净等预处理后装入储槽，然后定量输送至搅拌器，形成的浆状物通过离心泵送入旋风分离器，在分离器中密度不同的塑料被分别排出。美国 Dow 化学公司也开发了类似的技术，它以液态碳氢化合物取代水来进行分离，取得了较好的效果。

（3）选择性溶解法。美国凯洛格公司和 Rensselaser 工学院共同开发了一种利用溶剂选择性溶解分离回收废塑料的技术。将混合塑料加入二甲苯溶剂中，它可在不同的温度下选择性溶解、分离不同的塑料，其中的二甲苯可循环使用，且损耗小。比利时 SolvaySA 公司开发了 Vinyloop 技术，采用甲乙酮作溶剂，分离回收 PVC，回收到的 PVC 与新原料密度相差无几，但颜色略呈灰色。德国开发的溶剂回收的 Delphi 技术，所用的酯类和酮类溶剂比 Vinyloop 技术少得多。

（4）浮选分离法。日本一家材料研究所采用普通浸润剂，如木质素磺酸钠、丹宁酸、AerosolOT 和皂草甙等，成功地将 PVC、PC（聚碳酸酯）、POM（聚甲醛）和 PPE（聚苯醚）等塑料混合物分离开来。

（5）电分离技术。用摩擦生电的方法分离混合塑料，如 PAN、PE、PVC 和 PA 等。其原理是两种不同的非导电材料摩擦时，它们通过电子得失获得相反的电荷，其中介电常数高的材料带正电荷，介电常数低的材料带负电荷。塑料回收混杂料在旋转锅中频繁接触而产生电荷，然后被送入另一只表面带电的锅中而被分离。

7.3　焚烧回收能量

聚乙烯与聚苯乙烯的燃烧热高达 46000kJ/kg，超过燃料油的平均值 44000kJ/kg，聚氯乙烯的热值也高达 18800kJ/kg。废弃塑料燃烧速度快、灰分低，国外用之代替煤或油用于高炉喷吹或水泥回转窑。由于 PVC 燃烧会产生氯化氢，腐蚀锅炉和管道，并且废气中含有呋喃、二噁英等，美国开发了 RDF 技术（垃圾固体燃料），将废弃塑料与废纸，木屑、果壳等混合，既稀释了含氯的组分，而且便于储存运输。对于那些技术上不可能回收（如各种复合材料或合金混炼制品）和难以再生的废塑料可采用焚烧处理，回收热能。优点是处理数量大、成本低、效率高；弊端是产生有害气体，需要专门的焚烧炉，设备投资、损耗、维护、运转费用较高。

7.4 熔融再生技术

熔融再生是将废旧塑料加热熔融后重新塑化。根据原料性质，可分为简单再生和复合再生两种。简单再生主要回收树脂厂和塑料制品厂的边角废料以及那些易于挑选清洗的一次性消费品，如聚酯饮料瓶、食品包装袋等，回收后其性能与新料差不多。

复合再生的原料是从不同渠道收集到的废弃塑料，有杂质多、品种复杂、形态多样、脏污等特点，因此再生加工程序比较繁杂，分离技术和筛选工作量大。一般来说，复合回收的塑料性质不稳定，易变脆，常被用来制备较低档次的产品。如建筑填料、垃圾袋、微孔凉鞋、雨衣及器械的包装材料等。

7.5 裂解回收燃料和化工原料

7.5.1 热裂解和催化裂解技术

由于裂解反应理论研究的不断深入，国内外对裂解技术的开发取得了许多进展。裂解技术因最终产品的不同可分为两种：一种是回收化工原料（如乙烯、丙烯、苯乙烯等），另一种是得到燃料（汽油、柴油、焦油等）。虽然都是将废旧塑料转化为低分子物质，但工艺路线不同。制取化工原料是在反应塔中加热废塑料，在沸腾床中达到分解温度（600～900℃），一般不产生二次污染，但技术要求高，成本也较高。裂解油化技术通常有热裂解和催化裂解两种。

日本富士循环公司的将废旧塑料转化为汽油、煤油和柴油技术，采用 ZSM-5 催化剂，通过两台反应器进行转化反应将塑料裂解为燃料。每千克塑料可生成 0.5L 汽油、0.5L 煤油和柴油。美国 Amoco 公司开发了一种新工艺，可将废旧塑料在炼油厂中转变为基本化学品。经预处理的废旧塑料溶解于热的精炼油中，在高温催化裂化催化剂作用下分解为轻产品。由 PE 回收得 LPG、脂肪族燃料由 PP 回收得脂肪族燃料，由 PS 可得芳香族燃料。Yoshio Uemichi 等研制了一种复合催化体系用于降解聚乙烯，催化剂为二氧化硅/氧化铝和 HZSM-5 沸石。实验表明，这种催化剂对选择性制取高质量汽油较有效，所得汽油产率为 58.8%，辛烷值 94。

废旧塑料在反应温度 350~420℃，反应时间 2~4s，可得到 MON73 的汽油和 SP-10 的柴油，可连续化生产。在以 PE、PS 及 PP 为原料的催化裂化过程中，理想的催化剂是一种分子筛型催化剂，表面具有酸性，操作温度为 360℃，液体收率 90% 以上，汽油辛烷值大于 80。刘公召研究开发了废塑料催化裂解一次转化成汽油、柴油的中试装置，可日产汽油柴油 2t，能够实现汽油、柴油分离和排渣的连续化操作，裂解反应器具有传热效果好，生产能力大的特点。催化剂加入量 1%~3%，反应温度 350~380℃，汽油和柴油的总收率可达到 70%，由废聚乙烯、聚丙烯和聚苯乙烯制得的汽油辛烷值分别为 72、77 和 86，柴油的凝固点为 3℃、-11℃、-22℃，该工艺操作安全，无三废排放。针对釜底清渣和管道胶结的问题，研究了流化移动床反应釜催化裂解废塑料技术，为实现安全、稳定、长周期连续生产，降低能耗和成本，提高产率和产品质量打下了基础。

将废料通过裂解制得化工原料和燃料，是资源回收和避免二次污染的重要途径。德国、美国、日本等都建有大规模的工厂，我国在北京、西安、广州也建有小规模的废塑料油化厂，但是目前尚存在许多待解决的问题。由于废塑料导热性差，塑料受热产生高黏度熔化物，不利于输送；废塑料中含有 PVC 导致产生 HCl，腐蚀设备的同时使催化剂活性降低；碳残渣黏附于反应器壁，不易清除，影响连续操作；催化剂的使用寿命和活性较低，使生产成本高；生产中产生的油渣目前无较好的处理办法等。

7.5.2　超临界油化法

水的临界温度为 378.3℃，临界压力为 22.05MPa。临界水具有常态下有机溶液的性能，能溶解有机物而不能溶解无机物，而且可与空气、氧气、氮气、二氧化碳等气体完全互溶。日本专利有用超临界水对废旧塑料（PE、PP、PS 等）进行回收的报告，反应温度为 400~600℃，反应压力 25MPa，反应时间在 10min 以下，可获得 90% 以上的油化收率。用超临界水进行废旧塑料降解的优点很明显：水做介质成本低廉；可避免热解时发生炭化现象；反应在密闭系统中进行，不会给环境带来新的污染；反应快速、生产效率高等。

7.5.3　气化技术

气化法的优点在于能将城市垃圾混合处理，无需分离塑料，但操作需要高于热分解法的高温（一般在 900℃ 左右）。德国 Espag 公司的 SchwaizePumpe 炼油厂每年可将 1700t 废塑料加工成城市煤气。RWE 公司计划每年将 22 万吨褐煤、10 万吨塑料垃圾和城镇石油加工厂产生的石油矿泥进行气化。德国 Hoechst 公司采用高温 Winkler 工艺将混合塑料气化，再转化成水煤气作为合成醇类的原料。

7.5.4　氢化裂解技术

德国 Vebaeol 公司组建了氢化裂解装置，使废塑料颗粒在 15～30MPa，470℃下氢解，生成一种合成油，其中链烷烃 60%、环烷烃 30%、芳香烃为 1%。这种加工方法的能量有效利用率为 88%，物质转化有效率为 80%。

7.6　塑料再生和改性技术

再生塑料、造粒塑料前景广阔，变废为宝，产品（塑料颗粒）销路极广，塑料企业需求量大。一家中型农用膜厂，年需要聚乙烯颗粒 1000t 以上；一家中型制鞋厂年需要聚氯乙烯颗粒 2000t 以上；小点的个体私营企业，年需用颗粒也在 500t 以上。由于塑料颗粒缺口很大，无法满足塑料厂家的需求量，因此销路极好，效益极佳。

再生塑料是塑料的再利用，通过进行机械刀片粉碎操作完成塑料的再次利用。再生塑料是指通过预处理、熔融造粒、改性等物理或化学的方法对废旧塑料进行加工处理后重新得到塑料原料，是对塑料的再次利用。

塑料改性是将石油化工企业生产出的大批量通用树脂通过物理的、化学的、机械的方法，改善或增加其功能，在电、磁、光、热、耐老化、阻燃、机械性能等方面达到特殊环境条件下使用的功能。广义来讲，改性就是"改变原有性能"，如 TPU 的阻燃、抗 UV 等；狭义来讲，业内将 TPU 的新料聚合、生产不称为改性，而将那些买 TPU 新料回去做成阻燃 TPU 之类称作"改性"。改性过程中需要添加一些树脂或者助剂。

改性塑料是涉及面广、科技含量高的一个塑料产业领域，而塑料改性技术——填充、共混和增强改性更是深入几乎所有的塑料制品的原材料与成型加工过程。从原料树脂的生产到从多种规格及品种的改性塑料母料，为了降低塑料制品的成本，提高其功能性，离不开塑料改性技术。为了降低成本，提高性能，满足不同的需要，塑料常要通过改性才能适应各种实际要求。常用的方法主要有：

（1）填充改性。在塑料中加入一定量的填料是降低塑料价格、改善性能的重要方法。如酚醛树脂中填充木屑和纸张制成实用的电木材料，可克服性脆的弱点。

（2）共混改性。性质相近的两种或两种以上的高分子化合物按一定比例混合制成高分子共混物。

（3）共聚改性。两种或两种以上的单体发生聚合反应得到一种共聚物，如乙烯和丙烯共聚得到一种弹性很好的乙丙橡胶；丙烯腈、丁二烯和苯乙烯一起共聚得到 ABS 树脂。

7.6.1　塑料再生后性能变化

PVC：再生后变色较明显，一次再生挤出后会带有浅褐色，三次则几乎变为不透明的褐色，比黏度在二次时不变，两次以上有下降倾向。无论是硬质还是软质 PVC，再生时都应加入稳定剂，为使再制品有光泽，再生时可添加掺混用的 ABS 1%～3%。

PE：PE 再生后性能都有所下降，颜色变黄，经多次挤出后，高密度聚乙烯黏度下降，低密度聚乙烯黏度上升。

PP：一次再生时，颜色几乎不变，熔体指数上升，两次以上颜色加重，熔体指数仍上升。再生后断裂强度和伸长率有所下降，但使用上无问题。

PS：再生后颜色变黄，故再生 PS 一般进行差色。再生料各项性能的下降程度与再生次数成正比，断裂强度在掺入量小于 60% 时无明显变化，极限黏度在掺入量为 40% 以下时无明显变化。

ABS：再生后变色较显著，但使用掺入量不超过 20%～30% 时，性能无明显变化。

尼龙：尼龙再生也存在变色及性能下降问题，掺入量以 20% 以下为宜。再生伸长率下降，弹性却有增加趋势。

7.6.2　国内外主要改性塑料生产厂家[4~8]

2013 年我国进口废塑料在 800 万吨左右，国内回收量在 2800 万吨左右，总共节约石油数量在 1.08 亿吨。2010 年以前，我国国内废塑料回收数量在 1000 万吨左右，回收率仅有 20% 左右，废塑料进口量和国内回收的废塑料总量相差并不多。2010 年以后，国家对循环利用更加重视，大力提倡国内回收体系建设，因此国内回收率提高幅度较大，仅在 2012 年就已实现 33.3% 的回收率。

据中国塑料协会塑料再生利用专业委员会数据，2014 年我国塑料加工行业规模以上企业（销售收入在 2000 万元及以上）增加到 13699 家，大中型企业正在成为废塑料行业的主体，其废塑料的再生利用量占总再生量的 40% 以上。这部分企业大多分布在沿海塑料加工发达地区，有相对稳定的废塑料货源和销售渠道，资源集中，利润较高，经济效益良好，市场竞争力强。据统计，截至 2013 年上半年，我国已建、在建的工业园区、特色产业园区、高新技术园区以及生态工业园区多达 29 家，并且将在 2015 年达到 50 家。

我国改性塑料水平与工业发达国家依然存在较大差距，未来发展空间巨大。无论从改性塑料消费量占全部塑料消费的比重（目前约 10%，全球平均在 20%），还是人均塑料消费量，我国均不及世界平均水平。尤其是关注到"塑钢比"——衡量一个国家塑料工业发展水平的指标，我国仅为 30∶70，不及世界平均的 50∶50，更远不及工业发达国家如美国的 70∶30 和德国的 63∶37。

改性塑料行业的整体市场容量很大，但国内企业起步较晚，改性塑料生产企业总数超过 3000 家，多数年产量不足 3000 吨，市场占有率较低。在汽车用塑料行业内，跨国公司凭借原料、规模、技术优势以及与国际知名汽车制造商长期的合作关系，大多生产品种单一、覆盖面大、附加值高的改性塑料产品。

主要国际改性塑料生产厂商：

（1）BASF 公司。BASF 公司为世界领先的化工公司，向客户提供一系列的高性能产品，包括化学品、塑料品、精细化学品等，是世界领先的苯乙烯聚合物和工程塑料制造商。产品（塑料）类别：PA、ABS。国际汽车部件主要客户：博世、西门子、天合、德尔福、李尔等。

（2）PolyOne 公司。PolyOne 公司为世界化工领域知名公司，提供各种特种聚合物材料、定制化服务和技术解决方案的全球领先企业，特种工程聚合物材料、特种涂料、特种油墨等，服务于全球高度挑战性应用领域。产品（塑料）类别：热塑性材料、特种工程材料、高性能高分子材料等。

（3）Dow-DuPont 公司。Dow-DuPont 公司由杜邦公司和陶氏化学公司于 2015 年 12 月 11 日合并组建而成，总市值全球化学工业排名第一，为全球热塑性材料、合成橡胶和生物聚合物的领导者。产品（塑料）类别：PP、ABS、PC/ABS、PC。国际汽车部件主要客户：伟世通、弗吉亚、天合、李尔等。

（4）SABIC 公司。SABIC 公司为国际化工集团巨头，跨国企业，从事高端塑料及特种材料的研发、生产、销售，销售价格较高，2007 年度以 116 亿美元收购美国 GE 塑料部门。同行业世界财富 500 强，仅次于德国巴斯夫公司和美国陶氏化学公司，是中东最大、盈利最多的非石油公司。产品（塑料）类别：PP、ABS、PC/ABS。国际汽车部件主要客户：伟世通、弗吉亚、天合、德尔福、李尔等。

此外，BASF、BAYER、DuPont 主要以独资的方式在国内设厂，生产汽车用改性塑料产品；Basell（BASF 和 Shell 合资企业）在苏州设立独资企业生产汽车用改性 PP；Dow 通过委托日本三井化学在沪独资企业加工改性 PP；SABIC 则委托公司生产改性 PP。

相比较于国外企业而言，国内厂商的优势在于成本低、市场反应速度快、服务优；但劣势在于行业集中度较低，单个企业规模较小，以及在产品质量、研发能力、管理水平等方面与先进国家仍有差距。因此，国内厂商会更多地从需求定制角度，以其灵活性来弥补与跨国公司在汽车专用料市场的竞争劣势，渗透抢占对手市场。

部分国内改性塑料生产厂商：

（1）金发科技股份有限公司。金发科技的产品远销 130 多个国家和地区，为全球 1000 多家知名企业提供服务,是中国最大的改性塑料生产企业,也是全球改性材料品种最齐全的企业之一。产品(塑料)类别:车用材料、家电材料、特种工程材料、完全生物降解材料、碳纤维及其复合材料。

(2)会通新材料股份有限公司。会通新材料公司为国内改性材料新秀与生力军,专注于汽车、家电、3C 领域的材料创新,为客户提供材料整体解决方案。公司拥有国内一流改性材料智能化生产工厂,年产能超过 20 万吨,提供改性材料全系列产品。产品(塑料)类别:改性材料、新技术材料。

(3)普利特复合材料有限公司。普利特公司主要从事电子材料、高分子材料、橡塑材料及其制成品等高性能材料的生产和销售。公司具有全国 80% 以上牌号的高温合金技术和能力,是我国高温合金领域技术水平最先进、生产种类最齐全的企业之一。产品(塑料)类别:聚丙烯系列、苯乙烯共聚物系列、PC/ABS 系列、PA 聚酰胺、LCP 等。

(4)国恩科技股份有限公司。国恩股份为家电、汽车厂商提供家电零件和汽车零部件专用料包括研发、生产、销售等在内的综合服务,所生产的改性材料多次被海信、LG、美的等家电制造商评为优秀供应商。产品(塑料)类别:阻燃材料、车用改性材料、玻纤增强材料等。

(5)道恩高分子材料股份有限公司。道恩股份是一家集研发、生产、销售热塑性弹性体、改性塑料和色母粒等功能性高分子复合材料的国家火炬计划重点高新技术企业。公司生产的改性塑料和色母粒主要供给汽车和电器零部件制造商,自 2006 年以来,公司先后成为一汽集团、上海大众、长城汽车、日产汽车、吉利汽车、海尔集团、海信集团、九阳股份等多家国内企业及其零部件配套厂商的供应商,并形成了稳定的合作关系。产品(塑料)类别:增强增韧改性塑料、高光泽改性塑料和阻燃改性塑料;色母粒产品主要是专用色母粒和多功能色母粒。

(6)沃特新材料股份有限公司。沃特简介沃特股份专业从事特种高分子材料、环保工程塑料的研发、生产、技术咨询及其相关国际贸易。公司由国内外著名专家、教授组成国际一流的技术研发团队,不仅提供具行业前瞻性的高技术含量的产品,同时为业内人士解决技术难题,提供技术咨询与技术引进。产品(塑料)类别:碳纤维导电系列产品、高光免喷涂材料、纳米复合材料、PPO 改性塑料、PC、PC/ABS 系列产品。

(7)国立科技股份有限公司。国立科技专注低碳、环保、再生高分子材料及高分子材料制品的研发、生产、销售和技术服务,为 Crocs、Amazon、Walmart、Incase、Payless、Disney 等国际知名企业认定的材料供应商,为其提供最优化的环保改性材料使用方案及相关技术服务。产品(塑料)类别:环保、再生高分子材料及高分子材料制品。

（8）银禧科技股份有限公司。银禧科技是一家集高性能高分子新材料研发、生产和销售于一体的国家级高新技术企业，产品涵盖众多系列，下游覆盖国民经济诸多领域。产品（塑料）类别：阻燃材料、耐候材料、塑料合金、增强增韧材料等。

（9）聚赛龙工程塑料股份有限公司。聚赛龙公司为专业从事塑料改性、工程塑料合金、功能高分子材料及热塑性弹性体研发、生产、销售和技术支持服务的省高新技术企业。工厂具备年产 8 万吨改性塑料的生产能力，公司研发中心拥有各类先进的材料研发设备和检测仪器。产品被广泛应用于汽车、家电、电子电器、电动工具、办公设备、电工器材、建材、医疗器械、LED、电工用具、照明、卫浴等领域。产品（塑料）类别：通用塑料改性产品、改性工程塑料及其合金产品、特种工程塑料改性产品、功能高分子材料、母粒类产品。

（10）上海杰事杰新材料股份有限公司。上海杰事杰公司致力于工程塑料、新型复合材料等高分子材料的研发、制造，公司客户覆盖了军工、汽车、建筑、电工、电器、IT、新能源等领域的知名企业，建立了工程塑料和复合材料全产业链的竞争优势。产品（塑料）类别：工程塑料、复合材料。

（11）金旸新材料科技有限公司。金旸新材料为专注于高分子新材料行业研究与运营的科技型公司，公司规划百条生产线，年产 40 万~50 万吨，产品广泛应用于高铁、航天、军工产品以及家电、汽车、电子电器等行业。产品（塑料）类别：通用塑料、工程塑料、特种工程塑料及 3D 打印材料。

（12）毅昌科技有限公司。毅昌科技从事改性塑料品的设计、生产、销售等，服务全球接近 300 家客户。公司在改性塑料制品的电视机外购件行业内的市场占有率稳居前茅。产品（塑料）类别：ODM、家电用改性材料、车用改性材料、精密模具用塑料。

此外，江苏中再生投资开发有限公司利用废旧塑料生产出改性塑料。2015年，由于市场大环境的影响，中再生调整了经营策略。一方面对老旧设备进行了技术改造，主打塑料制品，其中，纤维用 PET 项目转向主攻高端化纤市场；另一方面，加快产业升级，着手准备废旧塑料领域的电子交易平台，致力于打造一个循环经济废塑料领域的交易平台。调整之后当年可回收 10 万吨。

江苏中再生投资开发有限公司与上海市政府签订了一份长期供货协议，中再生利用废旧塑料，生产出改性塑料 PE 造粒，为整个上海市的污水管提供配套材料。出于环保、成本等因素的考虑，现在的污水管已经逐渐用再生塑料来替代新塑料了，PE 造粒线新项目上得正是时候。

中再生旗下的塑金高分子科技有限公司是业内为数不多的高新技术企业。做改性塑料的企业全国有 3 家，中再生是唯一一家用再生塑料来做改性的，其着色度不亚于新塑料，已经广泛用于汽车和家电的塑料部件中。回收利用 1 吨废塑料＝节省 6 吨石油，这还不包括提炼过程中节省的大量水资源。照这样算来，中再生一年将节省 60 万吨的石油，相当于一个小型油田。

莱州欧亚达塑胶工贸有限公司位于中国北方最大的塑胶基地——山东省莱州市沙河镇。公司为集研发、生产、销售于一体的综合性企业，是山东省内最大的改性塑料制造商，并且具有中国国家质量监督检验、检疫批准核发的废塑料国内收货人资格证书，可直接经营塑料的进出口贸易；公司系中国塑料再生委员会、改性委员会会员单位，具有雄厚的技术实力，配有完善的检测设备，能全面检测出厂产品的各项检验指标。主要生产设备有造粒生产线、清洗机、破碎机。生产所需原材料为进口乙烯聚合物，主要来自美国、德国等国家，进口方式为自营进口。公司生产设备先进、技术力量雄厚，是一个充满活力与朝气的现代工业企业。现有国内领先的双螺杆生产线 3 条，单螺杆生产线 15 条，年生产能力 3 万吨。主要生产"良宇"牌、"欧亚达"牌 PE 节水灌溉器材专用料、PE 排水管道专用料、PE 电缆护套专用料、3PE 管道防腐专用料等四大类十几个品种。产品畅销全国各地并部分出口国外。公司重视社会责任及环境保护工作。在行业内率先通过了 ISO9001、ISO14001、OHSAS18001 三大体系认证，安装实施了烟气处理系统及废水净化、固废处理等设备设施。

格力电器 2015 年在重庆成立了一家再生资源公司，终端产品是各种再生原材料。格力电器已经在过去十几年里投资数十亿元在全国设立了五个再生资源公司，无害化拆解处理废旧家电，在符合环保安全的条件下回收，实现原料再生。从 2011 年开始，格力电器先后在长沙、郑州、石家庄、芜湖投资设立再生资源全资子公司，主要从事废弃"四机一脑"（洗衣机、电视、空调、冰箱、电脑）的处理，通过采用先进拆解处理技术和设备，对废弃电子电器产品进行无害化处理。据《中国经济周刊》报道，格力每个再生基地的处理规模在 120 万台左右。到 2017 年时，上述几个基地的生产能力达到 180 万台，并逐步扩大经营范围，向电子废弃物的深处理（如贵金属提取）、废塑料的改性利用和报废汽车的拆解等领域延伸。

当前，从供给角度，国内改性材料经过产业整合，先进企业不断积累技术优势和规模优势，行业集中度不断提高。作为国内领先的两家改性塑料生产企业，金发科技和上海普利特在未来改性材料国产化中料将发挥中流砥柱的作用。而从需求角度，我国改性塑料在通用塑料领域所占比例与工业发达国家相比还存在一定的差距，且现有产能还不能完全满足国内市场需求，未来国内改性塑料行业仍然存在较大的发展空间。

7.6.3　再生塑料技术发展方向

一直以来，塑料业是国民经济的支柱，回收利用是塑料业持续发展的必由之路。塑料再生既可节约资源，缓解塑料原料供需矛盾，又可为环境保护作出重要贡献。同时未来塑料行业的经营者更要改进生产技术，把科技融入生产，提高产品质量，同时注意节约资源，防止环境污染，既为自己带来利益，也为社会造福，实现环保与经济效益的完美统一。

随着再生塑料技术的不断创新，未来我国再生塑料产业的发展趋势将是由低质量、高能耗向高质量、多品种、高技术、重环保的方向发展。

在 2013 年 11 月举行的全球塑料峰会上，美国塑料工业协会（SPI）回收和转化部门主管 KimHolmes 指出，尽管在公众的认知中，塑料存在可持续性问题，但有改变他们想法的机会。人们或多或少都会认为塑料天生就对环境有害。但事实是，如果塑料在废弃后能被正确处理，就完全符合可持续性发展的要求。

在第 12 届欧洲塑料薄膜再生会议上，Axion 首席工程师 Sam Haig 指出，回收低端塑料薄膜，并将其转换成燃料和其他可再生产品的时代已经来临。据他介绍，塑料薄膜质量轻便，其废弃物在处理的过程中可与废纸等再生流混合，从而进行二次生产。随着热解、解聚、气化等生物处理技术的不断推广，在不久的将来，人们可将低端塑料薄膜垃圾转换成燃料或其他具有附加值的产品，从而真正实现环保和经济效益的统一。

2014 年下半年以来，再生塑料行业整体状况较为悲观，主要表现在因石油价格暴跌导致塑料树脂新料价格下跌，从而引发再生塑料整体市场的低迷；行业内同质化的激烈竞争及劳动力成本的不断攀升等，大大挤压了本已微薄的利润空间。在如此严峻的市场形势下，业内的同仁如何突破重围，提高企业的经济效益；如何改良塑料再生的技术，并减少环境污染，进而重塑再生塑料行业形象，成为再生资源行业关注的焦点与热点。再生塑料行业要走出困境，必须做到：

（1）首先必须摒弃传统的"废塑料"概念，把行业归根正源为富有正能量的再生塑料行业，把产品定性为"改性塑料"或者"专用料"。

（2）从材料学的角度评估回收塑料资源的价值。目前，业内大多是以颜色的深浅或回收的制品形态来区分和定价，这种评估方式过于粗放，浪费资源。可以更多地考虑从材料学的角度评估回收塑料资源的价值，换言之，把回收料的各项理化性能指标和新料加以对比，按照其对应的残余率来评估其剩余的价值。

（3）家电（电子电器）中的塑料由于使用条件温和，基本都在室内，老化程度相对较低，故性能残余率很高，只要处理得当，可以作为专用料原料用在新家电的生产中，远比简单地卖废品造粒的附加值高。

7.7 结束语

治理白色污染是个庞大的系统工程，需要各部门、各行业的共同努力，需要全社会在思想上和行动上的共同参与和支持，有赖于全民科技意识、环保意识的提高。政府部门在制定法规加强管理的同时，可把发展环保技术和环保产业作为刺激经济和扩大就业的重要渠道，使废塑料的收集、处理及回收利用产业化。目前我国回收和加工企业分散，规模小，很多国内外塑料回收与加工的新技术和新设备无法推广实施，回收加工产品质量低下，因此对塑料回收企业应进行规范化管理，以提高其科技含量和经济效益。在回收利用的同时，更需研究开发可环境消纳塑料，寻求切实可行的替代品。

参 考 文 献

[1] 汤桂兰，胡彪，康在龙，等. 废旧塑料回收利用现状及问题 [J]. 再生资源与循环经济，2013（1）：31-35.

[2] 廖兵，黄玉惠，庞浩，等. 废旧塑料回收利用技术的现状及发展趋势 [J]. 高分子通报，1999（3）：65-69.

[3] 丁明洁，陈新华，席国喜，等. 我国废旧塑料回收利用的现状及前景分析 [J]. 中国资源综合利用，2004（6）：36-39.

[4] 傅志红. 美国废旧塑料回收 [J]. 中国新包装，2001（3）：39-41.

[5] 王茜. 废旧塑料循环再造产品的思考——日本的经验及对我国的启示 [J]. 美术大观，2015（1）：103.

[6] 陈丹，黄兴元，汪朋，等. 废旧塑料回收利用的有效途径 [J]. 工程塑料应用，2012（9）：92-94.

[7] 刘玉婷，张洁心，尹大伟，等. 废旧塑料再利用生产新材料的研究进展 [J]. 化工新型材料，2009（5）：3-5.

[8] 吴自强，张季. 废旧塑料的处理工艺 [J]. 再生资源研究，2003（2）：10-13.

8 废旧轮胎回收利用技术

随着汽车工业的发展，废旧轮胎的生成量也越来越多。所谓废旧轮胎，是指被替换或淘汰下来已失去作为轮胎使用价值的轮胎，以及工厂产生的报废轮胎。废旧轮胎具有很强的抗热、抗生物、抗机械性，并很难降解，几十年都不会自然消失掉。长期露天堆放，不仅占用大量土地，而且容易引发火灾。被人们称为"黑色污染"。如何把这些废旧轮胎回收好、利用好、变废为宝、化害为利，是我们面临的一个非常严峻的问题。

据世界环境卫生组织统计，世界废旧轮胎积存量已达 30 亿条，并以每年约 10 亿条令人惊诧的数字增长。废旧轮胎作为可资源化的高分子材料的循环再生利用，已引起世界各国的关注。工业发达国家以废旧轮胎无偿利用、减免税赋、政府补贴并以扩大资源利用量的立法方式予以支持。展望 21 世纪，废旧轮胎回收再生利用将是知识经济时期的"E 产业"（即环保产业，取英文"环保"一词的开头字母"E"而得），是国家鼓励发展的充满希望的"朝阳"产业。

我国是橡胶消耗大国，但又是一个橡胶资源十分匮乏的国家，年消耗量的一半左右需要进口。因此，废旧轮胎回收利用对我国非常重要，这是节约橡胶资源、保护环境，化害为利、变废为宝，利在当代、功在千秋的大事。

8.1 国外废旧轮胎回收利用现状

废旧轮胎属于工业固体废物中的一大类，作为高分子材料的循环利用资源，已引起世界各国的关注[1~3]。

工业发达国家对废旧轮胎的处理方式主要是掩埋或作燃料。据有关资料显示，美国 1998 年 67.6% 废旧轮胎作燃料，9.44% 废旧轮胎被掩埋。2001 年美国产生废旧轮胎 2.81 亿条，作燃料的达 1.15 亿条。在欧盟 15 个国家中，2002 年对废旧轮胎处理，作燃料的占 21%，掩埋的占 37%。掩埋是一种最为不合理的方式，这不仅是一种资源浪费，而且埋在地下几十年都不会腐烂，对地球仍是一种污染。目前欧盟各国都限期禁止掩埋废旧轮胎。2001 年美国有 38 个州禁止对废旧轮胎掩埋，仍有 8 个州允许掩埋，在我国还没有掩埋现象。

早在第二次世界大战期间，由于橡胶短缺，再生橡胶被视为战略资源。在 20 世纪 40 年代日本再生橡胶产量高达 44 万吨，50 年代美国再生橡胶年产量达到 37.4 万吨。后来由于合成橡胶工业的发展，加上当时没有解决再生橡胶产生的二次污染，在工业发达国家，再生橡胶工业由发展转为萎缩。20 世纪 80 年代以来，美国、德国、瑞典、日本、澳大利亚、加拿大等国都相继建立了一批废橡胶胶粉公司，其生产能力大大超过再生橡胶。从 20 世纪 90 年代初开始，发达国家投入大量资金研究开发废旧轮胎的利用，取得了较大进展。

目前主要有 4 种途径[3~9]：

(1) 胎体完好的进行翻新利用，可以延长轮胎的使用寿命。如法国米其林生产的轮胎要求翻新 2~5 次，行驶总里程可达 120 万千米。

(2) 将废轮胎切碎做燃料用于发电。美国 2001 年产生废旧轮胎 2.81 亿条，其中作为燃料的有 1.15 亿条，占 52.7%，日本有 50%~60% 废轮胎作为热能利用。

(3) 化学裂解回收炭黑和燃料油。近几年来，美日欧各国科学家对此都有专题研究报道，但迄今为止，尚未见到大规模工业化的生产装置。

(4) 制成胶粒和细胶粉。随着粉碎技术的进步，胶粉生产已实现了工业化。进入 21 世纪，胶粉工业从传统的"废物利用、修旧利废"提升为新兴的环保产业，胶粉生产被视为技术含量高，市场潜力大，具有广阔前景的新兴工业。目前全世界胶粉产量已达 100 万吨，年创造的价值在 5 亿美元左右，美国 2001 年有 4000 万条废轮胎加工成粗胶粒，占 18.3%，有 3300 万条加工成细胶粉，占 15.1%。

工业发达国家在发展尖端科学高新技术的同时，越来越重视废旧轮胎资源的利用和开发，各国政府相继立法，成立专门机构，并对废旧轮胎回收利用实行鼓励政策。例如，1998 年美国总统行政命各州提供 400 万美元，以建立州粉碎橡胶轮胎基金，用于州废旧物资管理部管理、清除、处理废旧轮胎之用。以美国加利福尼亚州为例，该州自 1989 年以来，每处理一条废旧轮胎补贴 0.05 美元。有的州补贴 2.5~4 美元。美国政府还以立法的方式发展胶粉工业，美国的《陆上综合运输经济法》第 1038 条款规定：政府投资或资助的公路建设必须采用废旧轮胎制造的胶粉改性沥青，且胶粉掺和比例从 1994 年的 5% 必须达到 1997 年 20% 以上，以法推动废轮胎资源综合利用。

加拿大政府早在 1992 年就成立了废旧轮胎利用管理委员会，并通过立法规定，车主在更新轮胎时必须以旧换新，同时按轮胎类型和规模缴纳废轮胎处理费。分别为 2.5~7 加元。所收处理费一部分给废胎收集商，另一部分补贴给废胎利用部门，废胎切割成块每吨补贴 50 加元，加工成胶粉，每吨补贴 125 加元，使用胶粉每吨补贴 50 加元。

芬兰于 1996 年出台了关于废旧轮胎回收利用法规，还辅以技术开发和市场培育的指导，目前全国已有 140 多个回收点，废旧轮胎的回收利用率已达 100%，不仅年创造 12 亿美元的财富，而且还使 5000 多人就业。

8.2 我国废旧轮胎回收利用现状及存在的问题

我国是世界上最大的橡胶消费国，其消费量占世界橡胶消费总量的近 1/3，与此同时也是世界上最大的橡胶进口国，75%以上的天然橡胶和 40%以上的合成橡胶依赖进口，其中天然橡胶的进口依存度（75%）已经高于石油（60%）、铁矿和粮食等，列第一位。橡胶已成为我国国民经济发展的重要战略资源。

随着汽车产业的迅猛发展，废旧轮胎的产生量不断增加。2013 年我国产生废旧轮胎为 3 亿多条，重量达 1500 万吨，折合天然橡胶资源约 530 万吨，相当于我国 6.5 年的天然橡胶产量。预计我国废旧轮胎产生量每年以 5%的速度递增，2020 年废旧轮胎产生量有望超过 2000 万吨[1~4]。

我国《废旧轮胎综合利用指导意见》指出：在废旧轮胎综合利用方面，我国已初步形成旧轮胎翻新再制造、废轮胎生产再生橡胶、橡胶粉和热解四大业务板块。四个专业中，热解因实现了轮胎资源的 100%循环利用，被称为轮胎生命的"终极关怀"。通过热解可产生约 45%的燃料油、35%的炭黑、10%的钢丝，还有约 10%的不冷凝可燃气，作为热解热源循环利用。燃烧后的烟气经过烟气净化系统的清洁化处理达标排放，消除了二次污染，实现了对大气环境的有效保护。

（1）我国天然橡胶年产量在 80 万吨左右，未来产量的增长也极有限，我国作为橡胶资源十分匮乏的国家，供需矛盾十分突出，橡胶资源短缺对国民经济发展的影响日渐凸显。轮胎消耗橡胶占橡胶总消耗量的 70%左右。数据显示，我国 2013 年产生的废轮胎为 3 亿多条，重量达 1500 万吨，折合天然橡胶资源约 530 万吨，若能全部回收利用，相当于我国 6.5 年的天然橡胶产量。

（2）预计我国废旧轮胎产生量每年以 5%的速度递增，2020 年废旧轮胎产生量将超过 2000 万吨。随着轿车进入家庭和汽车拥有量的增加，废旧轮胎的产生量还将大量增加，如何有效回收利用，防止对环境造成污染，这既是一个世界性难题，也是我国再生资源回收利用面临的一个新课题。

（3）生产 1 吨低端轮胎需要 3~4 吨石油，生产 1 吨高端轮胎约需 8 吨石油。按平均 1 吨轮胎需要 6 吨石油计算，生产 2000 万吨轮胎需要 12000 万吨石油，这相当于大庆油田 3 年、胜利油田 4 年的开采量。这对于我国这样一个近 60%的石油和 75%以上的天然橡胶、近 50%的合成橡胶需要进口的国家，其战略意义非同一般。

（4）轮胎制品中合成胶与天然胶的比例为 6：4，橡胶与工业炭黑的比例为 2：1。生产 1 吨合成胶需要 3 吨石油，生产 1 吨工业炭黑需要 2.17 吨燃料油，合 3.5 吨石油。

（5）轮胎中工业炭黑约占 30%，现在的 1500 万吨废旧轮胎，需要 450 万吨工业炭黑，折合石油 1575 万吨，相当于辽河油田 1.5 年的开采量。废轮胎热解后的炭黑因含灰分，所占比例可达 35%，如有效开发，将对实现循环利用意义重大。

目前我国废旧轮胎综合利用的技术途径（图 8-1）大致有：

（1）废旧轮胎原形直接利用。用作港口码头及船舶的护舷、防波护堤坝、漂浮灯塔、公路交通墙屏、路标以及海水养殖渔礁、游乐游具等，但使用量很少，不到废轮胎量的 1%。

（2）热分解。废轮胎在高温下分离提取燃气、油、炭黑、钢铁等，据报道，采用此方法可从 1t 废轮胎中回收燃料油 550kg，炭黑 350kg，然而由于投资大、回收费用高，且回收物质质量欠佳又不稳定，因此，这种回收利用方式目前很难推广，有待进一步改进。

（3）旧轮胎翻新。翻胎工业是橡胶工业的一个重要组成部分，也是资源再生利用环保产业的组成部分。旧轮胎翻新不仅可延长轮胎使用寿命、节约能源、节约原材料、降低运输成本，而且减少环境污染。因而，轮胎翻修——一个古老并新兴的产业很有发展前途。目前全国轮胎翻新企业约有 500 多家，30% 以上属于中小企业，年翻新轮胎约 400 万条，大大低于世界水平。世界平均水平，即新胎与翻新胎的比例为 10∶1，而我国仅为 26∶1，尤其是轿车轮胎的翻新几乎等于零。

（4）生产再生橡胶。一百多年来用废旧轮胎生产再生橡胶被世界各国所采用，认为这是处理废旧橡胶再生循环利用最为科学、最为合理、应用最广的一条重要途径。特别是改革开放以来，新工艺与技术推动了我国再生橡胶工业的普及与生产规模的扩大，全国先后上了 500 多台动态脱硫罐，基本上淘汰了油法、水油法。生产企业约 600 余家，生产能力扩大到 100 多万吨，最高年产量达到以 51.2 万吨，成为世界上第一再生橡胶生产大国。

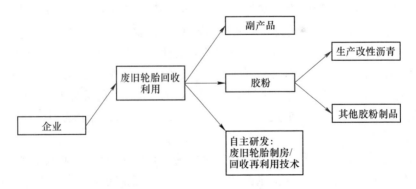

图 8-1　废旧轮胎综合利用的途径

（5）生产硫化橡胶粉。这是一门新兴材料科学，是集环保与资源再生利用为一体的很有发展前途的回收方式，也是我们提倡发展循环经济的最佳利用形式。胶粉工业在我国刚起步，生产企业才几十家，年产量不到 5 万吨，还没有形成新兴的产业。

8.3 废汽车轮胎的综合利用技术[2~9]

轮胎主要成分为橡胶 50%、炭黑 25%、钢丝 15%、硫氧化锌和硫助剂等 10%，如图 8-2 所示。根据不同品牌及车种，上述比例会不同，还会添加不同比例的强化纤维、氧化硅等。废旧轮胎被称为"黑色污染"，其回收和处理技术一直是世界性难题，也是环境保护的难题[2~9]。

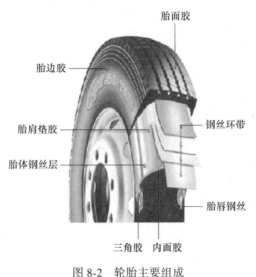

图 8-2 轮胎主要组成

8.3.1 废旧轮胎翻新

处理和利用废旧轮胎主要有两大途径：一是旧轮胎翻新；二是废轮胎的综合利用，包括生产胶粉、再生胶等。翻新是利用废旧轮胎的主要和最佳方式，就是将已经磨损的、废旧轮胎的外层削去，粘贴上胶料，再进行硫化，重新使用。

翻新是发达国家处理废旧轮胎的主要方式，目前世界翻新轮胎（翻胎）年产量约 8000 多万条，为新胎产量的 7%。美国年产轮胎 2.8 亿条，居世界之冠；年翻修轮胎约 3000 万条，是新胎产量的 10% 左右。其中，翻新轿车轮胎 200 万条、轻型卡车轮胎 680 万条、载重车轮胎 2000 万条，飞机、工程车等其他翻新轮胎约 70 万条。美国现拥有轮胎翻修企业 1100 多家，90% 属中小企业，设备先进，全部生产过程实行计算机联网、自动化操作，年产值 400 亿美元。翻新轮胎业在美国的发展得益于政府的鼓励与提倡。为了鼓励企业利用废旧轮胎资源，美国规定：回收商收购一条轿车废旧轮胎补助 1.9 美元，收购一条载重车废旧轮胎补助 2.3 美元。欧共体规定 2000 年产生的废旧轮胎中必须有 25% 得到翻新。

传统的轮胎翻新方式是将混合胶粘在经磨锉的轮胎胎体上，然后放入固定尺寸的钢质模型内，经过温度高达 150℃ 以上硫化的加工方法，俗称"热翻新"，或热硫化法。该法目前仍是我国翻胎业的主导工艺，但在美国、法国、日本等发达国家已逐渐被淘汰。随着高科技工艺的发展以及新一代轮胎的面世，人们对翻新轮胎的要求提高，一种新型的、被称为"预硫化翻新"，俗称"冷翻新"的轮胎翻新技术已经在工业发达国家成功应用，且被引入我国。它由意大利马朗贡尼（Marangonp）集团研发并于 1973 年投放市场。

"预硫化翻新"技术是将预先经过高温硫化而成的花纹胎面胶粘在经过磨锉的轮胎胎体上，然后安装在充气轮辋；套上具有伸缩性的耐热胶套，置入温度在 100℃ 以上的硫化室内进一步硫化翻新，这项技术可确保轮胎更耐用，提高每条轮胎的翻新次数，使轮胎的行驶里程更长、平衡性更好、使用也更加安全。

8.3.2　废车胎制胶粉

通过机械方式将废旧轮胎粉碎后得到的粉末状物质就是胶粉，其生产工艺有常温粉碎法、低温冷冻粉碎法、水冲击法等。与再生胶相比，胶粉无需脱硫，所以生产过程耗费能源较少，工艺较再生胶简单得多，可减低污染环境，而且胶粉性能优异，用途极其广泛。通过生产胶粉来回收废旧轮胎是集环保与资源再利用于一体的很有前途的方式，这也是工业发达国家摒弃再生胶生产，将废旧轮胎利用重点由再生胶转向胶粉和开辟其他利用领域的原因。

胶粉有许多重要用途，例如掺入胶料中可代替部分生胶，降低产品成本；活化胶粉或改性胶粉可用来制造各种橡胶制品；与沥青或水泥混合，用于公路建设和房屋建筑；与塑料并用可制作防水卷材、农用节水渗灌管、消音板和地板、水管和油管、包装材料、框架、周转箱、浴缸、水箱；制作涂料、油漆和黏合剂，生产活性炭等。

8.3.3　热能利用

废旧轮胎是一种高热值材料，每千克的发热量比木材高 69%，比烟煤高 10%，比焦炭高 4%。以废旧轮胎当作燃料使用，一是直接燃烧回收热能，此法虽然简单，但会造成大气污染，不宜提倡；二是将废旧轮胎破碎，然后按一定比例与各种可燃废旧物混合，配制成固体垃圾燃料（RDF），供高炉喷吹代替煤、油和焦炭作烧水泥的燃料或代替煤以及火力发电用。同时，该法还有副产品——炭黑生成，经活化后可作为补强剂再次用于橡胶制品生产。在综合利用中，热能利用是目前能够最大量消耗废旧轮胎的唯一途径，不仅方便、简洁，而且设备投资最少。

8.3.4 再生胶

通过化学方法，使废旧轮胎橡胶脱硫，得到再生橡胶是综合利用废旧轮胎最古老的方法。目前采用的再生胶生产技术有动态脱硫法（恩格尔科法）、常温再生法、低温再生法（TCR法）、低温相转移催化脱硫法、微波再生法、辐射再生法和压出再生法。由于再生胶的生产严重污染环境，国外已经淘汰。而我国再生胶仍是利用废轮胎的主要方法，不少企业还处于技术水平低、二次污染重的作坊式生产阶段，胶粉产品也未形成规模。

8.3.5 热分解

热分解就是用高温加热废旧轮胎，促使其分解成油、可燃气体、炭粉。热分解所得的油与商业燃油特性相近，可用于直接燃烧或与石抽提取的燃油混合后使用，也可以用作橡胶加工软化剂；所得的可燃气体主要由氢和甲烷等组成，可作燃料使用，也可以就地燃烧供热分解过程的需要；所得的炭粉可代替炭黑使用，或经处理后制成特种吸附剂。这种吸附剂对水中污物，尤其是水银等有毒金属有极强的滤清作用。

8.4 废轮胎的裂解生产燃料油——传统热裂解

提到再生能源，废轮胎的裂解生产燃料油可以是再生能源的起源点。第一次能源危机后，科学家开始对再生能源的研究，其中废轮胎的裂解制油被视为对环境改善及再生能源的一大贡献。

2000年开始，陆续有小规模的试验厂进行废轮胎的裂解产油，处理量多为1t/h以下的处理量。随着中国经济发展，对能源的殷切需求，我国各地随即兴起废轮胎炼油。

2007年的能源危机使全球各地兴起废轮胎炼油，自此废轮胎从令人头痛的污染垃圾变成炙手可热的高价原料。废轮胎裂解的问题也随着局面扩大，其所产生的负面环境危害也开始发生。传统的废轮胎裂解技术，在裂解过程产生含大量硫化物的燃气，经过燃烧后，严重污染环境。一旦用废轮胎非法炼油，将造成严重的空气污染。因此，我国强力取缔废轮胎非法炼油。

而国际上的传统裂解技术，也因为缺乏废气污染防治，加上常常发生爆炸等安全性问题，使得欧美各国逐渐放弃废轮胎热裂解的建厂与发展。美国更于2011年提出更严格的空污法令及油品含硫量的管制法令，造成美国废轮胎裂解厂纷纷关厂。

传统废轮胎裂解（pyrolysis）技术被诟病的最大问题：

（1）裂解过程产生空气污染，排放大量二氧化硫，环境恶臭。

（2）裂解产出的燃料油硫含量过高，对环境形成二次污染。

（3）裂解不完全，硫含量过高，使得碳化物成为二次污染源。

（4）安全性受质疑，常常发生爆炸等公共安全意外。

8.5　废轮胎的裂解生产燃料油——清洁和安全热裂解

8.5.1　宏达国际能源科技有限公司的废轮胎裂解技术 WTE G2500X

废轮胎的清洁安全处理：

（1）废轮胎处理制程可以说是最成熟的制程。尤其是相关的废轮胎前处理，在我国更是很容易找到配合设备及商源。

（2）废轮胎的前处理包括取粗钢丝、切片、粉碎及细钢丝分离、清洗。成套设备在我国都有生产。

（3）废轮胎经过前处理后，将清洗过的废轮胎片经脱水送至 WTE G2500X进行分解处理。分解后产出高质量的燃料油、燃气及炭黑（具备污水处理功能）。

（4）清洗的污水经过工业污水处理设备过滤后循环使用。

（5）低处理成本、高投资回报、零污染。

（6）废轮胎经过分解处理后，得到的炭黑含有 10%～20% 的杂质及硫化物。如果客户要提高炭黑纯度，必须经过再加工，可以将纯度提高到 95% 以上。此外炭黑的规格，会趋近轮胎制程所添加的炭黑规格。如果原始轮胎使用 N220 炭黑，经过分解的炭黑规格也会趋近 N220。

WTE G2500X 技术是废轮胎处理技术上的一大突破，不再采用热裂解（pyrolysis）的传统技术，而是将快速蒸汽热分解（fast steam thermal decomposition technology）与热气化技术整合于一体，并结合众多分解技术的优点，克服传统热裂解技术的弊病，可将处理效率提高数倍，如图 8-3 和表 8-1 所示。

WTE G2500X 采用独创专利的蒸汽快速热分解，通过独特的处理模式，以消除传统废轮胎裂解的不安全、高污染及低质量产品的种种弊病。

WTEG2500X 生产的炭黑，最大特色是高质量，不含油分及有机质，含硫量低，产出比例约为 35%～42%，可以作为工业原料再利用，或回到轮胎制程应用。

WTEG2500X 生产的燃料油近似工业柴油，含硫量低，产出比例约为 35%～55%。WTE G2500X 处理效率高、占地非常小，且不会对环境造成恶臭及污染危害，总体投资成本只需欧美设备的 1/3～1/2。

除此之外，WTE G2500X 废轮胎的直接处理成本非常低。

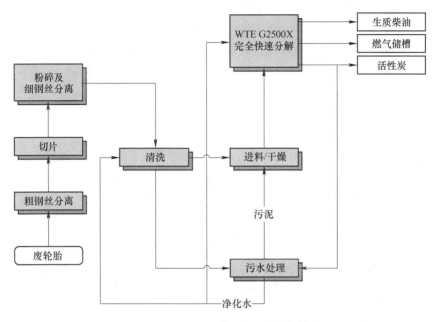

图 8-3　WTE G2500X 蒸汽快速热分解技术

表 8-1　WTE G2500X 蒸汽快速热分解技术与传统热裂解的比较

技术比较	WTE 技术	传统热裂解
空气污染	无	空气污染，排放臭味气体
每吨处理所需时间	约 20min	1.5~3h
炭黑品质	不含任何油分，完全分解，高比表面积、高点吸附值，质地松软	含油分超过 3%，无法完全分解，低比表面积，低点吸附值，质地硬
燃料油质量	低含硫量（<0.5%），闪火点可调整	高含硫量（<2%），闪火点小于 45℃
能源效率	能源效率达 85%	约为 WTE 的 1/3
占地	主系统仅 2 个 40 呎货柜	工厂安装，占地是 WTE 的 5 倍以上

8.5.2　山东开元化工 10 万吨/年工业连续化废轮胎常压低温催化热解示范工程

废轮胎热解产业的持续健康发展，取决于热解的两大产物：不冷凝可燃气和炭黑的清洁化开发与利用。为破解两大难题，山东开元化工与青岛科技大学共同组建了"全国循环经济技术中心""国家废旧橡胶循环应用研究中心""滨州市废旧橡塑热解工程实验室""滨州市橡塑静脉产业工程技术研究中心"和"滨州市企业技术中心"。通过平台搭建、用户参与，实施"产学研用"四位一体的合作研发，研发水平不断提升。不冷凝可燃气作为热解热源循环利用，燃烧后的烟气经过烟气净化系统清洁化处理后达标排放。

10万吨/年废旧轮胎热解项目共10条生产线，目前建成启用了两条，每条生产线每年可处理2万吨废旧轮胎。这两条生产线是中国自主研发、具有自主知识产权和国际领先水平的高端设备，由七大系统组成：轮胎破碎系统、远程恒温供热系统、连续裂解系统、可燃气净化系统、烟气净化系统、电气控制系统及炭黑生产还原系统。

生产线的主要流程：将废旧轮胎破碎成裂解所需的橡胶块，与低温硫转移催化剂一起，通过送料挤出机，经热气密封装置，连续送入裂解器，在裂解器内进行常压低温裂解裂化反应。裂解气经分油器分流冷却后，得到燃料油与少量可燃气，可燃气经净化系统多级净化，全部用于裂解工艺供热系统。同时，为裂解器供热的热风，经热风回收利用系统回到裂解气内循环使用，大大节省了能源的消耗，降低了设备的运行成本。

（1）先进的低温催化热解工艺并使用低温硫转移催化剂，在较低的温度下，热解物料完全热解。油品产率高（45%~50%），可燃气产率低（5%~7%），油品中胶质与沥青质含量少，品质好。

（2）废轮胎热解产物燃料油得率45%左右，质量达到了SH/TO 356—1996燃料油4号轻质油指标；炭黑得率35%左右，质量达到了GB 3778—2003橡胶用炭黑N660物理机械性能指标；钢丝得率15%左右，成为生产钢丸等的优质材料；可燃气得率5%左右，净化后作为裂解热源循环利用。

（3）整个过程无废水、废气、废渣产生，真正做到了"吃干榨尽"，实现对废轮胎资源的100%利用。

炭黑作为热解的第二大产物，约占35%。其质量轻、结构散、粒径小、成分复杂的特性使得清洁化生产难度大、使用性能差、市场价值偏低。为此，山东开元化工与青岛科技大学以"工业连续化废轮胎热解炭黑结构域性能及清洁化高附加值技术开发与生产应用研究"为课题，联合攻关，取得了一系列重大研发成果，废轮胎热解炭黑的清洁化生产及高值化应用研究走在了世界前列，成为国家废轮胎热解炭黑行业标准制定单位。

目前，山东开元化工生产的废轮胎热解炭黑品种有改性粉状炭黑、改性粒状炭黑、色母炭黑、油墨炭黑、力车胎专用炭黑、输送带专用炭黑等六大系列数十个品种，产品质量稳定，用户口碑颇佳。

8.5.3　上海金匙环保科技研发的工业化集成控制废弃胶胎低温热解工艺

2012年由上海金匙环保科技股份有限公司自主研发的工业化集成控制废弃胶胎低温热解工艺及成套设备通过工信部组织的科技成果鉴定。该项成果把最终无法材料化的废弃橡胶制品和废弃轮胎等黑色污染物制成燃料油和工业炭黑，实现了轮胎和橡胶制品全生命周期的完美终结。工业化集成控制废弃胶胎低温热解工艺具有以下特点：

（1）采用低温（≤420℃）、无催化热解新工艺、解聚闪速裂化及强化间接传热技术，实现了工业连续化生产。

（2）该项目对热解过程产生的不凝性气体采用高温无害化（>850℃）利用技术，为热解反应提供热能自给，有效降低了生产能耗。

这项技术已获得包括国家发明专利和国际专利在内的 30 多项专利，成套设备还通过了欧盟 CE 认证。目前该成果已经实现产业化应用，并且取得了较好的经济和社会效益。该公司位于江苏启东的全资子公司启东金匙环保科技有限公司已建成 3 万吨级废弃胶胎低温热解生产线。此外，该公司还与江苏三友集团股份有限公司共同出资设立了江苏三友环保能源科技有限公司，计划年处理废弃胶胎20 万吨，一期 4 万吨级生产线现已投产。

金匙公司目前正在致力于研究热解炭黑的高附加值应用。热解炭黑可以生成纳米炭黑，应用于航天、军工等国防领域。其中，5% 左右的顶级纳米炭黑，其售价每吨可达 2000 万元；40% 左右的次级纳米炭黑，吨价在 8 万元左右；其余的纳米炭黑，吨价在 3 万元左右，市场利润空间巨大。

8.5.4　環拓科技热裂解技术

環拓科技 2005 年在我国台湾台南建厂，经过三年产品推广，2008 年真正被市场所接受使用，因应产能需求，2013 年完成屏南厂增建，以电脑全自动一贯化生产制程，年产量约 3.6 万吨，能处理台湾地区 1/3 的废轮胎，同时积极着手将这个创新的产业整厂技术输出至有需求的国家和地区。

在废轮胎裂解过程中，1kg 环保炭黑 CO_2 排放量为 0.518kg，比起一般传统炭黑的 CO_2 排放量的 3.8~4.0kg 之间少很多。正因为此，環拓科技通过了碳足迹认证。

環拓科技热裂解技术流程如图 8-4 所示。

8.5.5　微波裂解技术

废橡胶轮胎属高分子碳氢聚合材料，为石油产品中的烃类经聚合反应构成高分子聚合物。通常说的热裂解技术是指通过加热并催化裂解，而微波裂解是在150~350℃ 的惰性氮气体环境中利用微波能将化学键断开，打开高分子聚合物大分子链，经分离得到液油、燃气及炭黑。传统的焚烧和热解分别是氧化和高温过程，不能均一地控制"逆聚"过程，且伴随次生环境污染。惰性氮气环境避免了有机物的氧化过程，阻止了如二氧（杂）芑和呋喃等有毒物质的产生。

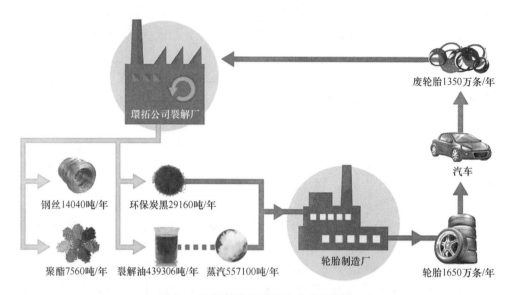

图 8-4　環拓科技热裂解技术循环流程

这种对裂解环境的绝对控制大大改善了各种回收产品特别是炭黑的稳定性品质。

废轮胎微波裂解包括氮饱和冲洗、微波降解、环境控制和物料分离回收四个环节（图 8-5）：

（1）废胎通过干燥喂料塔多级氮冲洗处理，进入密闭微波裂解反应室。

（2）反应室内利用微波能量裂解，形成低分子碳氢物混合物，从反应室底部排出，经由压缩器分离出液油和油气成分（排气中去除硫化氢）。

（3）回收的油气用于蒸汽涡轮或气体涡轮发电机发电，或其他燃烧设备利用。

（4）最后输出的炭黑和钢丝经水洗分离，炭黑经磨碎可用于新生胎原料，钢丝回收再利用。

废胎微波裂解工艺如图 8-5 所示。

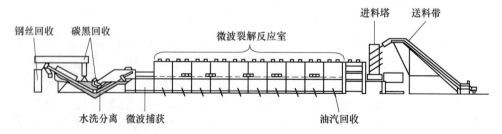

图 8-5　废胎微波裂解工艺

8.6 我国废旧轮胎回收利用存在的主要问题

我国废旧轮胎回收利用存在的主要问题[2~6]：

（1）回收利用率低，废旧轮胎丢弃现象严重，给环境保护带来一定影响。我国是橡胶消耗大国。2015 年全球天然橡胶产量为 1050 万吨，我国消耗 465 万吨（含复合胶、混合胶进口），消耗了全球 43% 天然橡胶。我国每年生产的橡胶制品量约 460 万吨，废旧橡胶产生量约 180 万吨，其中 60% 以上为废旧轮胎。目前，回收利用的各种废旧橡胶约 90 万吨，回收利用率为 50%，比国外先进水平低 30~40 个百分点，还有近 50% 的废旧橡胶没有回收利用，其中废旧轮胎约占 20%，长期堆放，难以降解，成为"黑色污染"源。

（2）废旧轮胎回收利用企业普遍生产经营规模小，自我改进能力低，企业发展无后劲。我国废旧轮胎利用主要是生产再生橡胶、轮胎翻新、生产硫化橡胶粉，这些企业 80% 以上为中小型企业，形不成规模，市场竞争能力低。大多数翻胎企业装备水平不高，技术力量薄弱，必要的测试设备不完备，影响了翻新轮胎质量的进一步提高。胶粉工业刚起步，市场尚未打开，没有形成新的产业。

（3）废旧轮胎加工利用企业包袱沉重，经济效益差，困扰废旧轮胎利用行业的发展。由于废旧轮胎回收利用属于半公益事业，其加工产品附加值低，加上我国废旧轮胎资源零星分散，其回收、加工、运输费用高，加上历史原因形成的人员、债务包袱重、企业经济效益差等问题，多数企业亏损严重，生产经营难以为继，废旧轮胎回收利用行业发展呈低水平徘徊。

我国在废旧轮胎回收利用方式上、技术上比发达国家并不落后，主要差距是在管理上、立法上、优惠政策上。经过 50 多年的发展，特别近十几年来新的技术推广应用，使再生橡胶工业焕发了青春，我国再生橡胶工业无论是生产规模、年产销量，还是生产技术、工艺装备水平都达到世界一流水平，我国的技术、装备，包括再生橡胶产品出口到国外，并在国际市场上占有一席之地。我国胶粉生产技术，无论是常温法还是低温法都达到世界领先水平，其工艺装备基本上可满足胶粉工业发展的需要，其价格仅相当于同类进口装备的 1/4~1/3。

我国的废旧轮胎回收利用行业与工业发达国家和地区的差距主要表现在以下几个方面：

（1）在管理上，工业发达国家和地区相继成立了废旧轮胎回收利用管理机构，如美国的"废胎管理委员会"，加拿大的"废胎回用管理协会""废胎管理局"，欧盟的工作组等。除我国台湾地区有"废轮胎处理基金会"之外，在中国大陆尚无废旧轮胎回收利用管理部门，尚未建立正规的回收利用系统。

（2）在立法上相对滞后。工业发达国家对于废旧轮胎回收再利用已经建立了一整套完整的法律政策体系，有力地支持了废旧轮胎的资源综合利用产业的发展。如美国有《资源与回收法》《轮胎回收利用法》，法国有《废弃物及资源回收法》，德国有《循环经济与废弃物管理法》，韩国有《资源节约与再生使用促进法》，日本有《促进循环型社会基本法》等。我国台湾地区已有《资源回收再利用法》《废轮胎回收清除处理费费率》，但中国大陆至今没有关于废旧轮胎回收利用的具体立法，"谁污染，谁治理"在废旧轮胎回收利用方面没有具体的措施。

（3）在政策上与国外不平等。我国已加入 WTO，有必要建立与国外接轨的政策法规。国外对废旧轮胎实行无偿利用，还有补贴，并实行免税政策。而我国不仅不免税，而且税率高于其他加工行业；不仅无补贴，而且废旧轮胎要高价买。这种政策上的不平等不利于入世后我国废旧轮胎回收利用行业的发展。

8.7　发展我国废旧轮胎回收利用的建议

据不完全统计，2013 年我国废旧轮胎产生量已经达到 2.99 亿条，重量达到 1080 万吨，并以每年约 8%～10%的速度在增长。随着我国汽车工业的发展，废旧轮胎产生量将会大幅度上升，如何处理大量的废旧轮胎，是今后我国面临的一个重要的环境与资源利用的问题。今后，我国经济将进一步融入全球一体化废旧轮胎回收利用发展环境，应与国际接轨。国外在废旧轮胎回收利用管理领域立法比我们早十余年。

国外废旧轮胎无偿回收利用，而且还有补贴、免税等优惠政策的支持。而我国多数废旧轮胎利用企业税赋过重，资金短缺，无力更新技术装备，生产经营步履艰难。希望国家借鉴国外有关治理废旧轮胎污染的成功经验，从立法、管理、政策、跨行业调整等方面采取积极措施，以促进我国废旧轮胎回收利用行业的发展[2~6]：

（1）尽快出台废旧轮胎回收利用管理办法。通过法律规范，明确生产、使用单位的责任和义务，禁止废旧轮胎随意堆放、丢弃，严禁焚烧、掩埋、规范回收渠道；建立健全废旧轮胎的回收利用网络及付费机制，将废旧轮胎资源回收利用逐步纳入法制化管理的轨道。

（2）国家鼓励和促进废旧轮胎回收利用管理，实行积极扶持、加强引导，成立国家废旧轮胎回收利用管理委员会，对全国废旧轮胎回收利用进行综合协调，指导和服务。

（3）废旧轮胎列入国家强制回收目录，实行"以旧换新"制度，在全国各地成立废旧轮胎回收处理集散中心，负责本地区废旧轮胎集中回收、分类、初加工及再利用的集散。

（4）研究制定国家鼓励废旧轮胎资源回收利用的经济政策。借鉴国外成功的经验，在政策上应与国际接轨。

1）研究建立废旧轮胎回收利用专项基金，从源头征收废旧轮胎处理费，这部分资金主要用于废旧轮胎回收管理、加工利用补贴及奖励技术开发。

2）研究对废旧轮胎加工利用企业实行税收优惠政策，即征即退政策，以减轻企业负担，鼓励企业技改发展。

3）研究无偿回收废旧轮胎的可行性，以解决回收利用废旧轮胎企业长期稳定的原料来源渠道等。

（5）推进技术进步，增加科技投入。国家通过各种渠道，增加对废旧轮胎资源综合利用科技开发的投入。将废旧轮胎资源综合利用科技开发、高新技术产业化示范项目纳入科技三项费用的支持范围。

（6）对现有再生橡胶企业、翻胎企业、胶粉企业中生产规模小、有污染的企业限期整顿，实行资质认证制度，建立废旧轮胎回收加工利用示范工程，形成具有一定规模和生产的废旧轮胎加工利用基地，并以此为中心，形成废旧轮胎回收、加工、利用的产业链条。

（7）发展胶粉工业是废旧轮胎资源综合利用的方向，国家应积极支持推广应用。我国胶粉工业刚起步，生产技术达到世界一流水平，关键在应用。国家应组织协调橡胶行业、建材行业、公路、公共场所等领域的应用，并对胶粉生产及应用单位给予政策支持。

（8）国家鼓励社会中介机构为废旧轮胎回收利用企业提供创业辅导、企业诊断、信息咨询、市场营销、投资融资、贷款担保、产权交易、技术服务、人才引进、人员培训、对外合作、展览展销和法律咨询等服务。

（9）积极利用国内废旧轮胎，禁止进口废旧轮胎，鼓励有条件的企业到国外办厂，充分利用两种资源、两个市场。

（10）加强基础管理，提高废旧轮胎回收利用管理水平。进一步加大宣传力度，提高全社会对废旧轮胎回收利用的意识，委托行业协会建立废旧轮胎资源回收利用信息系统和数据库，强化信息服务，抓好统计基础工作，及时收集、整理和发布国内外废旧轮胎资源回收利用信息，促进我国废旧轮胎资源回收利用行业健康、稳定、有序发展。

参 考 文 献

[1] 庾晋，白杉. 废旧轮胎回收利用现状和利用途径 [J]. 化工技术与开发，2003（4）：43-49.

[2] 白木，周洁. 生产胶粉：废旧轮胎回收利用的方向 [J]. 天津橡胶，2003（1）：11-16.

[3] 钱伯章. 国外废旧橡胶回收利用技术 [J]. 现代化工，2008（12）：84-87.

［4］同川，李忠明. 废旧橡胶回收利用新技术［J］. 江苏化工，2004（6）：1-6.

［5］化信. 橡胶沥青为废旧轮胎再利用提供全新途径［J］. 化工新型材料，2008（10）.

［6］贾春燕，王腊梅. 废旧轮胎在道路工程中的再利用［J］. 科技创业家，2013（15）：121.

［7］吕百龄. 废旧橡胶制品的回收利用［J］. 橡塑技术与装备，2004（7）：16-19.

［8］程源. 循环经济与轮胎翻新［J］. 橡胶科技市场，2005（9）：11.

［9］史新妍，辛振祥，金振国. 废旧轮胎胶粉的加工及改性［J］. 橡塑技术与装备，2005（11）：11-13.

9 废弃电子电器产品再生有色金属资源利用技术

　　有色金属是国民经济的重要基础原材料，在经济建设、国防建设和社会发展中发挥着重要作用。有色金属具有良好的循环再生利用性能，有色金属再生利用节能减排效果显著，是有色金属工业发展的重要趋势。发展再生有色金属产业，多次循环利用有色金属，既可保护原生矿产资源，又能节约能源、减少污染。据测算，与原生金属生产相比，每吨再生铜、再生铝、再生铅分别相当于节能1054kg 标煤、3443kg 标煤、659kg 标煤，节水 395m³、22m³、235m³，减少固体废物排放 380t、20t、128t，每吨再生铜、再生铅分别相当于少排放二氧化硫0.137t、0.03t[1~3]。

　　我国政府近年来将生态文明摆在更加突出位置，对再生金属产业的支持力度不断加强，该产业已迎来发展新契机。我国是世界有色金属工业大国，也是全球最大的再生金属生产利用国。2002 年，中国铜、铝、铅、锌等十种常用有色金属产量一举超越美国，成为世界有色金属生产第一大国。2014 年，中国 10 种常用有色金属产量达 4696 万吨，占全球总产量的 40% 以上。2014 年，我国铜加工材产量达 1797 万吨，连续 11 年位居世界第一；铝加工材产量达 4014 万吨，连续 9 年位居世界第一。2001~2014 年，中国十种常用有色金属产量从 883.7 万吨增至 4696 万吨，年均增长 13.6%，连续 13 年位居世界第一。

　　"十二五"期间，中国再生有色金属产量达到 5500 万吨，年均 1100 万吨，相当于全国有色金属年产量的 1/3，占全球再生有色金属产量比例超过 1/3，是美国、日本和德国三国产量的总和。就产业规模和产量而言，我国已经成为名副其实的再生有色金属大国，但总体技术水平较低、装备原生落后、产品传统低下，与工业发达国家相比有明显的差距。

　　随着我国有色金属消费的持续增长，国内可回收利用的再生资源也越来越多，"十三五"期间再生金属回收利用将是一个大有可为的产业。我国国家级"城市矿产"基地目前已有 39 个，产业示范集聚效应逐渐释放，有力促进了再生有色金属的循环利用、规范利用和高值利用。政府针对铅蓄电池和再生铅企业的环保核查，极大推动了再生铅行业发展方式的转变。面对发展新契机，该产业未来需高度重视国内外再生资源基地建设，提升资源保障能力，突破资源约束瓶颈；也需加大科技投入，引导产业走创新驱动的工业化道路，打造结构优化、技术先进、清洁安全、附加值高、吸附就业能力强的现代可再生有色金属产业体系。

9.1　我国再生有色金属产业概况

我国是有色金属的消费大国，却又是有色金属资源短缺的国家，当前国内有色金属资源的基本态势是：铜资源严重不足，铝、铅、锌、镍资源保证程度不高，钨、锡、锑开采过度，有色金属矿产资源供给不足已经成为我国可持续发展的重要制约因素。在矿产资源争夺处于劣势的情况下，发展再生有色金属产业成为国内有色金属产业发展的必经之路[3~13]。

由于再生金属省去了找矿、勘探、采矿、选矿等环节，生产成本较低，故近年来得到快速发展，生产和消费规模不断扩大，产业比重逐步提高。2009 年以来，再生有色金属产量连续 10 年保持快速增长，主要再生金属中再生铜、再生铝产量的年均增长率为 27%，而再生铅产量的年均增长率达到 81%。2011 年，我国主要再生有色金属产量从 2009 年的 239 万吨增加至 835 万吨，较 2009 年增长 249.37%，基本与 2000 年的全国十种有色金属总产量相持平。其中再生铜、再生铝、再生铅的产量分别达到 260 万吨、440 万吨、135 万吨，分别较 2009 年增加 172 万吨、308 万吨、116 万吨。即使在受到金融危机冲击的 2008 年、2009年，我国再生有色金属的产量也保持了增长的态势。

在主要有色金属品种中，我国锌的再生产业发展相对落后。目前全世界每年消费的锌中（包括锌金属和化合物），原生锌和再生锌分别占 70% 和 30%。而我国每年 60% 以上的锌用于钢铁防腐，回收利用周期长，故再生锌的产量只有十几万吨，占消费量的 3% 左右。虽然再生锌产业已引起业内的高度重视，但其与世界水平的差距却是不容忽视的。

鉴于我国再生有色金属的发展状况，国家发改委、科技部、财政部、工信部等 7 部委联合发布 2012 年 116 号文件，细化我国废弃资源"十二五"规划，其主导思想是，淘汰落后产能，强化行业准入，减少企业数量，鼓励兼并重组，培植龙头企业，加强产业集中度。规划到 2015 年，各行业前 10 位企业产业集中度达到 50% 以上，再生铜、再生铝行业形成一批年产 10 万吨以上的规模化企业，再生铅行业形成一批年产 5 万吨以上的规模化企业。同时，形成若干产业集聚发展的重点地区，其产能比重超过 80%。其中，浙江、广东、山东、天津、江西等地区作为再生铜的重点支持区域，广东、浙江、重庆、上海、河南等地区作为再生铝的重点发展区域，并加大安徽、河南、山东、江苏、湖北等地区发展再生铅的支持力度。届时，有色产业的整体技术装备水平也将有明显提高。

按照国务院发布的《"十二五"节能环保产业发展规划》部署，到 2015 年，形成资源再生利用能力 2500 万吨，其中再生铜 200 万吨、再生铝 250 万吨；我国的主要再生有色金属产量达到 1200 万吨，且再生铜、再生铝、再生铅占当年铜、铝、铅产量的比例分别达到 40%、30%、40% 左右。

整体而言，再生有色金属的产量占总产量的比例有所降低，与工业发达国家的再生金属行业发展还存在很大的差距。其中主要原因是与我国为满足国内经济发展需要而迅猛增加的有色金属总产量有关，但这也说明我国的再生有色金属产业还有很大的发展空间。

再生金属回收利用在国内一直受到重视，有关部门进行了宏观管理，但没有把统计工作建立起来，至今缺乏完整的统计资料可遵循。历史上曾通过物资和商业两大系统的网点，对废旧金属进行回收利用，收到一定成效。改革开放以来，物资回收多元化，废旧金属回收公司、国有冶炼企业、乡镇和个体企业多管齐下，深入全国各地开展回收。仅江苏宜兴市就有上千个体户在全国各地收购废杂金属。

近几年再生有色金属的回收网遍布全国，生产经营格局发生重大变化，涌现出再生金属生产企业 5000 余家，回收、加工和经营形成了长江三角洲、珠江三角洲、环渤海地区和成渝经济区等再生金属利用中心，以江苏、浙江、广东、河北、上海等省市最为集中。

9.1.1 再生铜

随着我国电解铜产量增大，再生铜产业发展很快，特别是乡镇企业和私营企业的介入更促进其高速发展。据浙江省台州市路桥区调查，该区每年从废旧变压器、电动机、电缆中拆解后得到铜金属约 3 万吨，在当地加工企业直接利用的约 2 万吨，带动了铜金属制品、电器零件等行业发展，涌现出 30 多个铜制品加工专业村和 10 多家直接利用废杂铜企业，每年生产电线电缆、铜铸件、水道配件产值达几亿元。除此之外，浙江省永康市每年购进废杂铜约 3 万吨，从事再生铜生产经营企业有 300 多家；宁波金田铜业集团、兴业集团和浙江铝业公司每年也购进废杂铜几万吨，从事铜材深加工。目前浙江省是我国再生铜生产大省之一。河北省清苑、新安，江苏省宜兴、吴江，浙江省台州、永康、富阳、嘉兴等县市已出现相当规模的废杂金属交易市场，废杂铜交易占很大比重。这些市场的兴起，繁荣了再生金属的生产经营，改变了过去回收网点少、等货上门、回收主动性差、机制不灵活等弊端，调动了大批个体户回收积极性，给行业注入新的活力[3~7]。

再生铜的回收一般包括两部分：一是企业在生产过程中产生的边角废料，由于铜加工材的综合成品率只有 60% 左右，废料量很大。美国这部分废料都打包出售，很少自己处理；而在我国则要返回生产系统循环使用，但国内未做再生铜统计。二是社会上积存的废杂铜，这部分目前是国内回收的重点。保守估计，近几年我国每年回收的废杂铜含铜量已超过 70 万吨，占国内铜消费量的 25% 左右。

由于我国铜资源储量有限，自产铜数量不足，大量依靠进口，供需矛盾突出，因而铜资源再生利用显得特别重要。随着我国铜消费量的增长，我国铜废料量也将迅速增加，与工业发达国家一样，若干年后废铜回收量有可能超过铜消费量一半，再生铜回收前景广阔。

2010~2015 年我国废杂铜产销状况见表 9-1。

表 9-1　2010~2015 年我国废杂铜产销状况　　　　　　　　（万吨）

项目名称	2010 年	2011 年	2012 年	2013 年	2014 年	2015 年	年均递增率/%
国内电解铜产量	121.1	117.4	137.1	152.3	163.2	183.6	8.68
国内统计的废杂铜产量	34.1	33.8	34.8	30.7	38.0	42.6	4.55
废杂铜产量占铜产量/%	28.2	28.8	25.4	20.2	23.3	23.2	—
按回 40% 计算的废杂铜产量	48.4	47.0	54.8	60.9	65.3	73.4	8.68
计算产量和统计产量差额	14.3	13.2	20.0	30.2	27.3	30.8	—
国外进口废杂铜含铜量	35.4	37.5	54.3	100.0	92.4	94.8	21.78
进口量加统计产量合计	69.5	71.3	89.1	130.7	130.4	137.4	14.60

注：国外进口废杂铜含铜量平均按 30% 计算。

9.1.2　再生铝

国内再生铝回收起步晚于再生铜。再生铝也包括两部分：一是加工企业生产过程产生的边角废料，由于铝加工材综合成品率仅 70% 左右，废料量很大，这部分我国不做统计。二是社会上积存的废杂铝，这是研究重点。我国再生铝企业的特点：骨干企业少，只有上海新格有色金属有限公司（主要处理进口铝废料，2010 年再生铝产量 11.5 万吨）、河北立中有色金属集团（2010 年再生铝产量 3.5 万吨）等少数几家，多数都是中小型企业和集体、个人企业。目前我国已形成一批废铝集散地，主要有广东南海、浙江永康、台州，湖南浏阳、汨罗，河北大成、新安、清苑，山东邹平、临沂，江苏淮安、太仓、兴化，河南长葛，湖北枝江，安徽界首，四川夹江等县市，年回收经营废铝量上百万吨。由于废杂铝回收、加工比较分散，再生铝产量无法进行精确统计[3~7]。

2010~2015 年我国废杂铝产销状况见表 9-2。

表 9-2　2010~2015 年我国废杂铝产销状况　　　　　　　　（万吨）

项目名称	2010 年	2011 年	2012 年	2013 年	2014 年	2015 年	年均递增率/%
国内电解铝产量	243.5	280.9	298.9	357.6	451.4	596.2	19.61
国内统计的废杂铝产量	10.0	21.0	19.5	20.4	19.0	41.5	32.93
废杂铝产量占铝产量/%	4.11	7.48	6.52	5.70	4.21	6.96	—

项目名称	2010 年	2011 年	2012 年	2013 年	2014 年	2015 年	年均递增率/%
按回收 25%计算的废杂铝产量	60.9	70.2	74.7	89.4	112.9	149.1	19.61
计算产量和统计产量差额	50.9	49.2	55.2	69.0	93.9	107.6	16.15
国外进口废杂铝量	27.7	40.0	80.5	36.9	44.7	65.3	18.70
进口量加统计产量合计	37.7	61.0	100.0	57.3	63.7	106.8	23.15

注：国外进口废杂铝含量按 100%计算。

目前社会上废铝回收主要依靠个体户和分散废品回收站，回收效率不高，不像国外回收网点比较广泛，促收手段也五花八门，并以公平合理价格收集，体现一定的经济效益，国内回收方法有待改进。

废杂铝利用一般需要进行预处理，然后进行火法熔炼。熔炼按规模大小采用转炉、反射炉或电炉。除少数骨干厂外，多数再生铝厂由于规模小、设备简陋、技术落后，造成烧损大、能耗高、金属回收率低，以处理铝制易拉罐最为突出，只能回收 50%左右，而工业发达国家能回收 80%以上。而且质量不稳定，各种品种混杂处理，产品均匀性差，得不到市场认同，难以进行深加工，这方面再生铝不如再生铜，再生铜质量与原生铜无差别。目前美国铝易拉罐生产年需罐料 50多万吨，利用不少制罐厂的边角废料和旧罐重熔轧制而成，重复利用率达到 60%以上。近几年美国再生铝产量占铝产量的 50%左右，而且再生铝质量较好，可以进行深加工。

9.1.3　再生铅

我国再生铅回收利用起步较早，原料来源比较多，85%以上来自废旧铅酸蓄电池，少量来自电缆包皮、耐酸器皿衬里、印刷合金、铅锡焊料及各类轴承合金等。长期以来，我国在蓄电池销售中执行"交旧买新"办法，废铅回收情况比较好。

目前我国再生铅企业约有 300 余家，包括原生铅和再生铅冶炼厂、蓄电池制造厂等。再生铅企业中涌现出一批大中型骨干企业，包括江苏徐州春兴合金（集团）公司（2010 年再生铅产量 5 万吨）、湖北金祥冶金股份公司、上海飞轮有色金属实业总公司等，其他中小企业集中分布在江苏、山东、安徽、河北、河南、湖北、湖南、上海等省市，再生铅产量占全国的 80%以上。

2010~2015 年我国废杂铅产销状况见表 9-3。

过去我国汽车工业落后，再生铅原料基础薄弱。近年汽车工业大发展，车用蓄电池产量猛增。工业发达国家铅酸蓄电池使用寿命一般为 3~3.5 年，而我国同类蓄电池只能用 1.5~2 年，使用寿命短，每年可从蓄电池行业获得 50 万~60

万吨废杂铅，今后还会有明显增加。

表 9-3　2010~2015 年我国废杂铅产销状况　　　　（万吨）

项目名称	2010 年	2011 年	2012 年	2013 年	2014 年	2015 年	年均递增率/%
国内精铅产量	75.7	91.8	110.0	119.5	132.5	156.4	15.62
国内统计的废杂铅产量	9.2	9.7	10.2	21.1	25.2	28.2	25.11
废杂铅产量占精铅产量/%	12.2	10.6	9.3	17.7	20.4	18.0	—
按回收 45% 计算的废杂铅产量	34.1	41.3	49.5	53.8	59.6	70.4	15.60
计算产量和统计产量差额	24.9	31.6	39.3	32.7	34.4	42.2	11.13

　　目前废旧蓄电池多头回收，有蓄电池厂、物资及商业系统回收公司、再生铅生产厂、集体及个人回收站，回收效率还是比较高，国内外再生铅回收都好于再生铜和再生铝。目前回收铅处理方法，只有江苏省徐州有色金属合金厂和湖北金洋冶金股份有限公司两家采用预处理分选的无污染再生铅新工艺技术，其他单位都采用常规的发射炉、鼓风炉等熔炼工艺，但缺少分选处理技术，一般将蓄电池极板与浆料混合处理，合金中锑得不到充分利用。小型再生铅厂没有收尘设施，环境污染严重。

　　随着汽车、农用车、摩托车产量增长和保有量增加，每年将产生废旧铅酸蓄电池约 6000 万~8000 万支，一般铅回收率可达 90% 左右，预计全年可回收再生铅 50 万~60 万吨，加上其他行业回收的再生铅，预计总产量将接近原生铅生产水平。目前工业发达国家美国、德国、英国和法国再生铅产量已接近或超过原生铅产量，再生铅在世界铅工业中已占有重要位置。

9.1.4　再生锌

　　锌的再生利用比铜、铝、铅都困难。金属锌的几项主要应用领域，如冶金产品镀锌、干电池、氧化锌、铜材、压铸合金等，废杂锌都不容易回收，而且回收率较低，因而再生锌产量都比较少，统计更为困难。

　　国内再生锌专业厂很少。目前回收再生锌原料主要有：热镀锌厂产生的浮渣和锅底渣，钢铁厂产生的含锌烟尘、废旧锌和锌合金零件、废镀锌管以及旧干电池[3~7]。

　　2010~2015 年我国废杂锌产销状况见表 9-4。

表 9-4　2010~2015 年我国废杂锌产销状况　　　　（万吨）

项目名称	2010 年	2011 年	2012 年	2013 年	2014 年	2015 年	年均递增率/%
国内锌锭产量	148.6	170.3	195.7	203.8	215.5	231.9	9.31
国内统计的废杂锌产量	1.5	1.9	7.0	7.0	2.1	3.2	16.4

续表 9-4

项目名称	2010 年	2011 年	2012 年	2013 年	2014 年	2015 年	年均递增率/%
废杂锌产量占锌锭产量/%	1.0	1.1	3.6	3.4	1.0	1.4	—
按回收 15%计算的废杂锌产量	22.3	25.5	29.4	30.6	32.3	34.8	9.31
计算产量和统计产量差额	20.8	23.6	22.4	23.6	30.2	31.6	8.72

9.2 再生资源利用中存在的问题

9.2.1 产业发展现状和存在的主要问题

（1）产业集中度低，亟待建立行业准入制度。多数企业生产规模小，全行业产业集中度普遍较低。据不完全统计，我国目前有 300 多家再生铅企业，但到平均产能仅为 4100 吨；年产量超过 10 万吨的再生铜企业只有 2 家，多数企业年产量低于 3 万吨；大型再生铝企业年产量达到 30 万吨以上，小企业年产量仅有 900 吨。行业缺乏准入管理，发展水平参差不齐，市场竞争无序的情况仍然未从根本上改变。

（2）我国只有少数企业的废杂金属回收工艺和装备先进，有一定生产规模，环境保护比较好，金属回收率高，绝大多数企业和个体户都设备简陋、技术落后、没有规模、烧损大、能耗高、金属回收率低；而且金属品种混杂、质量不稳定、难以进行深加工等。如正规的再生铜厂，在加强废杂铜分选管理的基础上，会根据不同的废铜料采取不同处理工艺：紫杂铜采用反射炉直接精炼成铜阳极板的一段法；黄杂铜和白杂铜采用鼓风炉熔炼和反射炉精炼的二段法；铜冶炼过程中产生的含锡、铅、锌高的废渣，采用鼓风炉熔炼、转炉吹炼和反射炉精炼的三段法。因此，废杂铜资源得到充分合理利用，铜金属回收率可达到 70%~90%；而小回收厂则不到 50%。再生铅行业，小企业产能占 50%，大多采用人工拆解废铅酸蓄电池，废铅酸液随意倾倒，冶炼工艺及设备落后，铅膏、铅栅未实现分类熔炼，带来极大环境污染隐患。

（3）标准政策体系有待完善，先进产能竞争力弱。我国废旧有色金属回收、拆解及利用环节标准规范较为薄弱，政策法规体系不完善，不利于形成公平的行业竞争环境。规模化、规范化企业节能环保投入大，生产成本相对较高，在废旧有色金属原料采购竞争中处于劣势地位，生产经营困难，产能开工不足。整个行业呈现出"规模经济不出效益""环保科技不出效益""先进产能吃不饱"等不正常状态。

（4）加工园区和交易市场有待进一步规范。许多地方未充分结合资源条件、环境形势和供需市场，纷纷投资建设进口再生资源加工园区、交易市场或产业集群（以下简称"加工园区"）。加工园区建设缺乏科学规划，造成无序竞争和资源浪费，不利于产业健康发展。加工园区内部尚未形成覆盖回收、拆解和深加工的产业链。

（5）废旧金属原料供应紧张。我国有色金属消费量居全球领先地位，但由于工业化、城镇化进程较为短暂，废旧有色金属资源蓄积量相对不足，废旧有色金属原料主要依靠国外进口。2009 年，我国进口废旧有色金属原料达 665 万吨（实物量）。随着国际再生资源产业发展，废旧有色金属资源竞争日趋激烈。废旧有色金属原料日益紧缺成为制约我国再生有色金属产业快速发展的重要因素。

有色金属原生矿产资源约束不断加剧。我国重要有色金属矿产重要资源对外依存度逐年攀升，目前铜原料约 65%、铝原料约 55%、铅锌原料约 30% 以上依靠进口，并且还有进一步扩大的趋势。

据中国环境保护部固体废料管理中心介绍，中国已经出台了与再生有色金属密切相关的几十项法规和管理办法，这些管理办法对于再生有色金属的发展将起到提高门槛、规范管理的方式、避免出现产业发展中遭遇各类"洋垃圾"的作用。提高产业集中度是当务之急。规划到 2015 年，中国在再生铜、再生铝行业形成一批年产 10 万吨以上规模化企业，再生铅行业形成一批年产 5 万吨以上规模化企业。前 10 位企业产业集中度达到 50% 以上，并培育形成若干产业集聚发展的重点地区，其产能比重超过 80%。提高整体装备技术水平也是重中之重，产业整体技术装备水平需明显提高。废旧有色金属机械化拆解预处理技术普遍应用，分级利用水平进一步提升。

（6）我国废杂金属资源分散，难以形成回收加工大型企业集团。由于有色金属应用广泛，制造产品繁多，因而产生废弃物量越来越大，但因过于分散、回收队伍庞杂，国内虽已有不少集散地，但很难发展成为具有国际竞争力的再生有色金属企业或集团。如像美国铝业公司、雷诺公司等许多跨国集团都有自己的回收网络和再生金属工厂，现已成为美国最大的废铝回收企业。目前美国铝易拉罐生产年需特薄铝板近 100 万吨，其中相当数量是利用制罐厂的边角废料和回收旧罐重熔轧制而成，旧铝罐回收率达到 60% 以上。这些公司年产再生铝十几万吨到几十万吨。

9.2.2　环境污染

有色金属产量增加是靠扩大采、选、冶企业的规模，随着生产规模的扩大，排放污染物的总量不断上升。有色金属工业污染物具有以下一些特点：

（1）废水中含汞、镉、六价铬、铅、砷、COD 等。

（2）废气中成分复杂，治理困难（硫、氟、氯、酸、碱、汞、镉、铅、砷等）。

（3）固体废物量大，利用率很低。

（4）三废排放在城市所占比例大，企业将面临强大社会压力。

9.2.3 面临的形势

（1）有色金属需求持续增长。我国是近年来全球有色金属需求增长最快的国家，但人均消费量与发达国家相比还有很大增长空间，经济发展对有色金属的需求仍将处于增长阶段。不断增加的社会蓄积量为有色金属循环利用奠定了良好基础。

（2）有色金属原生矿产资源约束不断加剧。我国有色金属矿产资源相对短缺，资源消耗量持续增加，重要资源对外依存度逐年攀升，目前铜原料约65%、铝原料约55%、铅锌原料约30%以上依靠进口，并且还有进一步扩大的趋势。大力发展再生有色金属产业是缓解资源约束的有效途径，有利于解决国内自然矿产资源不足与有色金属需求增长之间的突出矛盾。

（3）有色金属产业面临的节能环保压力日益加大。有色金属作为传统高耗能行业，节能减排任务艰巨。充分利用废旧有色金属是有色金属工业实现节能减排目标的有效手段。有色金属具有良好的循环再生利用性能，再生利用节能减排效果显著，是有色金属工业发展的重要趋势。发展再生有色金属产业，多次循环利用有色金属，既保护原生矿产资源，又节约能源、减少污染。

（4）我国仍处于工业化、城镇化加速发展阶段，随着经济社会快速发展，已逐步进入资源循环大周期，大量汽车、家电等机电产品面临淘汰或报废，为加快发展再生有色金属产业提供了基础条件。目前，工业发达国家再生有色金属产量占有色金属总产量平均超过50%，与之相比，我国差距明显，再生有色金属利用前景广阔，潜力巨大。面对我国不断加剧的资源环境双重约束，不管是从节能减排还是从有色金属产业自身发展需要出发，都要求提升再生有色金属利用的战略地位，大力推进再生有色金属产业加快发展。

9.3 "十三五"期间我国再生有色金属的发展趋势

近年来有色金属再生利用得到快速发展，生产和消费规模不断扩大，产业比重逐步提高，技术装备水平不断提升，再生有色金属产业已成为我国有色金属工业的重要组成部分[14]。

（1）产业规模快速扩大。进入21世纪以来，再生有色金属产量连续10年保持快速增长，再生铜、再生铝、再生铅等主要再生有色金属产量年均增长27%。中国再生有色金属总产量已经连续多年超过1000万吨，占十种主要有色金属产量的1/4。尽管中国有色金属工业增速开始放缓，但发展的基本面依然向好，仍处于较快增长阶段。预计到2020年，再生有色金属产量将占有色金属总产量的

40%。"十三五"期间我国再生有色金属产量将达 1200 万吨。

（2）产业集中度逐步提高。再生铅产业结构优化调整已见成效，行业前 10 名产量所占比重达到 60%以上，产业集中度得到了大幅提高，产业已经由劳动密集型转向技术和资本密集型。再生铝、再生铜产业结构正在积极调整，产能更新速度加快，先进成套工艺技术装备普及率快速提高，落后产能淘汰速度和数量均超出预期。已建成一批年产 5 万吨以上再生有色金属企业，其中最大的再生铝企业产能达 65 万吨，再生铜企业产能超过 40 万吨，再生铅企业产能超过 20 万吨。珠江三角洲、长江三角洲、环渤海经济圈和成渝经济区等逐步形成再生有色金属产业集群及多个城市矿产示范基地，一批进口再生资源加工园区和国内回收交易市场，以及规模化再生有色金属利用工程正在建设。随着中西部地区城镇化建设的加快、交通物流体系的完善和能源劳动力优势的显现，再生金属产业从东南沿海地区向西部和内陆边疆省份转移的速度不断加快。

（3）技术水平不断提升。再生有色金属技术装备和清洁生产水平持续进步，金属熔炼回收率不断提高，自主创新能力不断增强，产品结构不断优化，产业实现了整体快速发展。一批原生矿产冶炼龙头企业加快进入再生有色金属领域，快速拉升产业整体发展水平。目前，我国再生有色金属产业已进入了发展继续加快、产业亟待升级的关键时期。

（4）社会效益日益显现。再生有色金属产业是典型的劳动密集型产业，其回收、分类、拆解、冶炼各环节需要大量劳动力资源，目前，行业从业人员达到 150 万人以上，为缓解就业压力、促进社会稳定发挥了重要作用。

国家发改委和国家统计局发布了千家企业能源利用状况的公告，发改委环资司印发了重点耗能企业能效水平对标活动实施方案。这些政策的发布表明，我国有色工业过去那种高耗能、高污染发展方式将一去不返。再生有色金属产业的健康发展，直接关系到有色金属工业发展方式的转变。工业和信息化部已联合有关部门编制了《再生有色金属产业发展推进计划》，以推动再生金属产业的健康发展。目前为落实推进计划，进一步强化再生铜、再生铝、再生铅行业准入管理，相关准入条件正在抓紧制订中。再生有色金属产业具有突出的节能减排效果，能够推进资源循环使用和综合利用，是有色金属工业实现可持续发展的重要方向。

主要任务如下：

（1）优化产业布局，提高产业集中度。根据我国废旧有色金属资源及加工园区分布情况，以现有骨干企业为基础，统筹规划，进一步优化再生有色金属产业布局。重点支持浙江、广东、山东、天津、江西等地区发展再生铜，支持广东、浙江、重庆、上海、河南等地区发展再生铝，支持安徽、河南、山东、江苏、湖北等地区发展再生铅。在具有产业基础以及资源优势的地区培育形成若干年利用废旧有色金属 5 万吨以上生产企业，促进规模化和集约化发展。鼓励东部沿海地区充分利用技术、资金、品牌和营销渠道等优势，重点发展技术含量和附加值高的再生有色金属产品；支持中西部地区发挥区位优势，积极承接产业转移。鼓励和支持大型龙头企业建立长期稳定的原料来源渠道，逐步构建上下游紧密联系、跨区域协同发展的产业链。

（2）促进技术进步，实现产业转型升级。加快关键共性技术及新兴先进技术的研发、推广和产业化步伐，重点突破废旧有色金属预处理、熔炼、节能环保领域技术和装备，加强有毒有害物质生成机理、快速检测和治理技术研究（详见附件）。鼓励企业采用先进检测技术和设备，强化再生有色金属产品质量过程控制。鼓励研发推广在原生金属生产工艺过程中合理利用废旧有色金属的技术装备。积极研究新型电子设备及电子消费品中有色金属、稀贵金属回收利用技术。

（3）支持重点项目，提升整体发展水平。支持再生有色金属优势项目，发挥典型示范作用，引导行业规范发展，逐步提升发展质量水平。在珠江三角洲、长江三角洲、环渤海和成渝经济区等具备一定产业基础的区域支持改扩建20万吨再生铜项目6~8个，20万吨再生铝项目8~10个。在华北、华中、东北、黄河三角洲等地区支持改扩建5万~10万吨再生铜项目10个，5万~10万吨再生铝项目15个，5万吨以上再生铅项目10个。在西北地区支持改扩建5万吨再生铜项目2个，5万吨再生铝项目3个。支持在具备产业基础的地区培育形成一批锌、钴、镍、锗、铟、贵金属等其他废旧有色金属回收利用项目。

（4）加强统筹规划，完善回收利用体系。以国内再生资源回收体系试点建设为基础，结合我国废旧有色金属资源回收特点，充分利用、规范和整合现有废旧有色金属回收渠道。统一规划、合理布局，选择具有一定规模和实力的企业建设再生有色金属回收示范工程。加快废旧有色金属规范化交易和集中处理，逐步在全国形成覆盖全社会的再生有色金属回收利用体系。支持利用境外可用做原料的废旧有色金属资源，提高我国采购国外高品质资源的市场竞争力。进一步规范有色金属拆解加工和交易市场建设，合理布局加工园区和交易市场，除适当调整沿海地域分布外，原则上不再新建加工园区。在现有加工园区和交易市场基础上，支持形成5个技术先进、管理规范，年拆解能力达到100万吨的加工园区，10个年拆解能力达50万吨的加工园区。5个年交易量达到60万吨以上的回收交易市场，10个年交易量40万吨的回收交易市场。

9.4 再生有色金属产业重点研发及推广的技术装备

2011年，为规范、引导再生有色金属产业发展，结合贯彻落实《有色金属产业调整和振兴规划》，工业和信息化部、科学技术部、财政部联合组织编制了《再生有色金属产业发展推进计划》。研发及推广主要技术、装备包括：

（1）预处理领域：废旧有色金属机械化拆解预处理技术，废铅酸蓄电池无污染破碎分选机械化国产技术，废铝预处理技术，废旧有色金属与其他杂质高效分离预处理技术。

（2）熔炼领域：再生铜倾动式阳极炉，竖炉及其他新型强化熔炼炉，废杂铜分级直接利用技术，先进铝熔炼技术装备，蓄热式燃烧技术，废铝罐低烧损还原技术，废铅蓄电池铅膏、铅栅分类熔炼技术，废铅酸蓄电池湿法冶金清洁生产技术，鼓励开发在原生有色金属生产工艺过程中利用废旧有色金属的技术装备。

（3）节能环保领域：铝灰渣、铅渣高效无污染处理技术，节能型熔炼炉，节能环保型固废焚烧炉，余热回收利用技术设备，再生有色金属生产污染物治理技术和设备；加强对有毒有害物质生成机理、治理技术和快速监测技术的研究。

（4）其他技术：再生有色金属熔炼工艺智能化控制技术，再生有色金属物料自动配比设备，废旧有色金属成分快速检测设备，锌、镍、钴、锗、铟、贵金属等其他废旧有色金属循环利用技术、设备。

9.5　结语

（1）我国有色金属工业发展迅速，但资源、环境和能源成为制约我国有色金属工业发展的关键因素。

（2）有色金属循环在资源高效利用和节能方面具有明显优势，是有色金属工业可持续发展的必然选择。

（3）有色金属循环出现了与传统有色工业不同的环境污染问题，应特别加以重视。

参 考 文 献

[1] 李振猛，夏仕兵. 关于电子废弃物中贵金属的资源化回收研究 [J]. 低碳世界，2016（26）：13-14.

[2] 黄世盛，李国仪，廖文杰. 电子废弃物中贵金属的资源化回收研究 [J]. 科技创新导报，2014（21）：22.

[3] 肖成. 贵金属在电子废弃物中的资源化回收探讨 [J]. 华东科技（学术版），2015（9）：388.

[4] 李美灵，廖文杰. 论电子废弃物中贵金属的资源化回收 [J]. 我国化工贸易，2015（22）：166.

[5] 梁帅表. 电子垃圾的回收和利用技术现状 [J]. 世界有色金属，2018（6）：209-211.

[6] 王卓雅，温雪峰，赵跃民. 电子废弃物资源化现状及处理技术 [J]. 能源环境保护，2004（5）：19-21，43.

[7] Rolf Widmer, Heidi Oswald-Krapf, Deepali Sinha-Khetriwal, et al. Global perspectives one-waste [J]. Environmental Impact Assessment Review, 2005, 5（5）：436-458.

[8] 刘冰. 从废弃电子印刷线路板中提取金的研究 [D]. 上海：东华大学，2005：1-62.

［9］ Zhang Shunli，Eric Forssberg，Bo Arvidson，et al. Aluminum recovery from electronic scrap by High-Force eddy-current separators ［J］. Resources，Conservation and Recycling，1998，23 （4）：225-241.

［10］ 魏金秀，汪永辉，李登新. 国内外电子废弃物现状及其资源化技术 ［J］. 东华大学学报 （自然科学版），2005（3）：133-138.

［11］ 王海锋，段晨龙，温雪峰，等. 电子废弃物资源化处理现状及研究 ［J］. 我国资源综合 利用，2004（4）：7-9.

［12］ 秦川. 电子废料中的贵金属的回收和利用 ［J］. 材料导报，1992（4）：70-71.

［13］ 朱萍，古国榜. 从印刷电路板废料中回收金和铜的研究 ［J］. 稀有金属，2002（3）： 214-216.

［14］ 廉波. "十三五"时期再生资源回收体系建设任务探讨 ［J］. 再生资源，2016（8）： 19-23.

10　再生铜冶炼和加工技术

有色金属是国民经济的重要基础原材料产业，在经济建设、国防建设和社会发展中发挥着重要作用。

全球铜矿投产高峰期在 2012~2013 年，现在矿产铜增速已经回落，目前大型矿山较少有新增投产计划。智利是全球最大的铜矿产国，占比为 28%。铜精矿经过粗炼和精炼后形成可以使用的精铜。全球精铜产量增速高峰期是 2014 年，现在精铜产量增速已经下滑，预计未来将保持极低的增长率。我国冶炼产能巨大，是最大的精铜产国，占全球精铜产量的 35%。安徽、江西、山东、甘肃是我国最大的精铜生产地，四个省精铜总产量占全国的 55%。

近 10 年来世界再生铜产量已占原生铜产量的 40%~55%，其中美国约占 60%，日本约占 45%，德国约占 80%。由于全球铜精矿资源的匮乏，可以循环利用的废杂铜逐步成为铜冶炼原料的重要补充。在主要工业发达国家，再生铜产量比重非常高，美国约占 60%，日本约占 45%，德国约占 80%。相对工业发达国家再生铜的较高比例，我国再生铜产业发展前景仍然广阔。

10.1　我国再生铜产业现状

我国再生精铜产量自 2008 年的 28.8 万吨快速发展至 2013 年的 275 万吨，而再生精铜占整个精铜产量的比重也从 2008 年的 16.3% 上涨至 2010 年的 37.8%[1~3]。

从 2008~2010 年的再生精铜产量来看，金融危机对利用废铜进行冶炼的再生铜行业形成了较大的冲击。国外、国内铜价的大幅跳水使得 2008~2009 年初期的进口订单毁单情况大面积发生，加之国外建筑业的衰退，使得通过建筑拆解回收渠道形成的废杂铜供应减少。2008 年，再生精铜量和比重都有大幅下降。但随着 2009 年铜价开始回升，再生铜产业开始逐步复苏，再生精铜产量和在精铜产量中的比重双双回升。

我国再生铜行业近几年来持续稳步发展，已经形成了相对完整的产业体系，成为铜工业的重要组成部分。由于有色金属具有良好的循环再生利用性能，在再生利用时的节能减排效果显著，因此，推进再生有色金属产业发展是大势所趋。为加快再生有色金属利用步伐，应进一步优化再生有色金属产能布局。

我国再生铜的生产起步较早，目前已是世界上再生铜的主要生产国和消费国，生产技术也比较成熟。我国的再生铜产业自 2008 年以来的一段时间产量一直保持上升的趋势。我国再生铜产业经过几十年的发展，已经形成了一个独立的工业体系。在长江三角洲、环渤海地区和珠江三角洲已形成了三个重点再生铜生产和消费区域，形成了从废杂铜回收、进口拆解、分类、二次熔炼到深加工利用的完整产业链。

我国再生铜企业结构呈金字塔型，2005 年废杂铜利用量在 10 万吨以上的只有 2 家，5 万~10 万吨的有 3~5 家，年利用量在 1 万吨以下的小型再生铜企业在我国占有较大的比例。最近几年，我国再生铜产业发展迅猛，规模较大的企业产能进一步扩大，产能超过 10 万吨的再生铜企业已经超过 5 个。

我国近几年再生铜产量增长迅速，2008~2013 年产量如表 10-1 及图 10-1 所示。

表 10-1 2008~2013 年我国再生铜产量

年份	2008	2009	2010	2011	2012	2013
再生铜产量/万吨	190	200	240	260	275	275

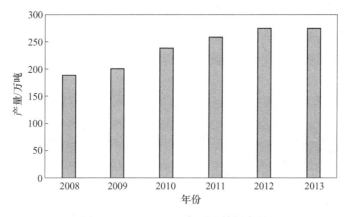

图 10-1 2008~2013 年再生精铜产量

再生铜的原料是各种废杂铜，目前国内废杂铜回收占总利用量的 40%，进口占 60%。我国从 20 世纪 90 年代开始进口含铜的废杂金属，进口量逐年增加。以实物量计 1995 年突破 100 万吨，2000 年突破 250 万吨，2005 年以后各年进口量均保持在 400 万吨以上，2008 年达到 558 万吨，为历史最高值。2013 年我国共进口含铜的废金属 437 万吨（实物量），比 2012 年减少了 10%。

2018 年底废电线、废电机马达、散装废五金等"废七类"将禁止进口。所谓的废七类，一般通俗理解和六类的区别在于，七类需要加工拆解流向消费端，六类可直接流入消费端。废铜主要流向为冶炼端生产粗铜/阳极板/电解铜，下游主要生产铜杆、铜板带、铜棒等。业内人士认为，禁令完全实施后，对废铜拆解类企业打击最大。海关数据显示，2016 年我国进口废铜达到 335 万吨，如果限制或禁止进口废铜，将对废铜量的供应带来长期影响。2016 年我国进口的废铜中，废七类的占比约为 7 成左右，即 234.36 万吨左右。这部分废七类主要流向冶炼厂、废铜制杆、铜材厂。而据对大型废铜进口企业调研，他们的进口量约有 4 成卖给冶炼厂；若加上冶炼厂自己从国外采购的量，预计废七类中流向冶炼厂的量约为 142 万吨。2018 年底我国禁止进口废七类，但这些废铜并没有消失，无非是在中国之外的国家拆解和分类，中国进口的废铜品质将更高。

统计局数据显示，2016 年中国电解铜产量为 843.7 万吨，其中有约 3 成是由再生铜炼成的，即再生铜产量为 253.11 万吨。由此可得，若从 2019 年开始废七类全面禁止，则届时再生电解铜的影响量可能为 142 万吨，不受影响的量为111.11 万吨。

我国在今后十年再生铜技术市场将非常活跃，传统的熔炼设备将得到改进，预处理技术将进一步提高，环境治理成效显著，产业升级速度加快。再生铜工业的发展有利于我国的资源保护和环境保护，符合国家可持续发展的战略。该行业的发展，需要行业的自律，需要全社会的理解和支持，同时也需要政府制定长期稳定的政策，创造良好的环境，使该行业健康、稳定发展。

10.1.1　再生铜工业概况——产业规模

从中华人民共和国成立初期至今，我国再生铜产业经历了不同的发展阶段。在计划经济时期，再生铜的生产和利用就为国家的经济建设做出了重要贡献，由于当时铜工业发展落后，再生铜产量几乎占我国铜总产量的 65%。之后随着社会废杂铜积蓄量的减少和大型铜矿山、冶炼厂的不断建设和发展，再生铜产量从20 世纪 50 年代末到 70 年代初占我国铜产量的比例呈初步下降的趋势。改革开放以后，由于高速发展的经济对铜的旺盛需求，我国再生铜产业也随之得到快速发展。特别是最近的十几年来，再生铜产量一直保持稳定的增长势头。1979 年我国精铜产量仅有 33.71 万吨，而到 2015 年精铜产量为 799.64 万吨，再生铜的产量达到 290 万吨。可以说，再生铜产业在我国铜工业中占有举足轻重的地位，再生铜产业作为我国工业化进程中的物质需求保障，其发展对推进这一进程起到了日益重要的作用。

在企业规模方面，新中国成立初期，再生铜的生产加工主要以国有企业为主，少数的地方集体企业为辅，整体规模相对较小。改革开放之后，从事再生铜生产加工的乡镇企业开始起步。但是，乡镇企业受原材料供给、生产技术落后等诸多问题的限制，产量非常小，无法与国有企业相比。随着我国经济工业化进程的不断推进，到了 20 世纪 90 年代，从事再生铜生产的乡镇企业和私营企业得到了快速发展。经过激烈的市场竞争和资源整合，目前我国再生铜产业的企业规模形成了以少数主要从事精炼加工铜产品生产的大型国有企业和民营企业为龙头，中小型民营企业为主，众多从事原材料预处理和粗加工的个体经营户为辅的产业格局。在国家产业规划下，已经逐步形成从分散加工向工业园区内集聚生产加工的发展态势。

在工业园区建设方面，初步形成了以长江三角洲、珠江三角洲和环渤海经济区等三个再生资源加工园区为主的发展格局。全国80%的铜加工企业分布在这三个地区，每年回收利用了全国75%的废杂铜。其中珠江三角洲地区以广东佛山、清远为代表。主要是对进口废料进行拆解、分类，销售废铜原料；长江三角洲地区以浙江宁波、台州为代表，利用废铜生产铜材及黄铜制品；环渤海地区主要是以华东有色金属城、天津子牙园区为主，有多家企业利用废铜生产电线电缆。全国各地的再生资源加工园区发展迅速，呈现出蓬勃发展之势。

发展再生铜产业，需要有稳定的废杂铜资源。近年来，在国家大力扶持循环产业的利好政策下，众多资源型再生企业开始发展壮大，我国废铜回收量呈逐年递增态势，截至2015年我国废铜回收量已达146万吨（图10-2）。但由于铜产品的使用周期较长，我国铜产品尚未进入报废回收的高峰期，现阶段国内回收的废铜还无法满足我国再生铜行业持续发展的原料需求。因此，我国再生铜行业的废杂铜主要依赖于进口，占比高达70%。据不完全统计，我国废铜进口量连续16年大幅增长，从1992年的491万吨疯狂增长到2008年的558万吨。2009年受到国际金融危机影响，废铜进口量有所回落，但仍然维持在每年400万吨的水平（图10-3）。我国含铜废料的主要来源国家和地区为日本、美国、比利时、澳大利亚、德国及我国香港地区等。进口废杂铜的品种主要是废杂铜、废旧电线、电缆以及大量含铜低的废旧电机等。国内进口含铜废料的地区主要是台州、宁波、广州、天津等。

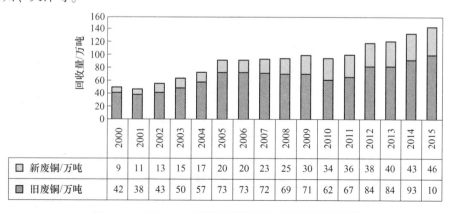

	2000	2001	2002	2003	2004	2005	2006	2007	2008	2009	2010	2011	2012	2013	2014	2015
新废铜/万吨	9	11	13	15	17	20	20	23	25	30	34	36	38	40	43	46
旧废铜/万吨	42	38	43	50	57	73	73	72	69	71	62	67	84	84	93	10

图 10-2 2000~2015 年我国废铜细分产品回收量统计

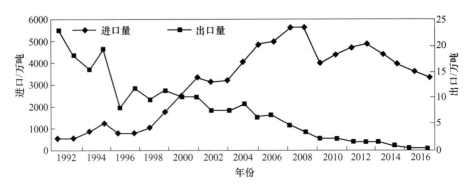

图 10-3   1992~2016 年我国废铜进出口数据统计

10.1.2   再生铜工业概况——产业结构

从废铜利用形式看：一是直接利用，即对于分类明确、成分清晰、品质较高的废杂铜直接生产成铜杆、铜棒、铜箔、铜板、五金水暖件等铜加工材，约占再生铜总产量的 45%；二是间接利用，即对于分类不明、成分差异大，不能直接利用的废杂铜，通过火法精炼，采用一段法、二段法生产阴极铜，约占再生铜总产量的 55%，约占我国精炼铜总产量的 1/3。

从产品结构看：（1）直接利用比例低；（2）低端产品多，高科技含量和高附加值产品少。在废铜直接利用领域，绝大部分产品为低氧铜杆和黄铜类水暖、卫浴等五金件，高精度和高附加值产品所占比例低。

从地区分布看：（1）进口废铜，从实物量看浙江、广东和天津是我国主要的废铜进口地，但从金属量看广东是我国最重要的废铜进口地；（2）回收废铜主要集中在山东临沂、湖南汨罗、河南长葛、河北保定等地进行交易；（3）利用废铜主要集中在浙江、广东、山东、江西、天津、河北等地。

从企业规模看：企业规模参差不齐，平均产能低。

10.1.3   再生铜工业概况——技术装备

在拆解和预处理领域，导线剥皮机、铜米机、破碎机得到了广泛应用，实现了半机械化。但大部分废电机、废五金、混合铜废碎料等仍需手工拆解和分拣。

在废铜熔炼环节，目前普遍采用的是固定式反射炉，能耗和环保有待进一步降低和完善正逐步升级为倾动式阳极炉、竖炉等能耗低、环保好的新型熔炼炉（奥斯麦特炉/艾萨炉、卡尔多炉）应用。

在废铜直接利用领域，已经形成了一批典型生产工艺和装备。其中以利用紫杂铜连铸连轧生产低氧光亮铜杆和利用黄杂铜生产各类黄铜产品发展较快，部分企业通过引进国外先进技术装备和自主创新，技术装备已达到或接近国际先进水平。如先进连铸连轧工艺的应用，使原来需要 2~3 天才能完成的生产过程缩短为 45 分钟；再生铜棒大吨位电炉熔炼—潜液转流—多流多头水平连铸工艺通过国家鉴定；由意大利和西班牙联合开发的"FRHC 火法精炼高导电铜技术"在国内得到应用。

在节能环保方面，收尘、余热回收利用、水循环利用在规模企业已得到普遍应用。总体看，经过近些年的发展，我国再生铜行业的技术装备水平有了明显提高，能源消耗、环境保护、清洁生产等在大型企业取得明显进步。但由于客观因素影响，我国再生铜行业整体技术装备水平仍相对较低。

10.1.4 再生铜工业概况——废铜市场

2009~2014 年我国废铜市场整体表现不好，主要有三个方面因素影响：一是经济疲软，废铜进口和国内回收业务基本停滞，废铜市场供应十分紧张，部分企业先前库存部分废铜，谁也不愿出手；二是海关增加了废金属进口的查验力度；三是新的再生资源回收增值税政策对国内回收造成了一定影响。所以造成废铜市场供应特别紧张，后来虽然铜价上升，但废铜市场并没有恢复到以往的繁荣景象。此外，再生资源回收增值税政策的实施也对国内回收产生了较大影响：一方面，退税手续繁多、程序复杂；另一方面，退税周期长，企业资金压力加大。

废铜市场的不稳定，对我国刚刚起步的国内再生资源回收体系建设，以及在全球刚刚建立起来的全球废铜采购渠道优势都是一个考验，当然也利于再生铜行业的平稳健康发展。

我国既是铜资源较贫乏的国家，又是世界上第二大铜消费国。解决资源缺乏和消费急增矛盾的方法，则是大量进口铜原料。20 世纪 90 年代以后，我国废杂铜进口量迅猛增加，我国前两年废杂铜用汇额达 22.5 亿美元，为同期进口铜精矿用汇额的 1.32 倍。我国是世界上最大的废杂铜进口国之一，主要来源地是工业发达和环保要求严格的国家和地区，其中从美国和日本进口量比例分别为 38% 和 25%。此外，估算我国每年尚有 15 万吨的自产废杂铜。我国炼铜行业矿铜原料与废铜原料之比为 2.69：1，废杂铜在铜原料中的比例已达 27%。

10.2 废杂铜冶炼技术

由于废杂铜来源广、成分复杂、形状各异，所以其冶炼过程与矿铜相比存在很大不同，有如下特点：

(1) 成分复杂；

(2) 固态冷料，熔化耗热多；

(3) 挥发物多，烟气处理系统要求高；

(4) 渣量大，排渣次数多；

（5）烟气中有二噁英等有毒有害气体；

（6）综合回收要求高。

废杂铜可分为新废杂铜和旧废杂铜，约各占一半。新废杂铜是工业生产中产生的废料，旧废杂铜是使用后被放弃的铜或被放弃的物品或废料中的铜。目前国内回收废铜的方法很多，主要分为两类：一种是直接利用，即将高质量的杂铜直接熔炼成精铜或铜合金；另一种是间接利用，即通过冶炼除去废杂铜中的贱金属杂质[4~6]。

再生铜处理工艺取决于原料的特点，约 2/3 的高品位铜废料不需要熔炼处理可直接用于铜产品生产，1/3 的废杂铜需要熔炼处理。废杂铜冶炼工艺一般分为一段法、二段法、三段法。

- 一段法处理铜品位高于 90% 的紫杂铜、黄杂铜等，直接将其加入到精炼炉中精炼成阳极，再电解生成阴极铜。

- 二段法处理含铜高于 70% 的废杂铜，其在熔炼炉或吹炼炉内先融化，还原吹成粗铜，再经过精炼炉，产出阴极铜。

- 三段法是将含铜低于 70% 的废杂铜熔炼、转炉吹炼、阳极精炼、电解、产出阴极铜。废杂铜及含铜废料经鼓风炉（或 ISA 炉、TBRC 炉、卡尔多炉等）熔炼—转炉吹炼—阳极精炼—电解，产出阴极铜。原料品位可以低至含铜 1%。

低品位物料冶炼：主要指含铜在 80% 以下的废杂铜、电子废料和含铜较高的炉渣、含铜烟尘等。目前国内对低品位物料主要采用传统的鼓风炉熔炼和卡尔多炉熔炼。国外企业采用先进的熔炼技术处理低品位废杂铜，比较典型的炉型有奥斯麦特炉/艾萨炉、卡尔多炉。

高品位物料冶炼：一般指含铜在 80% 以上的能采用一段法冶炼得到阳极铜或者加工铜材，主要采用固定式反射炉、倾动炉、废杂铜直接生产火法精炼铜杆、NGL 炉冶炼。

国家《再生有色金属产业发展推进计划》要求加快再生金属处理方面的科技创新，推进产业升级；提高企业自主创新能力，鼓励产学研结合，着力突破制约产业转型升级的关键共性技术，加大技术改造力度，提高工艺装备水平，提升产品档次和质量，实现产业调整升级；并明确指出在再生铜行业，淘汰无烟气治理设施的焚烧工艺和装备，以及鼓风炉、冲天炉、50t 以下的传统固定式反射炉；鼓励在熔炼领域研发及推广其他新型强化熔炼炉。

低碳经济：节能、减排、环保为核心的新型经济发展模式，是铜冶金行业可持续发展的必然要求。长期以来，传统铜冶金行业一直是效率低、高能耗、高污染的行业。近年来我国铜冶炼行业取得了长足的发展，一批先进、高效的环保、节能的铜冶炼工艺相继建成并顺利投产，如 SKS 方圆铜富氧熔炼技术、闪速熔炼、奥斯麦特熔炼、闪速吹炼等。

10.2.1 欧洲典型的废杂铜冶炼节能减排低碳铜冶炼工艺

国外废杂铜处理技术特点：国外废杂铜处理和综合回收比较成功的企业主要集中在欧洲，典型的冶炼厂有奥地利的 Brixlegg，德国的 Kayser，比利时的 Umicore、Metallo Chimique 和瑞典的 Ronnskar 等。还有用废杂铜直接生产火法精炼铜杆，典型的有西班牙的 La Farga Lacambra、意大利 Continuus-Propeizi 公司等。有些冶炼废杂铜的工厂已经有近百年的历史，仍然沿用较老的鼓风炉和反射炉冶炼，有些工厂已经采用了现代化工艺及装备，如氧气顶吹加转炉工艺、倾动炉工艺等，但是不管是老厂还是新厂，他们都有很强的生命力，突出表现在：

（1）原料适应性强。大多数工厂的工艺和装备能适应处理品位很低、成分复杂的原料，而且能够对有价金属进行有效回收，有些工厂能回收十多种单一金属，实现了资源回收利用的最大化。

（2）环保和安全。随着欧洲城市的扩大和发展，大多数老厂已位于居民密集的城区，因此环境和安全要求十分苛刻，但是由于环保意识强烈，各家工厂都有完善的烟气、烟尘和废水处理设施，并且进行严格管理，所以均能做到清洁生产，满足欧洲严格的环保和安全生产标准。

（3）原料预处理好。欧洲废杂铜基本是原料的预处理和冶炼、加工分开，进入冶炼、加工环节的废杂铜大多是经过预处理后的，如裸铜线、废铜包块、铜米等，电子废料也基本成碎屑状，这样大大减少了有机物进入冶炼、加工环节，避免有机物高温燃烧产生二噁英等毒性物质的可能性，同时也可对有机物进行有效回收利用。

（4）机械化、自动化程度高。大多数工厂除有先进的炉窑和加料、浇铸设备外，还采用了 DCS、PLC 等自动化控制系统，提高了生产效率，降低了劳动强度，而且最大程度地避免依赖操作人员的素质来保障安全生产和产品质量。

国外企业采用先进的熔炼技术处理低品位废杂铜，比较典型的炉型有奥斯麦特炉/艾萨炉、卡尔多炉。这些设备技术先进、熔炼强度大、烟气温度高、密闭作业等，可以间接对二噁英进行有效的治理，取得比较满意的环保效果。下面重点介绍欧洲几个典型的废杂铜冶炼工艺：

（1）瑞典波立顿隆斯卡尔冶炼厂卡尔多炉电子废料冶炼工艺。一台卡尔多炉处理铅精矿、电子废料和工业残渣。这一台卡尔多炉每年大约有 200 天熔炼电子废料和工业残渣回收铜及重金属，其余天数熔炼铅精矿。电子废料、工业残渣通过提升机加入高位料仓，连续入炉。熔炼电子废料的烟气需要骤冷（2~3s），以除去烟气中的二噁英，骤冷后进入旋风收尘除尘，再经过布袋除尘后排放。卡尔多炉处理电子废料和工业残渣产出的粗铜倒入包子，用扎包车送到熔炼主厂房，由主行车调运倒入转炉吹炼。

（2）北德精炼凯撒冶炼厂艾萨炉废铜冶炼工艺。凯撒冶炼厂原有 3 台鼓风炉、2 台转炉、2 台固定式反射阳极炉，熔炼低品位的含铜残渣废料和各种品位的废杂铜，是典型的三段法工艺。含铜 1%~80% 的物料在 1 台艾萨炉中先进行还原熔炼，产出黑铜、硅酸盐炉渣和烟尘。烟尘富集了 Zn，作为副产品出售；炉渣含铜很低，水淬后弃去。将炉渣排出水淬后，炉内的黑铜继续吹炼，产出含铜 95% 的粗铜，熔体粗铜进入倾动炉精炼。艾萨炉产出的吹炼渣富集了锡、铅，在锡、铅合金炉内熔炼成 70Pb30Sn 合金。含铜 93% 以上的废杂铜直接进倾动炉处理，产出阳极板送艾萨电解精炼。KRS 中使用艾萨法熔炼和吹炼的优势是：熔炼渣含铜低，铜的回收效率高；运行的炉子数量少，烟气量大大降低，能耗降低 50% 以上。但是由于 KRS 的特点，艾萨炉在很大的氧压区间内运行，对耐火材料的要求较高。

（3）奥地利 Brixleg 鼓风炉—转炉—反射炉废杂铜冶炼工艺。生产工艺由鼓风炉、PS 转炉、固定式阳极炉、电解组成，是典型的三段法流程。该工艺流程的特点：不同品位的含铜残渣和紫杂铜用不同的工艺流程生产不同的产品，即：含铜 20%~50% 的残渣原料进鼓风炉熔炼，用焦炭还原生产出黑铜再经转炉生产出粗铜；含铜 50%~80% 的铜杂铜、黑铜和铜合金直接进转炉，生产出含铜 96% 以上的粗铜进行阳极炉精炼；含铜高于 80% 以上的杂铜、粗铜直接进行阳极炉精炼；铜品位更高的光亮铜则无需冶炼处理，直接加入感应电炉生产铜材。

10.2.2   奥斯麦特炉处理复杂含铜废料

日本同和公司的小坂冶炼厂是世界上第一个采用奥斯麦特炉处理复杂含铜废料的企业，其工艺如图 10-4 所示。

（1）入炉原料为低品位铜废料约 40%，低品位含铜黑矿约 10%，炼锌过程中产生的残渣约 50%。奥斯麦特喷枪采用粉煤做燃料，加入炉料直径在 50mm 以下，通过炉顶加料机加入炉内。

（2）熔炼产生的以铜为主的熔融物水淬之后采用湿法工艺回收其中的铜和贵金属。

（3）年处理废杂铜原料 6 万吨，年产铜 1.2 万吨、金 5 吨、白银 500 吨、铅 2.5 万吨、铋 200 吨，以综合回收贵金属为目的。从 2008 年 3 月运行以来，炉时率偏低，月平均运转率在 60% 左右，至 2010 年 3 月才逐步正常。运行中存在的主要问题：原料繁杂，配料困难；间断运行，生产成本高；耐火材料要求高。

奥斯麦特炉处理含铜废料冶炼工艺如图 10-4 所示。

10.2.3   艾萨炉处理低品位废杂铜

北德精炼公司 Kayser（凯撒）冶炼厂采用 1 台艾萨炉取代 3 台鼓风炉和 1 台

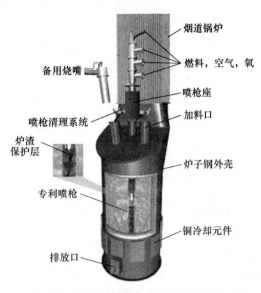

图 10-4 奥斯麦特炉处理含铜废料冶炼工艺

PS 转炉来处理废杂铜和残渣，通过几年的生产实践，开发了"凯撒回收再生系统"（KRS）再生铜工艺，如图 10-5 和图 10-6 所示。

一台艾萨炉间断地进行熔炼和吹炼含铜残渣和废铜，先在艾萨炉中进行还原熔炼，产出黑铜和硅酸盐炉渣，黑铜继续吹炼，产出含铜 95% 的粗铜。富集 Sn-Pb 的炉渣在锡、铅合成炉中处理成锡铅合金。

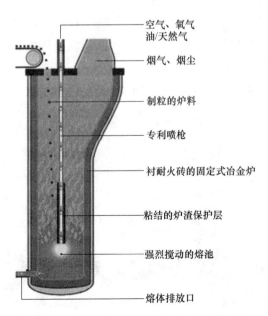

图 10-5 艾萨炉熔池熔炼含铜废料冶炼工艺

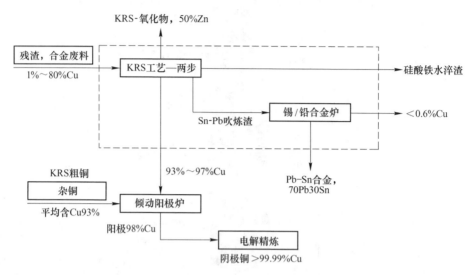

图 10-6　KRS 含铜废料冶炼工艺

KRS 中艾萨炉熔池熔炼的主要优势是：熔炼渣含铜低，铜的总回收率高；运行的炉子台数少；烟气量大大降低；能耗降低 50% 以上；排放总量减少 90%。

10.2.4　卡尔多炉处理低品位废杂铜

卡尔多炉处理低品位废铜是一种先进的熔炼技术，主要体现在金属回收率高和环境效益好等方面。意大利威尼斯附近的 Nuova Samim 铜冶炼厂利用波立登的卡尔多炉技术处理低品位废杂铜，年产粗铜 2.5 万吨。俄罗斯的 Kasimov 利用卡尔多炉技术处理废杂铜和废旧电子元件。2007 年我国江西铜业引进卡尔多炉处理废杂铜，年产铜 5 万吨。

卡尔多炉（图 10-7）处理低品位废杂铜分加料、熔炼、放渣、吹炼、出铜等

图 10-7　卡尔多炉示意图

五个步骤,在一台炉内分阶段完成,粗铜品位可达到96%。卡尔多炉处理废杂铜是国外二段法处理废杂铜的一种先进工艺。其反应过程通常用废杂铜原料中的铁作为还原剂,添加石英石熔剂。

卡尔多炉可以处理含铜15%~99%的废杂铜,适应性强,物料不用预处理,可以直接入炉;可以控制氧化和还原气氛;炉体结构紧凑、密闭性强、环保条件好。但炉体转动部件多、结构复杂、投资昂贵,单炉产能小于5万吨;炉内间断作业,炉内温差大,烟气流速高,耐火砖损耗高,炉寿命较短,不适合大规模处理低品位废杂铜,适合处理含贵金属高的物料,附加值高、经济效益较好。

与国内企业相比国外低品位废杂铜处理工厂具有以下特点:

(1)原料预处理好。国外废杂铜原料基本是经过预处理后的,电子废料也基本成碎屑状,这样大大减少了有机物进入冶炼、加工环节,避免有机物高温燃烧产生二噁英等毒性物质的可能性,同时也可对有机物进行有效回收利用。

(2)综合利用好。大多数工厂的工艺和装备能够处理品位低、成分复杂的原料,而且能够对有价金属进行有效回收,有些工厂能回收10多种单一金属,实现了资源最大限度地回收和利用。

(3)机械化、自动化程度高,规模化经营。大多数工厂采用了DCS、PLC等自动化控制系统,提高了生产效率,降低了劳动强度,保障安全生产和产品质量;且企业集中,生产效益好。

(4)环保和安全条件好。国外企业环保意识强,各家工厂都有完善的烟气、烟尘和废水处理设施,并且进行严格管理,所以均能做到清洁生产,满足严格的环保和安全生产标准。

卡尔多炉处理废杂铜优点主要有:

(1)机械化、自动化程度高。炉子冶炼作业时可以作横向360°旋转,倒渣、出铜和加料时可以纵向倾转270°,加料采用轨道式料斗小车,出铜、排渣用包子,通过倾转炉子直接倒出。操作过程采用DCS系统自动控制,操作简便、安全、可靠。

(2)环保效果好。卡尔多炉结构紧凑,设备完全在一个相对密闭的空间内作业,因而有效防止了烟气的外溢,杜绝了低空污染;同时,工艺烟气和环集烟气分开处理,有效降低了操作烟气负压控制的相互影响,工艺烟气和环集烟气都采用布袋收尘器,收尘效率高,烟气完全达标排放。

(3)原料适应性强。既可处理高品位废杂铜,又可处理品位低的废杂铜及炉渣。

(4)传质、传热条件好。炉子在冶炼过程处于旋转中,传质、传热条件较好,同时借助油枪氧枪容易控制温度和炉气的氧势。

卡尔多炉应用存在的问题主要有:

（1）单台炉产量小。仅在处理含铜 70% 以上的废杂铜才能达到年产 5 万吨铜的水平。

（2）炉渣含铜 5% 左右，还需送炉渣选矿处理。

（3）投资相对较高，需要引进技术和关键设备。单套系统投资 1.3 亿元，包括厂房、国外技术引进和部分进口设备，但不包括重油存储及输送系统、制氧站系统。

10.2.5 "双闪" 炉的研究与应用

闪速炉是一种高效强化的冶炼炉，其最大的优点是充分利用炉料的巨大比表面。炉料进入炉内后，以高度悬浮状态与氧接触，在 2s 内完成各种反应，这是闪速炉实现自然冶炼的基础。影响 "双闪" 炉自然冶炼的主要因素有富氧浓度、冰铜品位、烟尘率、炉料 S/Cu、投量等。富氧是实现 "双闪" 炉自然冶炼的第一要素。冰铜品位是影响 "双闪" 炉自然冶炼的重要因素。冰铜品位的选择是分配两炉热量的关键，品位过高虽然对熔炼炉自然熔炼有利，但会造成吹炼炉热量过少，无法满足吹炼炉自然需要；品位过低会造成吹炼炉产生大量含铜 20% 的高铜渣，造成铜的回收率低。烟尘率是影响 "双闪" 炉自然冶炼的关键因素。投料量越大，熔炼强度越大，热效率越高，越容易实现自热。

10.2.6 Mitsubishi 法熔炼、吹炼废铜

Mitsubishi 熔炼、吹炼系统广泛应用于处理各种废铜。低品位的废铜颗粒通过旋转式喷枪喷入熔炼炉，较大的废铜则通过炉顶和侧墙的加料槽加入炉内，而高品位大块废铜则直接加入炉内。

符合尺寸要求的废料与精矿粉混合后通过熔炼炉的旋转喷枪加入熔炼炉内。大块废料通过炉顶和炉壁斜道加入熔炼和吹炼炉。Mitsubishi 吹炼会放出大量的热，因此，允许大量的废料在吹炼炉中熔炼。

最大块度的废料，如阳极模，则通过阳极炉的大入口加入熔炼炉的阳极炉中，它们由于太大而不能加到 Mitsubishi 炉中。

一定数量的小块废料也可加入电弧炉中。事实上，对于熔炼电子废铜来说，使用熔炼炉比吹炼炉更为合适，因为电子废铜中含有塑料成分，原因是塑料成分有燃料的价值，可提供熔炼所需的热量；当塑料成分间歇燃烧时会放出烟和其他的颗粒，这些颗粒就可能通过 Peirce-Smith 吹炼炉的入口逸出而影响工作场所的卫生。而当在密封的闪弧炉中燃烧时，这些颗粒会被灰尘收集设备充分收集。

加到熔炼炉中的没有塑料表皮的低品位废料的数量是有限的，因为它是纯吸热的，因此，大部分这种废料必须在吹炼炉中进行处理。

10.2.7 用废杂铜直接生产火法精炼铜杆

1987 年西班牙的 La Farga Lacambra 公司开发了用废杂铜生产"火法精炼高导电铜",即 FRHC 工艺,用的原料为 92% 以上的废杂铜。该公司与意大利著名的制造商 Continuus-properzi 公司合资经营,向全世界销售用再生废铜为原料,进行连铸连轧生产火法精炼低氧光亮铜杆的工艺技术和设备。FRHC 工艺执行欧洲标准 EN 12861—1999 (基本上和我国废杂铜分类标准 GB/T 13587—92 相同),生产的铜杆质量可达到 EN 1977 (1998) CW005A 标准,含铜量大于 99.93%,导电率大于 100.4%IACS,最高可到 100.9%IACS。火法精炼高导电铜与无氧铜杆成分相比,最大的区别在于它们可以保留除铜以外的大部分金属元素(杂质),总含量可达 400×10^{-6} (无氧铜杆要求小于 50×10^{-6}),减少了废杂铜精炼过程中脱除大量金属元素所花费的代价。FRHC 工艺的精髓和核心是调整杂质成分和含氧量,而不是最大限度地去除杂质。通过利用计算机辅助设计,对废杂铜中主要的 15 种杂质元素进行了分析,确定精炼工艺参数,选择特种添加剂及用量。他们通过对各种元素长期的研究和实验,找到各种元素相互化合后形成的微化合物铜合金,不影响铜杆的导电性和机械性能。其主要技术是化学精炼而不光是深度氧化还原。

目前世界上采用西班牙 FRHC 火法精炼的工艺和设备,主要有 COS-MELT 倾动炉生产工艺和 COS-MELT 组合炉生产工艺两类。COS-MELT 倾动炉生产工艺由加料装置、倾动式精炼炉、除尘装置组成。倾动式精炼炉由炉子本体、烟气沉淀室、燃烧系统、氧化还原精炼系统、液压倾动系统、检测控制系统组成。COS-MELT 组合炉由 1 台竖炉、2 台倾动炉和 1 台保温炉组成。熔融铜废料和电铜可连续加入竖炉熔化后进入两台倾动炉,倾动炉主要起氧化还原和精炼作用,它的工艺过程和倾动炉生产工艺类似。两台倾动炉根据精炼周期交替向保温炉提供合格铜液。保温炉主要起平衡铜液的作用,保证连续地给连铸连轧机提供铜液,同时可以精确控制液态金属铜的流量和温度。

COS-MELT 倾动炉可以处理 92% 以上废杂铜。COS-MELT 组合炉使用含铜量在 96% 以上的废杂铜。

10.3 国内废杂铜冶炼技术

10.3.1 低品位物料冶炼

低品位物料主要指含铜在 80% 以下的废杂铜、电子废料和含铜较高的炉渣、含铜烟尘等。目前国内对低品位物料主要采用传统的鼓风炉熔炼和卡尔多炉熔炼。

10.3.1.1 鼓风炉工艺

采用鼓风炉熔炼，将高低品位搭配后处理产出黑铜（含铜 70% ~ 90%），炉渣含铜在 1% 以下可直接弃去，如果产出的黑铜品位高，炉渣含铜可能大于 1%，则应该继续处理回收铜，有条件的可送炉渣选矿处理。

目前国内在产的最大杂铜鼓风炉面积为 $2m^2$，年产黑铜约为 3 万吨。鼓风炉处理低品位铜料的缺点是生产效率低、能耗高，而且需要大量的焦炭，产出的黑铜需铸锭，送火法精炼重新熔化还需消耗大量的燃料，能耗和生产成本都很高。

传统的低品位废杂铜的再生利用采用鼓风炉熔炼—转炉吹炼—阳极炉精炼的三段法，流程长、能耗高、环境污染严重，属于 2011 年国家发改委发布的《产业结构调整指导目录（2011 年本）》淘汰类工艺。

采用阳极炉处理低品位废杂铜，需要反复氧化还原，能耗高、生产周期长、耐火材料损耗大，经济上不合理，环保问题难以解决。

10.3.1.2 卡尔多炉工艺

江西铜业贵溪冶炼厂于 2005 年引进了卡尔多炉工艺。引进的卡尔多炉规格为 $11m^3$。原设计处理平均含铜品位在 50% 以下低品位铜物料，采用纯氧冶炼，产出含铜 98% 的粗铜和含铜小于 0.5 的弃渣，每台炉年产 5 万吨粗铜。卡尔多炉于 2009 年 5 月投料试生产。处理废杂铜及含铜物料，包括 2 号废杂铜、黑铜、倾动炉渣、含铜废料（铜粉饼）等，入炉物料平均含铜 70% ~ 80%，每炉产粗铜约 40t，粗铜品位 98.5% 左右。

引进卡尔多炉或奥斯麦特炉工艺，不但设备价格昂贵，而且需要支付高昂的专利费和技术服务费。应用中存在的共性问题：耐火材料要求高、损耗大、炉寿命短；生产运行成本高；渣含铜偏高，需要再处理。

10.3.1.3 方圆一元废杂铜富氧熔炼技术

方圆一元废杂铜冶炼技术及其装备是由东营方圆有色金属有限公司和山东方圆有色金属科技有限公司合作，并依托中南大学和澳大利亚昆士兰大学的科研实力开发的，申请了国家发明专利。目前年产 10 万吨项目已经在东营鲁方金属材料有限公司建设，东营大海集团金信铜业 20 万吨杂铜项目正在设计中。

方圆一元废铜冶炼炉是通过多通道高速喷枪，根据废杂铜冶炼不同阶段的条件需要，将氧气、天然气，以及氮气从熔池底部喷入反应熔池。天然气和氧气在熔池内完成燃烧反应，并释放热量。燃烧释放的热量通过已熔化的铜溶液传导，达到加热并熔化冷铜的目的。

（1）结合了回转式阳极炉和方圆氧气底吹炉的优点。炉体侧面有炉口和烟道口，炉口兼顾加料和排渣。

（2）采用底部喷枪，即浸没式燃烧。燃料采用天然气，采用富氧或纯氧助燃。

（3）喷枪在将燃气喷入熔池的同时，起到搅拌熔池的作用，大大提高传热传质效率，提高熔化和反应速度。

（4）高氧浓度的使用，加快杂质氧化脱除，提高精炼效果。

（5）应用于处理平均渣含铜85%以上的高品位铜料，炉渣含铜可以控制在10%~20%。

方圆一元废铜冶炼炉主要技术指标见表10-2，与其他工艺主要参数比较见表10-3。

表 10-2 方圆一元废铜冶炼炉主要技术指标

项 目	单位	方圆一元炉	备 注
平均品位	%	94	
作业周期	h	24	包含熔化、氧化、还原以及浇铸（80t/h）
天然气消耗	Nm³/t 阳极	50	不包含还原用天然气
电耗	kW·h/t 铜	60	整个系统用电
氧气消耗	Nm³/t 阳极	111	助燃用，90%氧浓
新水消耗	m³/t 铜	2	包括圆盘冷却水
平均能耗	kgce/t 铜	110	氧气每方 0.4kgce/t

表 10-3 方圆底吹废铜炉与其他工艺主要参数比较

项 目	反射炉	倾动炉	NGL 炉	方圆底吹炉
入炉品位/%	94	94	90	94
单炉产量/t	150	350	250	400
作业周期/h	24	28	28	24
燃料消耗	120kg 重油	100kg 重油	60Nm³ 天然气	50Nm³ 天然气
还原剂利用率/%	30	40	70	85 以上
氧气消耗/Nm³·t⁻¹阳极	无	68	145	111
主要传热方式	辐射	辐射	辐射	传导和对流
平均能耗/kgce·t⁻¹阳极	170	130	110	110 以下

方圆低品位含铜废料冶炼工艺如图10-8所示。

10.3.2 高品位废铜处理

高品位废铜一般指含铜80%以上的能采用一段法冶炼得到阳极铜或者加工铜材。

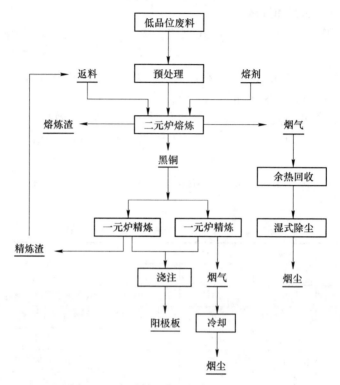

图 10-8　方圆低品位含铜废料冶炼工艺

10.3.2.1　固定式反射炉

固定式反射炉是国内冶炼高品位废杂铜最古老的炉型，有 90% 以上的工厂采用。反射炉的规模从 50～350t 不等，可直接产出阳极铜和含铜在 15% 左右的炉渣。

反射炉的优点是工艺成熟、投资省；缺点是热利用率低，一般只有 25%～30%，生产效率低，环境污染严重。

10.3.2.2　倾动炉

贵溪冶炼厂 2001 年引进德国 Maerz 公司的倾动炉，炉型为 350t，用以处理含铜品位在 92% 以上的废杂铜。倾动炉由液压驱动，可在 30° 角度内来回转动到相应的炉位进行作业，自动化程度高，不用人工持管，炉体密闭，环保好。实际应用情况为处理平均含铜 94% 以上（与电解残极搭配）的铜料，采用重油加 20% 左右富氧空气助燃，压缩空气氧化，LPG 还原，每炉年产阳极铜 10 万吨左右，炉渣含铜约 35%。2001 年时整个工程投资（不包括制氧站、空压机、燃油系统）约 1.3 亿元。

倾动炉的优点是：加料方便，布料均匀，熔化速度快；氧化强度高；扒渣方便；可使用气体还原剂，还原剂利用率高；可避免"跑铜"事故，安全性好；炉子密封性能好，炉压调节方便；炉子寿命长，维修方便。

倾动炉的缺点是：结构庞杂，投资高，技术10多年没有发展。

10.3.2.3 NGL炉

NGL炉工艺及设备由我国瑞林工程技术有限公司开发，并申请了发明专利和实用新型专利。它结合了倾动炉和回转式阳极炉的优点，侧面有大的加料门兼做渣门，另一侧有氧化还原口，底部有透气砖，炉体可在一定的角度内转动，采用的燃料既可是气体燃料，也可使用粉煤等固体燃料，可采用普通空气助燃，也可采用富氧或纯氧助燃。

NGL炉自动化程度高，不用人工持管，炉体密闭，环保好。目前应用于处理平均含铜90%以上的铜料，炉渣含铜可控制在15%左右。目前设计的NGL炉能力有100~250吨，其中250吨已在国内5个工厂应用。

10.3.3 用废杂铜直接生产火法精炼铜杆

如果要得到高品质的铜杆，需将废杂铜精炼成阳极铜，然后电解成阴极铜再进行加工。该工艺流程由于增加了电解工序，生产周期长，同时增加了能耗和成本。针对有些行业并不需要高品质的铜材，用一些高品位的废杂铜直接生产相应品质的铜制品的经济性非常突出。

目前国内开发的类似以废杂铜为原料生产铜杆的设备生产线估计超过80条。但由于这些工厂在精炼时对杂质的脱除以及加工过程控制不好，所以一般仅能生产低品质的铜杆，而且环保普遍存在问题。

1987年西班牙La Farga Lacambra公司开发了用废杂铜生产"火法精炼高导电铜工艺"，即FRHC工艺，用的原料为92%以上的废杂铜，通过精炼和连铸连轧生产火法精炼低氧光亮铜杆。火法精炼低氧光亮铜杆（高导电铜杆）与无氧铜杆成分相比，最大的区别在于它们可以保留除铜以外的一定量的金属元素（杂质），总含量可达400×10^{-6}（无氧铜杆要求小于50×10^{-6}），减少了废杂铜精炼过程中脱除大量金属元素所花费的代价。前几年国内开始引进西班牙的La Farga Lacambra的技术和设备，有两家企业投入生产。

（1）江钨集团是国内第一家引进废杂铜生产高导电铜杆（φ8mm铜杆）生产线的企业，主要工艺是采用COS-MELT组合炉处理含铜96%的废杂铜。有两条熔炼生产线，一条为竖炉配两台50t倾动炉，处理含铜96%的废杂铜。另一条为一台150t倾动炉，用流槽和COS-MELT组合炉连接，设计处理含铜92%的废杂铜，两套熔炼系统共用一条Continuus-Properzi连铸连轧生产线，年产高导电铜杆能力为 12 万吨。

（2）天津大无缝铜材有限公司是第二家引进废杂铜生产高导电铜杆生产线的企业，采用的是倾动炉生产工艺和设备，有 2 台 150t 倾动炉，一条 20t/h 的连铸连轧生产线，设计处理含铜 92% 的废杂铜，年生产高导电铜杆（φ8mm 铜杆）8 万吨。

针对国内废杂铜冶炼技术长期落后，先进技术依赖进口的局面，国内有些单位和企业先后开发了一些先进的技术和设备，并已在一些大项目中开始应用，有些技术和装备已超过国外的水平。

我国已经形成长江三角洲、环渤海、珠江三角洲三个重点废铜拆解、加工、消费地区，这些地区精铜产量不足铜总产量的 40%，但它们的再生铜产量却占全国再生铜产量的 75.55%。全国 79.43% 的铜加工企业分布在该三个地区，全国 82.95% 的铜在这三个地区消费（指被加工），特别是江、浙、沪三省市所占份额尤其突出，仅浙江省 1998~2000 年三年间铜加工材产量即达 124.16 万吨，占同期全国铜加工材产量的 30%。2000 年，浙江废杂铜年产铜材 5 万吨以上的大型铜加工企业 2 家；0.5 万~5 万吨的中型铜加工企业 29 家；0.05 万~0.5 万吨的小型铜加工企业 55 家。大、中型铜加工企业数仅占企业总数的 2.33% 和 33.72%，而大、中型铜加工企业所利用的废杂铜占利用总量的 21.80% 和 52.78%。废杂铜的利用已形成以大型企业为龙头、中型企业为主体的格局，并逐步壮大发展形成了浙江台州路桥、河北安新、广东清远、江苏宜兴及苏州等一批拆解量大、交易量大的废杂铜专业市场。

10.4　废杂铜冶炼技术和设备的发展趋势

废杂铜冶炼技术的发展必须适应原料品位越来越复杂、节能减排越来越严格的要求，结合国外废杂铜冶炼技术发展历程和现状，国内未来技术发展应侧重于以下几个方面：

（1）中、高品位废杂铜混合一段法精炼技术。国内外目前一段法用的废杂铜品位在 92% 以上，仅能搭配处理少量低品位的废杂铜，未来应该研究将混合品位在 80% 以下的废杂铜一段法精炼到合格阳极铜的技术，让很多企业可以多搭配处理低品位的废料，以获取更高的经济效益。一段法精炼技术向低品位发展的核心是引入富氧精炼，辅以氮气搅拌技术，使精炼炉兼具转炉吹炼的一些功能，以提高氧化造渣速度，同时还要根据杂质成分研究不同渣型和造渣剂，保证杂质的有效脱除以及降低炉渣含铜。

NGL 炉因其构造类似于阳极炉和转炉，可设较多风口，且扒渣方便。我国瑞林工程技术有限公司已采用"氮气搅拌和富氧气体精炼废杂铜工艺"的发明专利并获授权（授权号：CN200910168628.1）。

（2）大规模低品位铜料处理技术和装备。卡尔多炉和鼓风炉处理低品位铜料能耗很高，而且单系列规模仅为年处理 2 万~5 万吨铜金属，对于 10 万吨规模工厂需要 2 套装置，投资和生产成本较高。国外已有几家采用大型固定式氧气顶吹炉工艺（包括 ISA、奥斯麦特、TBRC 等工艺）处理低品位废杂铜的工厂，目前我国瑞林公司和铜陵有色公司已确定自主开发规模为 10 万~20 万吨铜的固定式氧气顶吹炉系统。采用产、学、研、用相结合的技术攻关方法，参考氧气顶吹炉处理铜精矿的实践，研究处理冶炼低品位废杂铜时各种工艺参数、操作制度、炉渣渣型控制以及烟气高效净化和二噁英控制技术等。

云南铜业也在开发一种双顶吹 ISA 工艺，将铜精矿和废杂铜混合熔炼，充分利用铜精矿熔炼过程的余热，降低废杂铜冶炼能耗。

（3）再生铜中有价金属综合回收技术。随着废杂铜中复合铜材料的不断增加，对废杂铜的处理应从主要回收铜和金银转向综合回收有价元素。对铜废料中的贱金属（如 Sn、Ni、Pb、Fe、As、Sb、Bi）和稀贵金属（如 In、Se、Te、Pt、Pd 等）应能有效回收，如研究先采用火法冶炼进行富集，实现稀贵金属和贱金属的分离，然后采用湿法冶金方法实现单一金属的回收等。

（4）高品位废杂铜直接生产火法精炼铜杆技术。由于废杂铜直接生产火法精炼铜杆有很好的经济效益和产品市场，而引进国外技术和设备费用昂贵，所以开发自主创新的技术势在必行。根据我国引进西班牙的 La Farga Lacambra 的技术和设备投入生产存在的问题，如专用造渣剂成本高、难以处理 96% 以下的废铜，两个工厂都无法实现连续生产，熔炼周期与轧机的生产不匹配，轧机的能力不能充分发挥，投入产出比欠佳等问题，国内已经在研究专用造渣剂和杂质脱除控制技术。如果与国内开发的高品位废杂铜精炼工艺相配合，将精炼炉和铜杆加工设备相集成，同时开发完善的自动化系统，可望用 90% 以下的废杂铜直接生产火法精炼铜杆，预计成套装置的技术经济指标将明显好于国外技术和设备。

10.5　我国再生铜行业存在的问题

我国再生铜行业经过近几年的持续快速发展，具备了一定规模和产业基础，具备了产业升级和跨越发展的条件，但面临的问题也不少，行业仍处于持续快速发展与矛盾突显并存的时期。

（1）废铜原料供应将趋紧。国内回收废金属目前还无法满足日益发展的我国再生金属产业的原料需求，进口废金属在相当长一段时期内仍是主要原料来源，但是：第一，世界各国对再生资源日益重视，废金属输出国对优质资源保护力度不断加大；第二，印度、越南、泰国等东南亚国家的再生金属产业近年来发展迅速，导致国际废金属市场竞争更加激烈；第三，我国废金属进口不是很稳定，如前所述。希望有关部门：增加废金属进口品种、扩大进口范围；进一步完善废金属分类标准；完善和统一废金属进口监管机制；提高通关效率；降低进口成本；简化审批手续。从根本上规范和鼓励废金属进口，促进我国资源循环利用产业发展。

（2）政策法规和标准体系不完善：

1）产业发展的宏观环境越来越好，但具体的配套法律法规、政策措施、标准体系仍不完善。

2）回收领域：再生资源回收增值税政策、进口拆解园区和国内回收交易市场的发展规划、其他有关政策规定的调整。

3）利用领域：固定式反射炉得到了行业的普遍认可和广泛应用，但彼此之间在形状、规格尺寸、能源消耗、能源利用率、污染排放等方面差异很大，缺乏统一的标准，不利于行业技术装备水平的整体提升。

4）产品方面：2006年我国铜导体用铜量已达354万吨，其中利用废铜生产的铜杆有人说占1/3，有人说占1/2。国外早已有利用废铜生产低氧光亮铜杆的标准，但我国目前还没有。

（3）技术创新能力不足。我国再生铜企业大部分是民营中小型企业，这些企业不可能有足够投入开展技术研究。少数行业龙头企业会开展一些技术研究，但由于市场竞争的关系，往往严格保密，行业之间缺乏交流、合作。专业研究机构目前还很少涉足再生领域。行业整体创新能力不足。

（4）产业集中度过低。工业发达国家再生铜企业一般只有几家、十几家，而我国数以千计，虽然我国再生铜产业整体已具有较大规模，但平均产能很小。既有宁波金田这样的大企业，也有产量几千吨左右的小企业，产业集中度过低带来了一系列问题，因此急需加强规划和引导，淘汰落后产能，提高集中度。

10.6　我国再生铜行业发展展望

我国再生铜行业经过近些年的发展，已经具备了较大规模，具备了产业升级和实现更大发展的基础，加上国家大力发展资源循环利用产业的历史机遇以及政府的规划和引导，我国再生铜产业必将取得更大发展。

（1）资源效益。在十种有色金属中，铜可能是我国自有矿产资源供需矛盾最大的金属，而且这个矛盾可能越来越大。为解决矛盾，大概有三种方法：1）大量进口铜精矿，但国际上的大型铜矿山已基本被发达国家的跨国公司垄断，我国在国际市场竞争中很被动；2）直接进口阴极铜或铜加工材，倘如此，我国的民族工业怎么办？劳动力就业怎么办？3）循环利用，我国的民营企业已经在全球范围内建立了比较完善的废金属采购渠道，掌握了渠道就相当于掌控了资源，这不仅是我国再生铜行业，也是整个再生金属行业具备的一大优势。

（2）环境效益。再生铜的综合能耗只是原生铜的18%（说明：原生铜指采矿、选矿、冶炼直到阴极铜的全过程,而非 2008 年我国铜冶炼综合能耗 429.8kg/t)。此外,100 吨铜精矿最多也就生产 30 吨阴极铜,同时要产生 70 吨 左右无用的固体废物,而对于废电线电缆、废电机等,则可以做到"吃干榨 尽",实现完全利用。

(3)政府的规划和引导。在《中国有色金属产业调整和振兴规划》中,再 生金属已经被提高到了一个新的高度。规划明确提出:着力抓好再生利用,大力 发展循环经济;加快建设覆盖全社会的有色金属再生利用体系,支持具备条件的 地区建设有色金属回收交易市场、拆解市场;支持有条件的企业建设若干年产 30 万吨以上的再生铜、铝等生产线;再生铜占铜产量的比例提高到 35% 以上。 再生铜作为我国资源循环利用产业的重要领域,正在迎来新一轮的发展机遇。

(4)原生企业的进入必将推动再生行业的发展。大型铜矿山企业近年来纷 纷涉足再生铜领域,由于其在资金、管理、技术等方面的优势,必将在推动再生 铜产业技术装备升级、产品升级、环保升级、管理升级、产业集中度提高等方面 发挥巨大促进作用。

我国再生铜产业几年来取得了较大发展,但从工业发达国家经验来看,再生 铜产量占铜消费的比例普遍在 50% ~ 70% 以上,而我国仅 35% 左右,随着我国 "世界制造业中心"地位的进一步加强、自有矿产资源供需矛盾的进一步加剧以 及节能减排要求的越来越严,我国再生铜产业发展的潜力和空间还很巨大。

参 考 文 献

[1] 张希忠. 再生铜已成为弥补铜资源不足的主要途径——访北京中色再生金属研究所 [J]. 资源再生, 2012 (5): 16-18.

[2] 张雅蕊, 彭频. 我国废杂铜回收利用的现状分析及对策研究 [J]. 铜业工程, 2011 (4): 86-89.

[3] 尚文静, 袁孚胜, 金平. 浅析废杂铜火法精炼生产低氧光亮铜杆的现状 [J]. 铝加工, 2011 (6): 59-62.

[4] 王彤彤, 余学德, 郭峰, 等. 废杂铜火法精炼生产光亮铜杆现状浅析 [J]. 有色冶金设 计与研究, 2012 (6): 26-27.

[5] 伽亮亮, 师宇, 应勇志, 等. 废杂紫铜熔炼新工艺 [J]. 热加工工艺, 2016 (9): 105-107.

[6] 顾鹤林, 杨建中, 蔡兵. 双顶吹铜冶炼技术的创新与发展 [J]. 我国有色冶金, 2016 (2): 1-7.

11 再生铅冶炼和加工技术

目前世界再生铅的产量已超过原生铅的产量，2014年再生铅占世界精铅总产量的56%。再生铅生产原料85%来自废铅蓄电池，它比矿铅原料含铅高；金属赋存状态较简单，铅多呈金属和合金状态，以化合物形态存在的主要是呈膏泥状的氧化物（如 PbO、PbO_2）、硫酸盐（如 $PbSO_4$）和少量氯化物（如 $PbCl_2$）；金属成分除主金属铅和合金元素锑（3%~8%）外，常见的杂质金属主要是 Sn、Cu、Bi 等，总量仅为0.1%左右。它还夹杂着塑料、橡胶等有机物和废硫酸。铅在有色金属中回收再生率是最高的，75%的精铅应用于铅酸蓄电池。随着汽车、摩托车、电动车、通信行业的迅猛发展，铅酸蓄电池的需求量不断增加，更替报废量必然也随之增长，再生铅市场潜力巨大。

我国再生铅原材料来自国内。再生铅的原料是含铅废料，国际及中国均将其定义为危险废物。目前世界上超过150个国家（除美国外）均为《控制危险废料越境转移及其处置巴塞尔公约》缔约国，不允许进出口含铅废料，因此，包括我国在内的全球再生铅产业的原料来自国内产生的含铅废料。我国再生铅产业仍有翻倍空间。2014年，全球精铅产量约为1080万吨，主要产地是中国、欧洲和美国；在全球精铅产量中，再生铅所占比例约为56%。

2014年，中国再生铅产量达160万吨，同比增长6.7%；同期原生铅产量明显下降，铅精矿产量约为279万吨，同比下降2.1%。2002~2014年期间，中国再生铅产量增长近10倍，在铅总产量中的占比由13%提升至38%。

目前美国、德国、意大利、英国、日本、加拿大、比利时、法国等工业发达国家再生铅消费比例均超过80%。因此，随着我国环境约束逐步加强，我国未来再生铅大有可为，产业发展仍有翻倍空间。

11.1 我国再生铅行业概况

我国再生铅工业是在1978年后形成的。近十年中，汽车工业的发展和铅酸电池报废量的增加，促使了再生铅工业的发展，根据《我国有色金属工业年鉴》的统计数字，2008~2013年全国再生铅产量见表11-1[1~4]。

表11-1 2008~2013年我国再生铅产量

年份	2008	2009	2010	2011	2012	2013
产量/万吨	70	123	135	135	12.0	150

我国现有再生铅企业没有详细的统计数字，根据对行业的调查，估计约在250~300家，集中分布在江苏、山东、安徽、河北、河南、湖北、湖南、上海、天津等省市，这些地区再生铅产量占全国80%以上。虽然我国再生铅企业数量多，但规模不大，产能超过5万吨的有江苏春兴合金（集团）有限公司、湖北金洋冶金股份有限公司等企业，产能1万~5万吨的再生铅企业超过10家。由于汽车工业的发展，我国再生铅工业正在快速发展。我国再生铅起步于20世纪50年代。目前国内从事过或正在从事再生铅生产并已形成一定规模的厂家已近300家，各家生产能力从几百吨到几千吨不等。年产2万吨以上规模的企业只有4家，另有2家在建。

我国再生铅行业主要采用传统的小反射炉熔炼、鼓风炉熔炼和冲天炉熔炼等生产技术，一些小企业、个体户甚至采用原始的土炉熔炼。整体水平仅相当于国际20世纪60年代水平。大多生产厂金属回收率一般为70%~85%，而国外为95%，全国每年大约有1万吨铅在熔炼过程中流失掉；综合利用率低，由于无分选处理，板栅金属和铅膏混炼，合金成分锑没有得到合理利用，部分进入废渣；能耗高，一般水平为每吨铅400~500kg标煤，而国外为150~200kg标煤；环境污染严重，熔炼过程中产生大量铅蒸气、二氧化硫，废气中铅含量超过国家标准的几十倍。

目前，我国采用预处理的无污染再生铅生产技术，已建成环保型再生铅示范企业，见表11-2。而国外大部分废蓄电池处理厂都采用机械化破碎蓄电池、自动筛分、重介质分选等技术，分别获得金属部分、废塑料和铅泥。这个过程基本不产生污染、能耗低、铅回收率高、综合利用效果好。

表 11-2 国内主要再生铅企业主要工艺[5~8]

单 位 名 称	主 要 工 艺
江苏春兴合金有限公司	采用自主研发的节能环保熔炼炉和废铅酸蓄电池破碎分选国产化设备，MA 废铅酸蓄电池破碎分选系统，采用竖炉熔炼铅
河南豫光金铅股份有限公司	CX 集成系统分级处理—底吹炉富氧熔炼—铅电解精炼的再生铅生产工艺
湖北金洋冶金股份有限公司	废蓄电池预处理破碎分选、铅膏、脱硫转化、密闭回转短窑富氧燃烧冶炼等工艺技术
豫北金铅有限责任公司	美国 LMT 公司废铅蓄电池破碎分离预处理设备
上海飞轮有色金属冶炼厂	破碎分选，分类冶炼，脱硫转换，电解沉积
安徽华鑫铅业集团有限公司	使用脱硫塔，采用煤气发生炉，改变直接燃煤冶炼工艺

我国再生铅以废旧蓄电池为主要原料，熔炼工艺可以分为三大类，即传统的再生铅技术、短窑熔炼技术、原生铅企业将铅浆料加入铅精矿熔炼技术。传统的

再生铅技术以反射炉为主要炉型，短窑熔炼技术以回转短窑炉为主要炉型。

再生铅工业发展趋势主要是三个方面：一是资源回收领域，正在向集中回收、仓储、运输、集中处理方向发展；二是再生铅行业技术向无污染和有价成分综合回收利用方向发展；三是再生铅企业的环保意识增加，更加重视企业的污染物治理。

11.2　再生铅原料以及成分

用于再生铅的原料种类很多：金属铅废料、废件，加工铅合金废料、废件，铸造铅基轴承合金废料、废件，蓄电池铅废料，混合铅及铅合金废料、废件，混合铅及铅合金屑料，铅及铅合金渣、灰。废旧铅酸蓄电池是最主要的再生铅原料，一般占80%以上，其他是电缆护套、铅管、铅板、阳极板、印刷合金、浮渣、炉渣、铅灰等。铅蓄电池的主要结构是正负极板、电解液、隔板、外壳。极板由板栅和活性物质构成，板栅一般是铅锑合金浇铸，现在的发展趋势是少含锑或不含锑合金。壳体一般由聚丙烯制成，少量也可由硬橡胶、胶木、酚醛塑料等制成；其他组分，如纸、橡胶、玻璃纤维和木料等。

废旧蓄电池的组成可分为四部分：

（1）尚未腐蚀的板栅和连接物基本上保持原有合金的成分，可分离出来，经简单重熔，成分稍加调整，即可重新铸成板栅使用。这部分的质量占蓄电池铅总量的45%～50%。

（2）腐蚀后的板栅和少量填料（活性物质）组成铅膏。这部分的质量占50%～55%左右，其化学成分一般为 Pb 67%～76%，Sb 0.5%，S 6%，其中的铅形态大部分为硫酸铅或碱式硫酸铅，还有 PbO_2、PbO 和 Pb 等；其组成和数量不一定，取决于循环次数和蓄电池寿命长短。

（3）蓄电池外壳和隔板。

（4）废酸液。

11.3　再生铅生产方法——机械破碎分离

随着国家环保政策不断加强，近年来国内废旧铅酸蓄电池领域里传统拆解工艺已被淘汰，取而代之的是自动化程度较高的自动破碎分选机。国内目前涌现出了很多生产废旧铅酸蓄电池破碎分选系统的厂家。

工业发达国家目前主要采用预处理方法，如机械破碎分选、铅膏熔炼前脱硫等，具有代表性的有：

（1）俄罗斯重介质分选技术；

（2）意大利 CX 破碎分选系统；

（3）美国 M.A 破碎分选系统。

它们的工艺原理是根据废铅蓄电池各组分的密度与粒度的不同,将其分开,分为橡胶、塑料、废酸、铅金属、铅膏等几大部分,然后分别回收利用,这三种技术在世界发达国家均有成套设备在运行。

11.3.1　国内外废旧铅酸蓄电池破碎分选机安装对比

国内普遍通用的废旧铅酸蓄电池破碎分选生产线的破碎分选机工作原理是:由高速旋转的转子电机驱动,在一个特殊的破碎腔内,预先处理过的物料自上部给料口加入机内。由于刀片打击的剪切力的影响,冲击和破碎物料,在转子的下部设有筛板,破碎物料中小于筛孔尺寸的颗粒通过筛板排出,大于筛孔尺寸的颗粒留在腔体内继续受到打击和剪切,最后通过筛板排出机外,由于物料密度不同,在水介质中,排出机外的混合物料就可以在水的作用下通过多级转换逐步分出。其中的塑料壳经过颜色识别系统的筛选,可以得到区分好的材质不同的塑壳。

最近国外普遍通用的破碎分选系统,采用破碎—水力分选技术,首先将原材料由皮带运输机提升至锤式破碎机的加料斗,破碎机中安装的是"钩"形重锤式结构,它将原材料破碎为直径小于20mm的颗粒。同时采用湿式破碎,即在破碎过程中有水的冲洗,故而基本无粉尘产生。

国外破碎分选系统属于完全自动化的操作,破碎分选系统设备占地面积广大,对场地要求较高,对外在温度较为敏感,且价格十分昂贵;同时各试验仪器精密,需要专业人员操作,如发生设备故障,需从国外引进零件和人员进行修理,不仅价格昂贵,而且还大大延长了设备维修的时间,从而增加了停产时间,造成大量的经济损失。相比之下,国内设备整机电路系统控制为各个运行程序独立控制,配有突发事故应急处理装置。采用半自动化的控制系统,操作更为简单,维修方便、占用空间小、对温度要求低、价格相对于国外的设备要低廉很多,约为国外价格的1/7,虽然相对来说处理能力弱于国外的设备,但是很符合我国再生铅企业的实情。国外破碎分选生产线处理能力强大,对一般的我国企业来说并不适用,国内设备的性价比要比国外的设备高许多。

11.3.2　国内外废旧铅酸蓄电池破碎分选机分选方式

国内分选系统采用的分选原理为浮力分选,不同于国外常用的破碎分选系统。利用反复冲洗铅膏及碎片物料的硫酸浓度,不断增大的酸溶液调节分选系统各分选器的分选液密度,根据各类塑料(ABS、PPE、PP、PE、AS)、隔板、橡胶、树脂、纤维等的密度不同,彻底将其分开。同时利用与槽盖塑料同材料的隔板,因为多孔结构及掺杂而导致密度较低,可以优先分选出同质隔板,提高这些塑料和隔板的再利用价值。能直接有效分选铅板栅和铅零件,金属直收率高;同时解决铅板栅与铅零件上存在铅膏不能彻底清除的问题，避免铅板栅、铅零件等金属铅有部分铅膏而需要高温还原熔炼。此外，可保证分离出的塑料和隔板碎片上的铅泥量，无需另外清洗上述破碎片的循环水池；并且可以根据客户的要求，分选不同颜色的塑料，且塑壳的含铅率很低。

　　国外破碎分选生产线采用破碎—水力分选技术。破碎后再将不同密度的破碎料送往水力分级箱，根据密度的大小不同分离出金属、氧化物、塑料等。在国外采用水力分选法铅的回收率高于 99%，其余约 1% 的铅损失在有机物中。而最终的分离产物互含率低于 0.5%；且只能分选 PP 塑料和 ABS 塑料两种，无法分离不同材料的隔板。分离出的铅板栅和铅零件中附有铅泥，塑料和隔板碎片上粘有太多铅泥，还需要另外用循环水池再处理，最终导致能耗的增大以及对环境的二次污染。

11.3.3　国内外废旧铅酸蓄电池破碎分选机的预脱硫方式

　　国内废旧铅酸蓄电池破碎分选生产线采用二级脱硫循环池，包括一级碳酸铵脱硫池和二级碳酸氢铵脱硫池。废硫酸、铅膏及铅泥进入一级脱硫沉淀池循环，在一级脱硫沉淀池加入一定量的碳酸铵进行化学反应，反应后的混合物再次进入二级脱硫沉淀池，加入一定量的碳酸氢铵到二级脱硫沉淀池中进行化学反应。经过二级脱硫循环池充分反应后，铅膏中的 $PbSO_4$ 能完全转化为 $PbCO_3$ 与 PbO、PbO_2，硫化物中的硫转移到溶液硫酸铵中，再经压滤形成含水量小于 20% 的铅膏饼送去熔炼。脱硫后的铅泥中含硫量低，减少了冶炼中二氧化硫原始产生量，同时使冶炼温度大幅降低、能耗低。脱硫后的副产物为硫酸铵产品，硫酸铵既可以作为液态产品出售，也可以经过浓缩结晶为颗粒状硫酸铵。硫酸铵作为农业用肥料应用也很广泛。

　　国外破碎分选生产线采用湿法冶金术通过结晶硫酸钠进行脱硫，脱硫效果好，最后得到的硫酸钠（其中 Pb 所占的质量分数小于 2ppm），但是原料碳酸钠的价格较高，再者生产链过大，产品硫酸钠的市场很差，导致生产成本过高，企业从中得不到相应的经济效益，故生产企业引入积极性不高。

11.3.4　国内外废旧铅酸蓄电池破碎分选机的后续水处理

　　国内废旧铅酸蓄电池破碎分选生产线采用循环池反复冲洗的方法，在保证铅板栅和铅零件和铅膏完全分离，塑壳、隔板含铅量达标的情况下，设备用水由于被滤饼带走一部分，需要补充冲洗用水，同时废水 100% 循环使用，达到零排放。

　　国外破碎分选生产线需要另外的循环池对含铅量不达标的塑壳、隔板进行冲洗，所产生的含铅废水需要相应的设备进行处理，增加了设备成本。

11.3.5 国内外废旧铅酸蓄电池破碎分选机优缺点

国内废旧铅酸蓄电池破碎分选生产线（金鼎高端装备有限公司，湖南株洲）可对所有类型的废旧电池进行破碎，在破碎系统前引入切割系统，对长度在 80cm 以上的大型和特大型废铅酸蓄电池进行自动切割；由于市场上有内有铁块的假冒伪劣电池，该设备在进料仓和切割器外部装有高强磁铁装置，可阻止含铁块的废蓄电池进入破碎机，既保护了破碎机，又消除了铁杂质对再生铅合金的危害；采用一级锤击式破碎，二级高速旋转刀片式破碎的方法，分别克服国外锤击式破碎和国内颚式破碎的缺陷。采用厚薄不同的高速旋转刀片实行刀片式破碎，使破碎率达到 100%，物料的颗粒破碎得更均匀，直径控制在 30~45mm，有利于下一步的分选干净和彻底。但是处理废旧铅酸蓄电池能力低于国外破碎分选系统。

国外破碎分选生产线通常在每年不同的操作时间相应处理 1 万~3 万吨的电池，适用于十分大型的再生铅企业的生产。但是国外设备不能处理长度大于 80cm 的大型通信蓄电池；不能有效阻止含铁蓄电池进入破碎系统；破碎物料颗粒太细（14mm 以下），不利于下一步分选干净和彻底。

11.4 再生铅生产方法——熔炼

11.4.1 火法熔炼

先将废蓄电池破碎，然后将碎块输入贮槽，浮选分离出含铅物料和非金属物料。回收的聚丙烯可生产用于汽车工业的高质量材料；稀硫酸中和或销售；铅和铅膏（PbO_2、$PbSO_4$）被泵送到装有蓄电池废酸的反应器中，加苛性钠中和后的浆体被泵送到压滤机中过滤，滤液送液流车间处理、排放；滤饼经洗涤除去硫酸盐后，干燥、储存，以备熔炼。也可不经处理直接将铅泥送熔炼工序。用火法熔炼技术还原含铅部分以生产粗铅。熔炼时可用鼓风炉或旋转反射炉，温度保持在 1000℃。

火法熔炼厂必须达到环保标准，必须有液流处理设施、气体净化设施、烟气脱硫设施。火法生产再生铅的方法有反射炉熔炼法、鼓风炉熔炼法、电炉熔炼法、短回转窑熔炼法（短圆角炉法）等[9~13]。

11.4.2 直接熔炼

可用基夫赛特法、奥斯麦特法、艾萨法和 QSL 法等直接炼铅的方法处理，其中有的用来单独处理废蓄电池，也有的与矿铅原料搭配处理。还可用湿法或湿法—火法的联合流程处理。

将废蓄电池的电池糊与精矿一起搭配处理，熔炼反应产生的 SO_2 烟气与精矿熔炼烟气一起送去生产硫酸，不需单独处理；不要另外消耗熔剂，减少炉渣产率，降低铅损失，提高了金属回收率；废料中的有机物可代替部分燃料，有利于降低熔炼过程的能耗。

富氧底吹熔炼新工艺：富氧底吹熔炼新工艺是一种富氧侧吹熔化还原炉及其富铅物料炼铅方法，工作原理是：从进料口装入需要熔炼的物料，再通过与喷煤口连接的自动喷煤机直接向炉膛中喷入粉烟煤，同时从一次风口通入空气或者一定浓度、一定风速、一定压力的富氧空气进入炉膛中，粉煤会充分燃烧，放出大量的热，炉膛的设计使得炉内保持恒温，熔炼金属物料，粗金属从第一出口输出，烟尘通过输气管进入统一的烟气布袋除尘管道系统进行布袋除尘，废渣从第二出口输出，再做后续处理，有些硬头材料则从第三出口出去。与传统的熔炼炉相比，采用富氧底吹熔炼新工艺熔炼炉及炼铅工艺，煤的燃烧效率高，从而使炉膛内始终保持高温熔融状态，加快铅物料的还原氧化，即减短熔炼时间，也让铅还原得更加充分。同时可使用低价的烟块煤作为燃料，节能环保，提高了经济效益。

再生铅低温连续熔炼技术：相对于传统的再生铅冶炼技术，该技术具有冶炼温度低、生产过程连续、"三废"排放低和节能环保等特点。再生铅低温连续熔炼技术中的原始物料是通过废铅酸蓄电池机械破碎分选得到的干净清洁的铅屑和铅膏。先进行 400℃ 下低温连续熔炼，用输送带将铅屑直接送到专用的铅屑熔炼转炉中，得到再生铅及铅灰，铅灰则通过烟气管道进入连续熔炼炉的配套系统；再进行低于 900℃ 下的冶炼，铅膏直接进入脱硫系统，与上述烟道灰及其他含铅渣灰物料经过严格计量配料，通过上料机再次送到连续熔炼炉中，产出软铅及氧化铅渣，液态铅直接送到精炼炉中生产精铅，液态氧化铅渣在短窑中加入还原剂和少量熔剂，在 1000℃ 下进行还原冶炼，生产出再生铅和含铅小于 2% 的残渣。再生铅低温连续熔炼技术在工艺上采用了更加合理的冶炼方法，废旧铅酸蓄电池回收中占 30% 以上的铅屑料不需进入高温冶炼系统，直接在低温条件下进行熔化，铅膏料的冶炼温度降低了 300~400℃，实现了再生铅的低温熔炼。同时该技术采用专用的冶炼设备，实现了再生铅冶炼过程连续作业，提高了生产效率和生产自动化水平。再生铅低温连续熔炼技术具有以下特点：冶炼温度低、生产过程连续、削减铅排放、节能、生产效率及生产自动化水平提高等。

11.4.3　湿法冶金

为解决由于硫酸铅引起的污染，将废蓄电池进行预处理，得到硬铅、铅膏、硬橡胶和塑料；将铅膏湿法转化，硫酸铅被转化成碳酸铅；转化料或者采用火法熔炼，或者用浸出—电解方法处理。

湿法冶炼处理废蓄电池含铅物料工艺中，值得关注的是 1997 年由中科院化工冶金所研究成功的固相电解法工艺。首先经分离机将废蓄电池分成塑料、隔板、板栅和铅膏，塑料可直接出售；隔板用无害化焚烧处理；板栅进行低温熔化并调配其成分，铸造成六元铅合金锭，再用于制造酸蓄电池。铅膏经处理涂在阴极板上而后电解，从 $PbSO_4$、PbO、PbO_2 等还原出铅，经低温熔化、铸锭，供蓄电池厂使用。该法生产 1t 铅的电耗仅为 $600kW \cdot h$，铅回收率达 95%，电铅纯度大于 99.99%。废水中含铅小于 0.5ppm，是一种回收铅的清洁生产工艺。

11.5 河南豫光金铅废铅酸蓄电池回收铅熔炼

根据我国铅消费的现状和数据统计，可以用于铅冶炼过程的再生物料主要有废铅酸蓄电池、湿法炼锌过程中产出的含铅浸出渣、合金制造过程产生的氧化渣等，其中废铅蓄电池占据了再生铅物料的绝对地位，是再生铅生产原料的主要来源，这是与铅的消费结构密不可分的。据统计铅用于制造铅酸蓄电池的消费比例在 72%~85%，如此高的比例决定了废铅蓄电池作为再生铅物料来源的绝对地位。

11.5.1 回收铅物料熔炼的破碎分选系统

废旧铅蓄电池的分选是利用原料物理性质和化学性质的差异，借助特有的设备和化学药剂，把含不同成分的混合料彼此分开，使目的成分达到一定程度的富集。其目的主要是将蓄电池中的硬铅物料、铅膏物料、有机物等完全分离出来，根据其性能分别回收利用，达到循环利用。

分选方法一般有两类：

(1) 人工分解。该法是目前我国许多厂家采用的方法，劳动强度大、生产效率低、作业环境差，因大部分采用人工拆解，只回收金属而丢弃填充物，造成大量金属流失，同时污染周边地区水体和土壤，带来严重的环境污染，如果含铅液体进入水体，估计几十年无法恢复。所以一般在废蓄电池工业化处理中最多只能用于废蓄电池的脱壳倒酸及分拣异物。

(2) 重选。目前的自动分离均采用此种方法。重选是在活动和流动的介质中按各组分密度或粒度分选混合物的工艺过程。作为分选介质有空气、水和悬浮液（如铁矿浆）等，一般处理粒度范围是 50~0.25mm。重选法根据作用原理可分为分级、跳汰、选矿、重介质选矿、溜槽选矿、摇床选矿及洗矿等，其中以重介质分选在废旧蓄电池处理中应用最广。

国外从 20 世纪 60 年代起研究废旧蓄电池的分选技术，并出现很多流程。一般分为干法和湿法分选。奥地利的 BBU 法俗称干法分选，要求设备密封良好，并且必须配备相应的收尘设施，从而限制了该法的推广。目前较有代表意义的湿法分选技术有两种：意大利 Evngitec 公司开发的 CX 破碎分选系统和美国 M. A. 公司开发的 M. A. 破碎分选系统。

目前蓄电池预处理全自动分离技术主要有美国和意大利两国的技术，我国湖北的金洋、上海的飞轮以及江苏的春兴公司等都是引进美国 M. A. 公司工艺技术。但该套系统属 20 世纪 80~90 年代的产品，存在产物分离不彻底、各物料相互夹杂、不便于下道工序作业的缺点；其次该系统年处理能力只有 3 万~5 万吨，仅适合小规模投入使用，不宜扩大规模生产。

河南豫光金铅股份有限公司引进 CX 集成处理废旧蓄电池工艺，同时结合其公司原有氧气底吹熔炼和电解工艺，研制出一种更符合公司生产实际的工艺技术，从循环经济发展的要求实现了综合回收的高效利用，该工艺技术工艺流程图如图 11-1 所示。

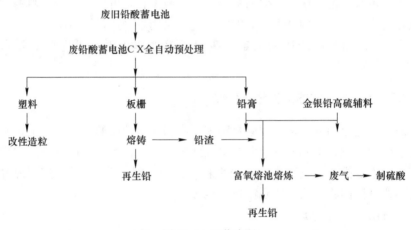

图 11-1　工艺流程

CX 分离系统优点：

（1）适应能力强，处理能力大，选择余地大。

（2）分离效果好，能有效地将带壳的废旧铅蓄电池击碎至小于 20mm 的粒度后排出，因而分离彻底，铅的回收率也大大提高，可达到 99.5%。

（3）自动化水平高。该系统破碎、分选系统集中配置，占地面积小，操作自动化程度高，特别适合大规模处理。

（4）环保水平高。该系统大多采用欧美环保标准设计，车间和环境卫生设施自然配套，环保效果好。

（5）投资省。主要是可以合理利用原生铅工业原有的公共工程，如废旧蓄电池在解剖分离过程中产生的废酸液直接进入原生铅生产制酸系统中，作为工艺补充水回收利用，制成成品工业硫酸。

（6）再生铅加工成本低，金属回收率高（达 98%～99.5%），传统工艺约93%。

（7）减轻了原料采购压力，提高了再生资源利用率，产品开发了铅合金及工业硫酸等，提高了产品附加值。

该套工艺系统在豫光金铅生产运行稳定，工艺畅通，质量可靠，证明此工艺及装备是成功的，不仅环境得到极大的改善，更是达到了节能降耗的效果。

11.5.2 采用氧气底吹工艺的废旧蓄电池铅处理

对于传统的"烧结熔烧—鼓风炉还原"炼铅工艺来说，再生铅物料中所含的$PbSO_4$是一种不易还原的铅化合物，处理难度较大。

河南豫光建设了10万吨再生铅项目，年处理废旧铅酸蓄电池15万吨。其中配套的氧气底吹炉系统于2005年3月投产。这是国内第一套完整先进的处理废旧蓄电池的工艺系统。该工艺不同于国际上单一再生铅厂的生产工艺，无需将铅膏在特制的回转炉内熔炼，而是将铅膏和铅精矿一起直接配料，投入已有的氧气底吹炉进行熔炼而得到粗铅；板栅经低温熔铸生成硬铅，硬铅可电解，也可配制合金铅。也不同于国内传统的小冶炼再生铅工艺——铅膏与铅栅一起进炉熔炼。还不同于国际上一些再生铅的工艺，虽然铅栅与铅膏分开处理，但有脱硫过程。该技术工艺充分利用了现有的熔炼新技术工艺及设施，即富氧底吹—鼓风炉还原熔炼工艺技术，既省去了繁琐的脱硫过程，降低了成本，又保证了硫的再利用。

废铅酸蓄电池铅膏是在废旧蓄电池板栅上脱除下来的混合填料，铅品位约70%（视分离处理技术的不同而有一定的差别，见表11-3），其中的硫酸铅约占到铅膏总铅量的25%以上，还有部分氧化铅。其组成和含量取决于废旧蓄电池的循环次数和寿命长短。

表11-3　铅膏中化合物的成分 （%）

总铅量	$PbSO_4$	PbO_2	PbO	Sb
61.2~76	25~30	15.20	10.15	0.5

由于铅膏在废旧蓄电池再生物料中所占比重很大，因此其处理技术的进步关系到豫光再生铅回收利用的进展。2003年，豫光就开始利用氧气底吹炉熔炼技术进行处理废旧蓄电池的尝试，并采用与原生铅相结合的模式，在同行业走出了一条再生资源处理的新路子。

经过实践，目前形成的铅膏处理技术为：经CX预处理产生的膏泥直接送往氧气底吹炉配料工序，与原矿溶剂等物料混合制备后进入氧气底吹炉。

在氧气底吹炉中，铅膏中的$PbSO_4$、PbO与炉料中的PbS反应：

$$2PbO + PbS = 3Pb + SO_2$$
$$PbSO_4 + PbS = 2Pb + 2SO_2$$

在实践生产中铅膏经计量后参与配料，与其他物料混合制粒后加入底吹炉；与原矿相比，由于性质不同，在炉中反应机理不同，生产中要重点控制炉子的热平衡，通过调整氧料比、渣型、烟尘率等指标来控制炉渣温度在反应需要的950℃以上。

由于铅膏成分相对简单，关键的化学反应都可以在底吹炉熔炼中得以顺利进行，因此，此种工艺处理铅膏具有回收率高、能耗低、环保效果好的优点。单位能耗指标按标煤折算可降到100kg以下，硫的回收利用率达到97%，金属回收率达到98.4%以上。

根据铅膏在底吹炉中的反应机理，要保证底吹炉反应的热平衡就要额外补充适当量的燃料。为了充分发挥底吹炉熔池熔炼反应速率快、反应自热利用充分的特点，河南豫光采用了另外配加含S较高的铅矿或硫精矿（其中的硫多以FeS形式存在，一般含硫在25%以上）代替燃料。这样做有以下几个突出的优点：（1）补热明显，根据铅膏配加量的大小，能全部或大部分代替燃料的作用，使得能耗大为降低。（2）高硫矿带入的硫不仅能提高物料的发热量，同时可充分回收利用，提高硫酸产量，增加回收效益。

11.6　水口山炼铅法

水口山炼铅法是由水口山矿务局与北京有色冶金设计研究总院合作开发的新型炼铅技术，该技术与装备已申请了专利，在国内已经得到了大力的推广和应用。它采用富氧底吹熔池熔炼方法，用工业氧气处理含硫和铅的原料，进行自热熔炼，产出粗铅和高铅渣。水口山炉的主要特点是具有较高的传热传质效率，氧气利用率高；炉子密封性好，能实现低负压操作，减少漏风；炉内喷溅少，无炉结，砌体寿命长；车间环境卫生和劳动条件好，烟气二氧化硫浓度高，有利于制酸，硫回收利用率高。

在铅精矿中搭配废杂铅料，采用先进的氧气底吹熔炼工艺，烟气经两转两吸制酸后以优于国家环保标准排放。该法属火法炼铅生产系统，是目前最优的再生铅资源综合利用途径。与现有采用短窑、鼓风炉以及反射炉等处理方法相比，除了环保方面的绝对优势以外，还具有能耗低、金属回收率高、工艺流程简短等好处。

预处理车间主要有锤式破碎机、湿式振动筛、重选分离等设备，即CX集成系统；熔炼车间主要设备为氧气底吹炉、制氧站、烟气净化收尘系统。此外还有硫酸车间、废水处理系统、鼓风炉车间、烟化炉车间、合金车间、电铅生产车间。此法年产10万吨再生铅的产品方案是：年产铅合金3万吨、精铅7万吨、冰铜6000吨、次氧化锌1000吨、阳极泥900吨、聚丙烯7500吨。

目前，大多数国家采用破碎—水力分选方法进行预处理，这种系统已经定型, 设备已形成产品系列, 且使用寿命长、故障少、易操作、维修费用低、处理能力大。水口山法也采用此方法, 设备选型为 CX-I 型, 处理废铅蓄电池的能力为 8~10t/h。带壳的废蓄电池由胶带输送机提升至破碎机加料口, 并在其上升过程中经过穿孔机将壳体击穿, 电解质流入贮槽送往污水处理站处理。破碎机采用"钩型重锤式结构", 将带壳的废蓄电池击为小于 20mm 的粒度后排出, 经水平螺旋输送机连续送往水力分级箱, 通过调整供水压力以及破碎本身各组分的密度差别, 使重质部分沉入底部由螺旋机取走, 经洗涤后合格的金属粒子由叉车送往铅合金车间, 在添加适量的锑粉后生产出铅、锑合金。生产过程中产生的铅渣送往底吹炉系统处理。轻质部分随水流往水平筛, 筛下物为粒度较小的氧化物部分, 步进式除膏机将其卸出; 经浆化后送往压滤机压滤, 滤渣送铅底吹炉系统进行处理。滤液送往循环池, 废水经进一步处理后达标排放和回用。筛上的有机物随水流进另一水分级箱处理, 再将塑料和橡胶分开。

冶金炉是火法冶金过程的关键设备。该方案每 10 万吨规模选用一台水口山炉, 氧气底吹转炉熔炼废铅膏料和铅精矿, 直接产出部分粗铅和高铅氧化渣; 选用一台鼓风炉还原熔炼高铅氧化渣, 产出粗铅和仍含少量铅、锌的鼓风炉渣; 选用一台烟化炉还原吹炼鼓风炉渣, 通过收尘回收挥发出来的 Pb、Zn。为配合烟化炉间断性热装熔渣, 鼓风炉配置一台电热前床。

采用水口山炼铅法技术具有以下优势:

(1) 能耗低。氧气底吹炉处理硫化铅精矿实现了自热熔炼并可利用高温烟气中的余热; 底吹炉已产出部分粗铅, 因而鼓风炉物料处理量减少, 焦炭消耗量应节省约 20%。

(2) 生产成本低、投资少、折旧费低、人工费用低、流程简短、能量消耗少、生产效益高、有价金属和硫回收率高, 生产成本比烧结-鼓风炉法降低约 10%。由于熔炼过程在密闭的熔炼炉内进行, SO_2 烟气经两转两吸制酸后避免了外逸, 尾气排放达到了环保要求。铅精矿和其他原料配合制粒后直接入炉, 没有烧结返粉作业, 生产过程中产出的铅烟尘均密封输送并返回配料, 防止了铅烟尘的弥散; 同时在虹吸放铅口设通风装置, 防止铅蒸气的扩散, 彻底解决了铅冶炼烟气、烟尘污染问题。实践证明, 氧气底吹熔炼炉运行噪声较低, 炉前各岗位操作环境优于奥斯麦特法的氧气顶吹熔炼炉。投资省与采用国外先进炼铅工艺相比, 相同规模可节省投资 20%~30%; 比传统烧结—鼓风炉流程投资亦可节省约 10%~20%。实际生产能力可达到或超过设计指标。

(3) 对原料适应性强。氧气底吹炉既可直接处理各种品位的铅精矿, 又可同时处理各种再生铅原料。实际生产中处理过的铅原料含铅品位在 45%~65%, 作业正常。

综上所述, 采用水口山炼铅法新技术不仅根治了铅冶炼过程的环境污染, 而且具有投资省、节能、生产成本低和对原料适应性强等优点，工艺技术达到国际先进水平，在我国更居铅冶炼领先地位并具有示范作用。

11.7　结论

（1）铅酸蓄电池作为目前市面使用率最大的电池，在资源有限的今天它的回收利用对整个再生资源极具意义。铅酸蓄电池行业经过清洁生产、环保校查、准入条件已经基本解决了环境污染和产能方面的问题，而作为废旧回收利用领域则还需要建立相应回收机制。

（2）目前国内再生铅回收工艺采用国产自动破碎分离—脱硫—火法冶炼工艺，能解决目前再生铅行业中广泛存在的规模小、数量多、分散广、能耗高、污染重、工艺技术落后、金属回收利用率低等问题，手工拆解—简单火法熔炼传统工艺逐步将被淘汰。

（3）富氧底吹熔炼和再生铅低温连续熔炼这两种再生铅冶炼工艺，是对上述两种破碎分选设备的火法冶炼部分的改进。研究发现富氧底吹熔炼新工艺不仅节能环保，而且提高了经济效益；而再生铅低温连续熔炼新技术具有冶炼温度低、生产过程连续、减少铅排放、节能、生产效率提高等一系列特点。它们都为再生铅工艺中的铅冶炼提供了新的发展思路。

参 考 文 献

［1］李富元，李世双，王进. 国内外再生铅生产现状及发展趋势［J］. 世界有色金属，1999（5）：23-27.

［2］陈志雪，张彦杰，宋艳龙，等. 再生铅现状及发展趋势分析［J］. 蓄电池，2016（2）：96-100.

［3］潘军青，边亚茹. 铅酸蓄电池回收铅技术的发展现状［J］. 北京化工大学学报（自然科学版），2014（3）：1-14.

［4］代少振，蔡晓祥，吴鑫，等. 废铅酸蓄电池回收技术现状［J］. 2015（9）：15-17.

［5］Prengaman R D. Recovering Lead from Batteries［J］. JOM，1995，47（1）：31-33.

［6］许增贵，张正洁. 废铅膏密闭脱硫脱氧-新型固相电还原的生产实践［C］//2013 中国环境科学学会学术年会论文集（第五卷），2013.

［7］Sonmez M S, Kumar R V. Leaching of waste battery paste components. Part 1：Lead citrate synthesis from PbO and PbO_2［J］. Hydrometallurgy，2009，95（1-2）：53-60.

［8］朱新锋，刘万超，杨海玉，等. 以废铅酸电池铅膏制备超细氧化铅粉末［J］. 中国有色金属学报，2010（1）：132-136.

［9］Cosmos Ancilio. Cobat：Collection and recycling spent lead acid batteries in Italy［J］. 1995（1/2）：75-80.

［10］赵振波. 清洁高效处理废旧铅酸蓄电池回收再生铅的新工艺［J］. 蓄电池，2011（5）：200-202，222.

［11］杜新玲 . 河南豫光金铅富氧底吹处理废铅酸蓄电池生产实践［J］. 有色金属工程，2013
　　　（5）：33-35.

［12］陈春林，刘巧芳 . ISA 炉冶炼回收再生铅工艺探讨［J］. 资源再生，2014（9）：50-53.

［13］祁栋，蔺公敏 . 富氧侧吹熔池熔炼炉处理废蓄电池铅泥初探［J］. 有色矿冶，2015
　　　（2）：36-38.

12　再生铝冶炼和加工技术

2008 年金融危机以来，全球大宗商品市场开始剧烈波动；特别是 2011 年以后，受制于全球经济复苏乏力，以铜和铝为代表的主要有色金属价格逐步走低。受到市场不景气的影响，我国再生铝生产企业利润微薄，生存举步维艰。业界认为目前行业的发展困境主要是受制于行业的周期性特点，随着行业重新洗牌、集中度不断提高，大型再生铝生产企业有望在下一轮增长周期中再次获益[1~4]。

对主要工业发达国家来说，在电解铝的工业化技术诞生 7 年后，最早的再生铝生产就开始了。第二次世界大战以后，汽车进入集中报废阶段，民间积累的废铝资源不断增加，再生铝行业发展条件开始成熟。经过数十年的发展，目前工业发达国家社会废铝资源丰富，废铝回收技术也相对先进。特别是欧洲、美洲和日本等国家，从废铝分类回收到重复利用都有一整套相对成熟的法规和机制，其国民环保意识较强，目前已经形成了成熟的再生铝回收—生产—市场再销售的体系。

2016 年全球铝消费量约为 5961 万吨，从分国家来看，中国消费占比高达53%，其次是美国，需求占比为 9%，德国、印度和日本消费占比依次为 4%、3% 和 3%。根据世界金属统计局的统计，1989 年，全球再生铝的供应仅为 500 万吨，到 2013 年这一数字已经增长到 1534.5 万吨。从产量方面来看，2010 年全球再生铝产量达到了 2000 万吨，全球原生铝产量 4100 万吨，再生铝占到总供应量的 1/3，其中欧美日等发达国家显著高于这一水平。例如，2009 年欧洲再生铝产量 352 万吨，原生铝产量 409 万吨，再生铝占比为 46.2%；美国再生铝产量 302万吨，原生铝产量 199 万吨，再生铝占比超过了 60%；对再生资源最为重视的日本在 2011 年再生铝占全社会铝制品比重已经达到了 99.4%。

国际铝业协会估计，从 19 世纪 80 年代铝工业开始大规模商业化生产以来，全球已生产了 7 亿吨铝，通过循环利用，大约有 3/4 的铝仍然处于使用状态，大约 31% 用于建筑业，29% 用于机械、电线电缆等，28% 用于汽车、飞机、火车、轮船等运输工具，12% 用于其他领域。目前存量铝的总量约相当于全球 14 年原铝的产量。2016 年全球原铝需求量达到 5874 万吨。

我国再生铝工业起步较晚，20 世纪 70 年代后期才初步形成雏形，但当时我国工业基础薄弱，再生铝发展规模较小。直到 20 世纪 80 年代，在铝需求旺盛的拉动下，我国再生铝企业纷纷上马，众多小型再生铝企业和家庭作坊飞速成长。

20 世纪 90 年代以来，外资开始进入我国再生铝行业，废铝进口数量和再生铝产品出口量逐年扩大，我国再生铝产业加快了与国际接轨的步伐。

据中研普华公司公布的数据，从 2008 年开始，我国再生铝产量开始呈现快速上升之势，并在 2012 年达到了 480 万吨；2013 年受经济下行和房地产挤泡沫的影响，我国再生铝产量增长速度有所放缓，但总量仍然达到了 520 万吨。根据国家统计局的数据，2013 年我国共生产原铝 2205.85 万吨，再生铝产量仍然仅占总产量的 23%左右，落后于工业发达国家。另根据中国有色工业协会再生金属分会的数据，2014 年前三季度我国再生铝产量约为 360 万吨，同比增长 2.9%。按照《有色金属工业中长期科技发展规划（2006—2020 年）》，到 2020 年，我国再生铝占铝的总产量比例将提高到 40%，再生铝产业未来的发展空间较为广阔。

12.1 废铝的主要来源

近几十年来，铝废杂料的回收量飞速增长，铝再生资源在整个铝工业原料中的比重也越来越大。从 1950 年开始直到今天，再生铝产量逐年递增，工业发达国家原铝与再生铝的占有比已接近或超出 1∶1。一些工业发达国家如美国再生铝的年均增长率为 6.2%，远远高于同期原铝的 0.1%的增长率。2000 年度，全世界生产再生铝及合金 816 万吨，占原生铝产量的 33%。其中，美国 93%、法国 59%、德国 89%，日本的再生铝产量更是原生铝的 186 倍。

很明显，铝消费量较高的国家也是铝废料产生最多的国家，目前世界铝废料主要集中在美国、欧盟、中国这三个区域。其中欧美很大一部分优质废料在内部回收以制造新的铝材，由于包装和汽车的使用寿命相对短，废料的回收率和回收速度快，所以多余的铝废料就出口，以前中国是欧美破碎汽车铝合金废料主要的进口国。

美国是铝生产和消费历史最悠久的国家，也是世界铝合金废料资源最丰富的地区。它除了满足国内再生铝生产所需废料外，每年还出口 200 万吨废料，占全球废料供应总量的 1/3。2016 年，美国金属铝消费总量 953.8 万吨，其中再生铝 532.5 万吨，占铝金属消费总量的 55.8%。2016 年，美国生产再生铝 650.8 万吨。其中，利用新废料生产 197.2 万吨，占 30.3%；利用旧废料生产 453.6 万吨，占 69.7%。

欧盟占全球铝消费量的 15%以上，铝的消费主要集中在德国、英国、法国、意大利四国，他们是世界上最大的汽车制造商的所在地，全球铝工业的发展在很大程度上取决于这个市场。2016 年，欧盟金属铝消费总量 1023.1 万吨，其中再生铝 462 万吨，占金属消费总量的 44.8%。2016 年，欧盟生产再生铝 528.8 万吨，其中，利用新废料生产 176.7 万吨，占 33.4%；利用旧废料生产 352.1 万吨，占 66.6%。

中国是世界上最大的铝生产国，从 2001 年起铝产量一直位居世界第一。2016 年，我国原铝产量占全球的 54.4%，铝消费总量 4251.8 万吨，其中再生铝 995.2 万吨，占金属消费总量的 23.4%。2016 年，中国生产再生铝 850.7 万吨，其中，利用旧废料生产 306 万吨，占 36%；利用新废料生产 545 万吨，占 64%。

工业发达国家，由于发展较快，达到寿命的铝材越来越多，回收工作引起重视势在必行。各种用途的铝材也就成了废料的不同来源。前面介绍的铝及铝合金的用途中包含了废铝的来源。废铝最大来源是汽车交通、废铝饮料罐、废建筑铝材和电器铝材（废铝电线、导电排等）。一些小废铝制品为家用电器、体育用品等级杂品随着再生技术的发展利用率也不断提高。

12.2　废铝分类

铝合金的应用已深入工农业，生活的各个领域。而其因性能不同成分极不相同，这对回收、再利用带来极大困难。为了用尽量少的成本费用再生铝，保证再生铝的质量使其能够再用于各需要领域，对回收废铝的分类是十分重要的。必须严格区分废铝的质量，包括品种、牌号、制品性质等。混杂的废料如果不加以分类清理、筛选而盲目重熔，则不仅使产品只能降级使用，甚至可能因无法使用而变成垃圾。为此，各先进工业国家都制订了相应的废铝标准或专业标准。

从废料的种类来看，因便于拆解和重熔，加工过程中产生的边角料以及废门窗料颇受到再利用企业的青睐。因大多数加工企业本身具备熔炼能力，所以边角料也通常为己所用，在市场上的流通量十分有限。我国建筑铝型材产能基数庞大，废门窗料的供应相应充足，在废料市场中占有一定的份额。

从废料在铝加工行业的流向来看，由于掺杂废铝对铝材的性能有较大的影响，考虑到市场推广和品牌维护，废铝替代原铝在大中型企业中较为罕见。铝加工行业废料市场的主要对象为小型企业，尤其是建筑铝型材行业较为突出。因金属成分含量的相似性令供应量较大的废门窗料在建材市场中优先实现循环利用。

那么，废铝的使用到底能给企业带来多少利润空间呢？以废门窗料为例，华南地区主流价格区间为 13900~14100 元/吨，华东地区为 13500~13800 元/吨，华北地区为 13000~13300 元/吨。可以看出，在理想情况下，完全使用原铝生产和完全使用废铝生产的成本差价在 3000 元/吨左右。对于微利的门窗类型材企业而言，目前国内废旧金属回收过程中的拆解体系仍处于低级水平，企业面临较高的拆解成本。同时，我国同类铝加工产品中各金属成分含量的比例并未达到高度统一，企业难以确保废金属是否能完全符合要求。此外，国内适用于铝加工行业的优质废铝供应有限，尤其是地区分布不均衡，废铝的供应是一大难题。另外，就单位运输成本来说，废料要高于原铝。

虽然废铝在铝加工材中的运用并不少见，但在铝材原料当中所占份额仍然只是极少量。目前，我国铝材使用的原料中废铝的比例不足 5%。而铝再生过程中遇到的回收、拆解及利用环节标准规范等方面的问题，也暗示了我国铝再生行业的发展任重而道远。

2012~2017 年我国废铝进口情况如图 12-1 所示。2018 年 1 月我国进口废铝来源国家和地区如图 12-2 所示。2018 年 1 月，我国进口废铝 19 万吨，同比增长 11.01%。其中，进口自美国废铝 5.9 万吨，占全月进口量的 31%。

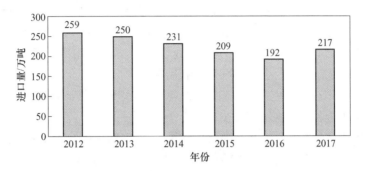

图 12-1　2012~2017 年我国废铝进口量统计

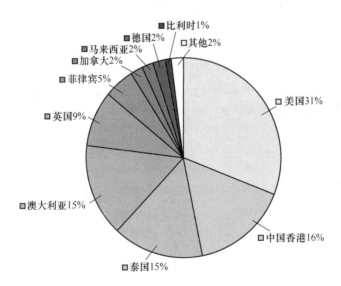

图 12-2　我国进口废铝来源国家和地区

以上地区多属于经济发达地区，其废旧家电、汽车、机电等物资已经过了相当长时期的沉淀积累。相当多的当地铝合金锭厂都有自己的专属废料场，用以收购废铝供应生产。对比进口地区的废铝原料，我国废铝质量明显处于劣势。因此，我国的废铝消费大部分依靠进口也就不足为奇了。但由于 2010 年以来，国内废铝相对国外价格较低，很多国内厂家已经开始选择从国内直接采购废铝。

尽管进口废铝审批力度加大，但我国对进口废铝仍表现一定的依赖性，进口废铝的增长将会较为有限。与此同时，进口废铝质量的提高，将会促进我国再生铝行业的升级发展。

12.3　我国再生铝行业概况

我国再生铝工业在 20 世纪 70 年代后期才形成雏形。2004 之后我国再生铝工业得到快速发展。在国家大力发展循环经济的背景下，国家对再生铝行业寄予了很高期望，已经形成很大规模。目前，我国已成为世界第一大再生铝生产国。此外，我国铝加工（包括铝合金生产）企业也开始尝试利用废杂铝资源，特别是铝型材生产和铸造铝合金生产，废杂铝利用量较大。

与原生铝相比，再生铝不仅具有低能耗、低污染、低成本等突出特点，而且劳动密集型的产业特点也使其至少解决了 60 万人的就业。目前，我国再生铝产量占铝总产量的比例越来越高，同时形成了比较完善的废杂金属回收、拆解、生产、加工体系。生产规模超过 10 万吨的再生铝企业超过 10 家，产能超过 5 万吨的企业有 30 多家，这些大型企业是我国再生铝工业的主力。

近年来，我国再生铝产量逐年稳步上升，2008 年我国再生金属产业保持了持续发展的良好态势，再生铝产量达到 275 万吨，同比增长 10%。2009 年受世界性的金融危机影响，全球铝工业受到重创，但我国再生铝工业保持平稳发展的状态，全年再生铝产量与 2008 年产量相比有明显大幅增长。到 2012 年，我国再生铝产量已达 450 万吨。2008~2013 年我国再生铝产量如图 12-3 所示。2005~2016 年期间，我国再生铝产量从 194 万吨增长至 640 万吨。

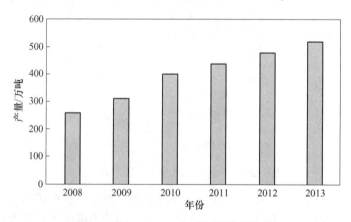

图 12-3　2008~2013 年我国再生铝产量

和工业发达经济体相比，我国的再生铝发展很长一段时间处于比较落后的阶段。在工业发达国家，相当多的铝合金厂商都设有废铝回收部门。回收来的废铝不仅供自身企业生产使用，多余的储量还向我国等发展中国家出售。

2008 年，美国铝产量为 610.8 万吨，其中原生铝产量为 265.9 万吨，再生铝产量为 344.9 万吨。再生铝产量占美国当年铝产量的 56.47%。

欧洲方面，德国作为欧盟最重要的成员国，其 2006 年的铝产量为 131.12 万吨。其中，原生铝产量为 51.55 万吨，再生铝产量为 79.57 万吨。再生铝产量占其当年铝产量的 60.68%。

再生铝行业的发展水平已经是今非昔比。我国再生铝产业的规模、集中度、技术水平、环保装备等都已经出现了非常大的提高，目前我国再生铝行业已经领先于全球再生铝行业。

从行业集中度来看，新建的项目规模较大，基本上都在 10 万吨以上，原来的项目在 5 万吨以上。即使实际产量达不到设计规模，一般企业每年的产销量也在 2 万吨以上。在能耗指标方面，可以实现每吨的再生铝消耗的气在 $80m^3$ 左右，回收率在 92% 以上，这个水平在全球已处于领先。在社会化分工方面，废铝的分选和熔化实现了专业化的分工。把废铝的分选、破碎、打包等预处理过程转到了上游废铝的回收环节，提高了再生铝整个产业链的效率，降低了成本，减少了排放。

虽然铝在生产过程中会消耗大量的能源，但在制成品的使用上却可以节约大量能源。因此，铝及铝合金制品在 21 世纪得到了广泛的应用。

大量的生产实践表明，通过改进技术工艺可以实现节能。而在生产原料的选择上，若以再生铝取代原铝生产电解铝，可以在整个生产过程中节省 95% 的能源，同时，所生产出的产品仍保持着铝的质轻、耐腐蚀的金属属性。

正是再生铝的以上特点，使再生铝的回收和应用成为衡量一个国家铝工业发展是否成熟的重要标志。

12.4 原铝与再生铝

根据生产原料来源的不同，可以分为原铝和再生铝。

原铝的生产原料为铝土矿资源，开采之后，主要生产过程分为两步：第一步为通过一系列化学过程从铝土矿中提炼生产出氧化铝；第二步为通过点解的方式将氧化铝生产成为金属铝，也称电解铝。原铝的生产具有消耗铝矿资源、生产周期间较长、生产过程能耗较大、产品铝金属纯度高的特点。

由于铝金属的抗腐蚀性强，除某些铝制的化工容器和装置外，铝在使用期间几乎不被腐蚀，损失极少，可回收率很高，因此，铝及铝合金制品在使用期满报废后，具有很高的再生利用价值；而且大多数铝制品的重复使用不会改变铝的基本特性，所以铝可以多次循环利用而不丧失其物理和化学特性。在当前使用的金属材料中，铝的可回收性是最好的。这种由废铝或含铝废料，经重新融化提炼得到的铝金属或铝合金，就是再生铝。

　　铝合金锭是再生铝中最主要的产品，以废铝为原料生产铝合金锭的主要生产过程分为两步：第一步为对废铝料进行分选；第二步为对分选出的废铝料进行熔炼，生产出铝合金。与原铝生产相比，再生铝的生产具有不消耗铝矿资源、生产周期短、能耗小、产品为铝合金而非纯铝等特点，成本也大大降低。

　　再生铝和原铝的主要差别具体见表 12-1。

表 12-1　再生铝和原铝的主要差别

差　别	原　铝	再　生　铝
生产原料来源	铝土矿山	废铝料
生产工艺	化学分解提炼、电解	分选、熔炼
能源消耗	很高	低（单位产品能耗为原铝生产的 4%）
对环境影响	很大	小（单位产品温室气体排放量为原铝生产的 4%）
生产产品	原铝金属	铝合金
国家产业政策方向	限制	支持
产业经济模式	传统资源消耗性	循环经济、资源再生型

　　铝作为必需的生产资源不可或缺，由于原铝生产消耗大量的电力、煤炭等资源，同时产生显著的污染和二氧化碳排放，因此被国家列入限制发展的产业。而再生铝生产与原铝有本质的不同，属于应该大力鼓励和提倡的绿色产业。相对于原铝生产高能耗、高污染、高排放的"三高"特性，再生铝具有如下"五低"的具体优势：

　　（1）能源消耗低。根据中国有色金属工业协会测算，从铝矿采选到氧化铝、电解铝的冶炼，再到铝金属产品的生产，综合能耗为 2912 千克标准煤/吨；而再生铝产品生产的能耗只有 120 千克标准煤/吨，仅为铝生产能耗的 4% 左右，从而极大地节约了能源消耗。

　　（2）资源消耗低。我国经济建设需要大量的铝作为原材料，目前我国的铝产量名列世界第一，而我国铝矿保有资源储量只占世界总量的 1.94%，国产铝资源远不能满足需求，需要大量进口。国际上主要铝土矿山资源被发达国家的跨国公司控制，在国际市场上我国进口铝矿资源处于被动地位，影响铝工业长期的战略发展。生产 1t 原铝约需 2t 氧化铝，相当于 5t 铝土矿。如果回收废铝，生产 1t 再生铝就可以节约 5t 铝土矿，同时节约 1.2t 石灰石、22t 水等自然资源。

　　（3）污染物排放低。以废铝生产再生铝，所产生的温室效应气体二氧化碳的排放量只有以火力发电生产原铝的 4%，有害气体氟和赤泥的排放量为零，每生产 1t 再生铝可以少排放二氧化碳 0.9t、二氧化硫 0.07t。根据中国有色金属工业协会再生金属分会公布的数据，2012 年，我国再生金属产量 1039 万吨，其中再生铜 275 万吨、再生铝 480 万吨、再生铅 140 万吨、再生锌 144 万吨。与生产电解铝相比，2012 年我国再生铝产量相当于减少二氧化硫排放 30 万吨，减少二氧化碳排放 432 万吨，相当于 100 余万辆汽车一年的二氧化碳总排放，节能减排效果卓著。再生金属产业的发展，直接推动了金属行业技能减排和循环经济的发展。

（4）建设资金低。相同条件下，再生铝生产的建设投资较少，仅为原铝厂建设投资的 1/10，节省了大量资金和因此带来的基础建设对相应资源、能源的消耗。

（5）再生铝的生产成本低。由于上述原因，再生铝的生产成本明显低于原铝，以废铝作为主要原材料生产下游再生铝合金等产品也具有成本优势。

因此，发展废铝回收再生利用，是节约资源、节约能源、保护环境的有力措施，是我国有色金属行业循环经济的重要组成部分。

12.5 再生铝冶炼和加工

12.5.1 再生铝的熔炼

金属合金熔炼的基本任务就是把某种配比的金属炉料投入熔炉中，经过加热和熔化得到熔体，再对熔体进行成分调整，得到合乎要求的合金液体。在熔炼过程中采取相应的措施控制气体及氧化夹杂物的含量，使其符合规定成分（包括主要组元或杂质元素含量），保证铸件得到适当组织（晶粒细化）高质量合金液。

由于铝元素的特性，铝合金有强烈产生气孔的倾向，同时也极易产生氧化夹杂。因此，防止和去除气体和氧化夹杂就成为铝合金熔炼过程中最突出的问题。为了获得高质量的铝合金液，对其熔炼工艺必须严格把关，并采取措施从各个方面加以控制。

12.5.1.1 铝合金熔炼工艺过程

装炉→熔化（加铜、锌、硅等）→扒渣→加镁、铍等→搅拌→取样→调整成分→搅拌→精炼→扒渣→转炉→精炼变质及静置→铸造。

装炉：正确的装炉方法对减少金属的烧损及缩短熔炼时间很重要。对于反射炉，炉底铺一层铝锭，放入易烧损料，再压上铝锭。熔点较低的回炉料装上层，使它最早熔化，流下将下面的易烧损料覆盖，从而减少烧损。各种炉料应均匀平坦分布。

熔化：熔化过程及熔炼速度对铝锭质量有重要影响。当炉料加热至软化下塌时应适当覆盖熔剂，熔化过程中应注意防止过热，炉料熔化液面呈水平之后，应适当搅动熔体使温度一致，同时也利于加速熔化。熔炼时间过长不仅降低炉子生产效率，而且使熔体含气量增加，因此当熔炼时间超长时应对熔体进行再生精炼。

扒渣：当炉料全部熔化到熔炼温度时即可扒渣。扒渣前应先撒入粉状熔剂（对高镁合金应撒入无钠熔剂）。扒渣应尽量彻底，因为有浮渣存在时易污染金属并增加熔体的含气量。

加镁与加铍：扒渣后，即可向熔体中加入镁锭，同时应加熔剂进行覆盖。对于高镁合金，为防止镁烧损，应加入 0.002% ~ 0.02% 的铍。铍可利用金属还原法从铍氟酸钠中获得，铍氟酸钠与熔剂混合加入。

搅拌：在取样之前和调整成分之后应有足够的时间进行搅拌。搅拌要平稳，不破坏熔体表面氧化膜。

取样：熔体经充分搅拌后，应立即取样，进行炉前分析。

调整成分：当成分不符合标准要求时，应进行补料或冲淡。

熔体的转炉：成分调整后，当熔体温度符合要求时，扒出表面浮渣，即可转炉。

熔体的精炼：变质成分不同，净化变质方法也各有不同。

12.5.1.2　成分调整

在熔炼过程中，金属中各元素均由于它们自身的氧化而减少，它们被氧化程度的多少，不仅与本身对氧的亲和力的大小有关之外，还与该元素在液体合金中的浓度（活度）、生成氧化物的性质，以及所处的温度等因素有关。一般来说，对氧亲和力较大的元素损失多些，铝、镁、硼、钛和锆等对氧亲和力很强；碳、硅、锰等其次；铁、钴、镍、铜及铅等较弱。所以，在熔炼合金中对氧亲和力较强的元素，将要被"优先氧化"而造成过多的损耗；相反，那些对氧亲和力较弱的元素，则能相对地受到"保护"而损耗少些。

通过熔炼后，合金化学成分中某元素因氧化损耗而使其含量增加或降低，应视该元素与基体金属元素的相对损耗而定。相对损耗多的元素其含量将降低，称为"烧损"；相对损耗少的元素，含量将增加，称为"烧增"；为能正确控制熔体的化学成分，在选配金属炉料时，应考虑到熔炼后的变化，在各元素加入量上进行相应的补偿。

在实际的熔炼中，合金中元素的烧损程度还受原材料品质、熔剂及炉渣、操作技术，特别是生成氧化物的性质的影响。

12.5.1.3　熔炼过程中气体和氧化物的防止

铝液中气体及氧化夹杂的主要来源是 H_2O，而 H_2O 是从搅入铝液的表面氧化膜上、炉料表面（特别是受潮气腐蚀的炉料）、熔化浇注工具以及精炼剂、变质剂中带入铝液。搅入铝液的氧化膜以及夹杂物较多的低品级炉料（如溅渣、碎块重熔锭）将在铝液中形成氧化物夹杂物。为此，在熔炼浇注过程中应注意下列各点：

（1）坩埚和熔化浇注工具。使用前应仔细地除去黏附在表面的铁锈、氧化渣、旧涂料层等脏物，然后涂上新涂料，预热烘干后方可使用。熔化浇注工具和转运铝液的坩埚在使用前均应充分预热。

（2）炉料。炉料在使用前应保存在干燥处，如炉料已经受潮气腐蚀则在配料前进行吹砂以除去表面腐蚀层。回炉料表面常常黏附砂子（SiO_2），部分 SiO_2 和铝液会发生下列反应：$4Al+3SiO_2 \rightarrow 2Al_2O_3+3Si$，所生成的 Al_2O_3 及剩余 SiO_2 均在铝液中形成氧化夹杂，故在加这类料前也应在吹砂后使用。由切屑、溅渣等重熔铸成锭的三级回炉料中常含有较多氧化夹杂物及气体，故其使用量应受到严格的限制，一般不超过炉料总量的 15%，对重要铸件则应完全不用。炉料表面也不应有油污、切削冷却液等物，因为各种油脂都是具有复杂结构的碳氢化合物，油脂受热会带入氢。

炉料在加入铝液时必须预热至 150~180℃以上，预热的目的一方面是为了安全，防止铝液与凝结在冷炉料表面上的水分相遇而发生爆炸事故；另一方面是为防止将气体和夹杂物带入铝液。

（3）精炼剂、变质剂。其中有些组元很容易吸收大气中的水分而潮解，有些本身含有结晶水，因此，在使用前应经充分烘干，某些物质（如 $ZnCl_2$）则需经重熔去水分后方能使用。

（4）熔化、浇注过程的操作。熔化搅拌铝液应平稳，尽量不使表面氧化膜及空气搅入铝液中。应尽量减少铝液的转注次数，转注时应减低液流的下落高度和减少飞溅。浇注时浇包嘴应尽量接近浇口杯以减少液流的下落高度，并应匀速浇注，使铝液的飞溅及涡流减至最少。在浇注完铸件后，勺中剩下的铝液不应倒回坩埚而浇入锭模，否则将使铝液中氧化夹杂不断增加。在坩埚底部约 50~100mm 深处的铝液中沉积有较多量的 Al_2O_3 等夹杂物，因此不能用来浇注铸件。

（5）熔炼温度、熔炼及浇注过程的持续时间。升高温度将加速铝液与 H_2O、O_2 之间的反应，氢在铝液的溶解度也随熔炼温度的升高而急剧增加。当温度高于 900℃时，铝液表面氧化膜变得不致密，更使上述反应显著加剧，故大多数铝合金的熔炼温度一般不超过 760℃。对于铝液表面氧化保护膜疏松的铝镁合金，铝液与 H_2O、O_2 间的反应对温度的升高更为敏感，因此对铝镁合金的熔炼温度限制更严（一般不超过 700℃）。

熔炼及浇注过程的持续时间（尤其是精炼后至浇注完毕相距的时间）越长，铝液中气体及氧化夹杂物含量也越高。因此，应尽量缩短熔炼及浇注的持续时间，特别是应尽量缩短精炼至浇注完毕的时间，工厂中一般要求在精炼后 2 小时内浇完，如浇不完则应重新精炼。在天气潮湿地区以及铸件要求针孔度级别较高，或是易产生气孔、夹杂的合金，则浇注时间应限制得更短。

12.5.2   再生铝的精炼除杂

当金属熔化成分调整完毕后，接下来就是铝液的精炼工序。铝合金精炼的目的是经过采取除气、除杂措施后获得高清洁度的、低含气量的合金液。精炼有下列几种方法：加入氯化物（$ZnCl_2$、$MnCl_2$、$AlCl_3$、C_2Cl_6、$TiCl_4$ 等）；通气法（通入 N_2、Cl_2 或 N_2 和 Cl_2 混合物）；真空处理法；添加无毒精炼剂法；超声波处理。

按其原理来说，精炼工序有两方面的功能：对溶解态的氢，主要依靠扩散作用使氢脱离铝液；对氧化物夹杂，主要通过加入熔剂或气泡等介质表面的吸附作用来去除。

12.5.2.1   除气

一般都是采用浮游法来除气，其原理是在铝液中通入某种不含氢的气体产生气泡，利用这些气泡在上浮过程中将溶解的氢带出铝液，逸入大气。为了得到较好的精炼效果，应使导入气体的铁管尽量压入熔池深处，铁管下端距离坩埚底部 $100 \sim 150$mm，以使气泡上浮的行程加长，同时又不至于把沉于铝液底部的夹杂物搅起。通入气体时应使铁管在铝液内缓慢地横向移动，以使熔池各处均有气泡通过。尽量采用较低的通气压力和速度，因为这样形成的气泡较小，扩大气泡的表面积；且由于气泡小，上浮速度也慢，因而能去除较多的夹杂和气体。同时，为保证良好的精炼效果，精炼温度的选择应适当，温度过高则生成的气泡较大而很快上浮，使精炼效果变差；温度过低时铝液的黏度较大，不利于铝液中的气体充分排出，同样也会降低精炼效果。

用超声波处理铝液也能有效地除气。它的原理是通过向铝液中通入弹性波，在铝液内引起"空穴"现象，这样就破坏了铝液结构的连续性，产生了无数显微真空穴，溶于铝液中的氢迅速地逸入这些空穴中成为气泡核心，继续长大后呈气泡状逸出铝液，从而达到精炼效果。

12.5.2.2   除杂

对于非金属夹杂，使用气体精炼方法能够有效去除，对于要求较高的材料还可以在浇注过程中采用过滤网的方法或使熔体通过熔融熔剂层进行机械过滤等来去除杂质。

对于金属杂质，一般的处理方法是化有害因素为有利因素。即通过合金化方法将其变为有益的第二相，以利于材料性能的发挥。对于一定要去除的，多数情况下是利用不同元素沸点差异进行高温低压选择性蒸馏，来达到除去金属杂质的目的。

由含铝废料熔炼成的铝合金往往含有超标的金属元素，应尽量将其除去。可以采用选择性氧化，可将与氧亲和力比铝与氧亲和力大的各种金属杂质从熔体中除去。例如，镁、锌、钙、锆等元素，通过搅拌熔体加快这些杂质元素的氧化，使这些金属氧化物不溶于铝液而进入渣中，这样就可以通过撇渣将其从铝熔体中去除。

还可以利用溶解度的差异来除去合金中的金属杂质。例如，将被杂质污染的铝合金与能很好溶解铝而不溶解杂质的金属共熔，然后用过滤的方法分离出铝合金液体，再用真空蒸馏法将加入的金属除去。通常用加入镁、锌、汞来除去铝中的铁、硅和其他杂质，然后用真空蒸馏法脱除这些加入的金属。例如，将被杂质污染的铝合金与30%的镁共熔，在近于共晶温度下将合金静置一段时间，滤去含铁和硅的初析出晶相，再在850℃下真空脱镁，此时蒸气压高的杂质（如锌、铅等）也与镁一起脱除，除镁后的纯净铝合金即可铸锭。

为了进一步提高铝合金液质量，或者某些牌号铝合金要求严格控制含氢量及夹杂物时，可采用联合精炼法，即同时使用两种精炼方法。如氯盐-过滤联合精炼、吹氩-熔剂联合精炼等方法，都能获得比单一精炼更好的效果。

12.5.2.3 组织控制与变质处理

A 亚共晶和共晶型铝硅合金的变质处理

铝硅合金共晶体中的硅相在自发生长条件下会长成片状，甚至出现粗大的多角形板状硅相，这些形态的硅相将严重割裂 Al 基体，在 Si 相的尖端和棱角处引起应力集中，合金容易沿晶粒的边界处，或者板状 Si 本身开裂而形成裂纹，使合金变脆，机械性能特别是伸长率显著降低，切削加工功能也不好。为了改变硅的存在状态，提高合金的力学性能，长期以来一直采用变质处理技术。

B 变质元素

对共晶硅有变质效果的元素有钠（Na）、锶（Sr）、硫（S）、镧（La）、铈（Ce）、锑（Sb）、碲（Te）等。目前研究主要集中在钠、锶、稀土等几种变质剂上。

钠变质：钠（Na）是最早而最有效的共晶硅变质元素，加入方式有金属钠、钠盐及碳酸钠三种。金属钠最初采用的变质剂是金属钠，钠的变质效果最佳，可以有效细化共晶组织，加入较小的量（约 0.005%~0.01%），即可把共晶硅相从针状变质成为完全均匀的纤维状。但采用金属钠变质存在一些缺点，首先变质温度为740℃，已接近钠的沸点（892℃），因此铝液容易沸腾，产生飞溅，促使铝液氧化吸气，操作不安全；其次，钠比重小（0.97），变质时富集在铝液表面层，使上层铝液变质过度，底部变质不足，变质效果极不稳定；同时，钠极易与水气反应生成氢气，增加铝液的含气量。钠化学性质非常活泼，在空气中极易和氧气等反应，一般要浸泡在煤油中保存，在使用前必须除去煤油，这也是一件难度很大的事情，但不除去又会给铝液中带入气体和夹杂。

生产中一般应用的钠变质剂是含 NaF 等卤盐的混合物钠盐，利用钠盐和铝反应生成钠而起变质作用。但这些钠盐极易带入水气，会增大合金吸气氧化倾向，同时这些钠盐对环境具有腐蚀作用，对身体健康有损害。

以碳酸钠为主的钠变质剂是为克服采用上述钠盐变质的环保问题而开发的无公害变质剂。利用碳酸钠和铝、镁在高温下反应，生成钠而起到变质作用，此反应过程和反应产物都是无毒的。同样，这类无公害变质剂也存在着吸水而增加铝合金吸气氧化倾向的问题。

采用钠变质还有一个不容忽视的缺点，就是变质效果维持时间短，是一种非长效变质剂。钠盐变质剂的有效期只有 30~60min，超过此时间，变质效果自行消失，温度越高，失效越快。因此，要求变质过的铝液必须在短时间内用掉，重熔时，必须重新变质。而且，精确控制钠变质的过程是比较困难的，所以目前钠变质正逐渐被一些长效变质方法所取代。

锶变质：锶（Sr）是一种长效变质剂，变质效果与钠相当，且不存在钠变质的缺点，是颇有应用前途的变质剂。英国、荷兰等国从 20 世纪 80 年代初就开始推广应用锶变质方法。目前，对于锶变质，国内外做了不少研究，我国使用锶代替钠或钠盐的规模也在日益扩大。锶变质有如下优点：（1）变质效果良好，有效期长；（2）变质过程，无烟、无毒，不污染环境，不腐蚀设备、工具，不损害健康，操作方便；（3）易获得满意的力学性能；（4）回炉料有一定的重熔变质效果；（5）铸件成品率高，综合经济效益显著。但是，实践表明，变质后的合金易产生缩松，增加铸件的针孔度，降低合金的致密性，出现力学性能衰退的现象。

锑变质：锑（Sb）可使共晶硅由针状变为层片状。为获得层片状，其最佳加入范围通常为 0.15%~0.2%。它的变质效果不如钠和锶。加锑变质的突出优点是变质时间长（8 小时以上）。锑的熔点 630.5℃，密度为 $6.68g/cm^3$，所以，比较容易控制锑含量，不易造成变质不足和过变质现象，也不增大铝液的吸气与氧化夹杂倾向。但它的变质效果受冷却速度的影响较大，对金属型和冷却较快的铸件有较好的变质效果，但对缓冷的厚壁砂型铸件变质效果不明显，使用上受到一定限制。

碲变质：碲（Te）是我国研究成功的变质剂。碲变质的作用和锑变质相似，是促使硅以片状分枝方式被细化，而不能变为纤维状，变质效果比锑强。其变质效果具有长效性，变质后经 8 小时或重熔效果不变。同样，它的变质效果受冷却速度的影响也较大。

钡变质：钡（Ba）对共晶硅具有良好的变质作用。与钠、锶、锑相比较，钡的变质效果比较长效，加入量范围宽，加入 0.017%~0.2% 的钡都能获得良好的变质组织。加入钡后，合金的抗拉强度明显提高，连续重熔，变质效果仍能保持，变质效果令人满意。采用钡变质的不足之处是对铸件的壁厚敏感性大，对厚壁铸件的变质效果差，为了获得良好的变质效果，必须快冷。同时，钡对氯化物敏感，一般不用氯气或氯盐来精炼。

稀土变质：稀土在铝及铝合金中应用较早的国家是德国，德国早在第一次世界大战期间就成功地使用了含稀土的铝合金。稀土元素可以达到与钠、锶相似的变质效果，即可使共晶硅由片状变成短棒状和球状，改善合金的性能。而且稀土的变质作用具有相对长效性和重熔稳定性，其变质效果可维持 5~7 小时，经对 La 变质寿命进行检验，含 La 0.056% 的变质合金，经反复熔化-凝固 10 次仍有变质效果。稀土由于其化学性质的活泼性，极易与 O_2、N_2、H_2 等发生反应，从而起到脱氢、脱氧、去氧化皮等作用，因而可以净化铝液。总之，稀土在 Al-Si 合金中兼有精炼和变质的双重效果，变质效果具有相当长效性和重熔稳定性。稀土元素的加入提高了合金的流动性，改善了合金的铸造性能，优化了合金的内在质量。还有一个最大的优点就是加入稀土不产生烟气，对环境不造成污染，顺应了时代发展的需要。

12.5.2.4 变质剂的选择

目前铝合金铸造生产中应用最广的是钠盐变质剂，由钠和钾的卤素盐类组成。这类变质剂使用可靠、效果稳定。变质剂的组成中，NaF 能起变质作用。与铝液接触后发生如下反应：$3NaF+Al \rightarrow AlF_3+3Na$。反应生成的钠进入铝液中，起变质作用。由于 NaF 熔点高（992℃），为了降低变质温度，以减少高温下铝液的吸气和氧化，在变质剂中加入 NaCl、KCl。加入一定量的 NaCl、KCl 组成的三元变质剂，其熔点在 800℃ 以下，在一般变质温度下处于熔融状态，有利于变质的进行，提高变质速度和效果。此外，呈熔融状态的变质剂容易在液面形成一层连续的覆盖层，提高了变质剂的覆盖作用。为此，NaCl、KCl 又称为助熔剂。

有的变质剂中加入一定量的冰晶石（Na_3AlF_6），这种变质剂具有变质、精炼、覆盖作用，一般称为"通用变质剂"。浇注重要铸件或对铝液的冶金质量要求较高时常采用此变质剂。在生产中，变质工序一般多在精炼之后、浇注之前进行。变质温度应稍高于浇注温度，而变质剂的熔点最好介于变质温度和浇注温度之间，这样使变质剂在变质时处于液态，并且变质后即可进行浇注，免得停放时间长造成变质失效。此外，在变质处理完毕后，变质后的熔渣已经变为很稠的固体，便于扒去，不致把残留的熔剂浇入铸型中，形成熔剂夹渣。

选择变质剂时，一般根据所要求的浇注温度来确定变质剂的熔点和变质温度，接着就可以按照所选的变质剂熔点选择合适的变质剂成分。

12.5.2.5　变质工艺因素的影响

变质工艺因素主要为变质温度、变质时间、变质剂种类及用量。

变质温度：温度高些，对变质反应进行有利，钠的回收率高，变质速度快，效果好。但变质温度不能过高，过高会急剧增加铝液的氧化和吸气，并使铝液中铁杂质增加，降低坩埚的使用寿命。一般来说，变质温度应选择稍高于浇注温度为宜。这样避免了变质温度过高，可以减少变质后调整温度的时间，有利于提高变质效果和铝液的冶金质量。

变质时间：变质温度越高以及铝液和变质剂接触的状况越好，所需的变质时间就越短。变质时间应按具体情况在实验的基础上确定。变质时间太短，则变质反应进行不完全；变质时间过长，会增加变质剂的烧损，增加合金的吸气和氧化。变质时间由两部分组成：变质剂覆盖时间一般为 10~15min，压入时间一般为 2~3min。

变质剂种类及用量：应根据合金的种类、铸造工艺及对组织控制的具体要求，选择合适的变质剂种类及用量。选择无毒、无污染并有长效变质效果的变质剂是目前铝合金熔炼工艺的发展方向。

在生产实践中，应考虑到变质剂反应可能进行不完全，所以变质剂用量不能过少，否则变质效果不好；但变质剂用量也不宜过多，过多会产生过变质现象。因此，变质剂用量一般规定为占炉料重量的 1%~3%。在生产中，通常加入 2% 就可以保证良好的变质效果。对于金属型铸造的铸件，变质剂用量可适当减少。当采用通用变质剂时，除了考虑变质效果外，还要考虑对这种变质剂的覆盖、精炼能力的要求，通常其变质剂用量为铝液重量的 2%~3%。

12.5.2.6　变质处理的炉前检验

浇注试样，冷却后敲开，根据断口形状判断变质效果。若变质不足，则晶粒粗大，断口呈灰暗色，并有发亮光的硅晶粒可见；若变质正常，则晶粒较细，断口呈白色丝绒状，没有硅晶粒亮点；若变质过度，则晶粒粗大，断口呈现蓝灰色，有硅的亮晶点。

12.5.2.7　过共晶铝硅合金变质处理

过共晶 Al-Si 合金由于含硅量多，使合金的热膨胀系数降低，耐磨性提高，适用于内燃机活塞等耐磨零件。过共晶 Al-Si 合金组织中存在板状初晶硅和针状共晶硅。初晶硅作为硬质点可提高合金的耐磨性，但因为它硬而脆，对合金机械性能不利，并使合金的切削加工性能变坏，因此，过共晶 Al-Si 合金中的共晶硅和初晶硅都要进行变质处理。

长期以来，初晶硅的细化得到了深入的研究。采用超声波振动结晶法、急冷法、过热熔化、低温铸造等都能取得一定效果。但是效果最稳定、在工业上最有使用价值的还是加入变质剂。

目前，实际用于生产的变质剂是磷单质。赤磷使用最早，当加入量为合金重量的 0.5% 时，即可使初晶硅细化。但由于磷的燃点低（240℃）、运输不安全，变质时磷会激烈燃烧，产生大量烟雾，污染空气，同时也使铝液吸收更多的气体，所以磷多与其他化合物混合使用。现在工业上比较常用的方法是以 Cu-P 中间合金形式加入。中间合金含磷量一般为 8% ~ 10%，加入量在 0.5% ~ 0.8% 之间。

关于磷对铝硅合金变质的机理，一般认为是磷在合金液中与 Al 形成大量高熔点的 AlP 质点，AlP 与硅相的晶体结构相似，晶格常数相近，AlP 属闪锌矿型结构，晶格常数 $a = 0.5451\mathrm{nm}$，熔点为 1060℃，硅晶体的晶格常数 $a = 0.5428\mathrm{nm}$，AlP 与硅的最小原子间距离也十分相近，硅为 2.44，AlP 为 2.56，AlP 可作为初生硅的非自发核心，从而细化初生硅。

12.5.3 再生铝设备

12.5.3.1 废铝熔化工艺设备

工业及生活器具回收废铝的特点是成分杂、品种多、体积大小及厚度不一。对这种原料的熔化处理存在烧损大、单耗高、粉尘多、铝水成分不稳定等特点，废铝熔化工艺如图 12-4 所示，对熔化工艺设备需提出特殊要求。一般来说，为适应废铝的体积大、杂质多等情况，通常采用反射高容积的室式炉为主熔炉，再配上用作调质处理的精炼炉来完成废铝的熔炼过程，设计采用 50t、25t、15t、8t、6t、4t 等多种规格的废铝反射式熔炼炉。

为了提高成材率，应保持较高的炉温（90~1000℃），从而提高熔化速度和减少熔化烧损，一般大炉子熔化率都在 5~6t/h，小炉子 2t/h 以上。燃烧器上采用高压油烧嘴和中速燃气烧嘴来提高铝锭的表面热交换，提高熔化速度，特别是在炉膛中采用中性或弱还原性气氛进行加热。

为了提高炉子的热效率，降低燃耗，废铝炉上应用板箱式空气预热器，预热空气温度在 300~400℃左右，使单耗降低 15%~20%。

在耐火材料方面，结合废铝的熔炼特点，应用不定型和定型耐火材料作为主体筑炉材料，选用高铝质或抗渣性较好、密度高的含铬质耐火材料。

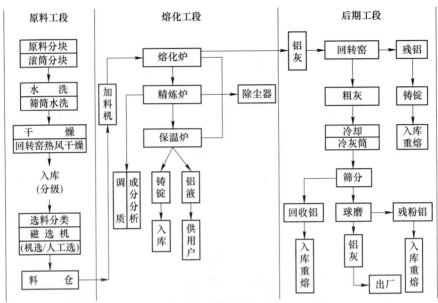

图 12-4　废铝熔化工艺

废铝熔化主要设备有加料机、铸锭机、预热器、回转窑、侧井炉、冷灰桶、筛料机、布袋除尘器等设备，如图 12-5~图 12-9 所示。

图 12-5　废铝熔化设备——铝屑熔化侧井炉

12.5.3.2　铝屑新熔炼工艺设备

各种车削铝件的废屑在回收重熔上用普通的反射炉来重熔时，铝屑浮在熔池表面，由于体积小、表面积大，在高温火焰下很快就会被氧化，一般有高达 70% 的烧损，回收率很低。要降低铝屑回收再生的烧损，目前较好的方式就是改变将铝屑用火焰直接熔化的老工艺，用高温铝液直接熔化铝屑，如图 12-10 所示。这

图 12-6 废铝熔化设备——冷灰桶

图 12-7 废铝熔化设备——回转窑

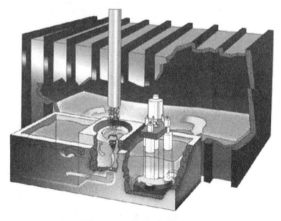

图 12-8 废铝熔化设备

种方法的关键之处是如何能快速通过一种装置将铝屑沉入铝液内，减少铝屑在空气中同火焰直接接触的时间，以减少烧损。可采用旋转方式，强制将铝屑快速沉

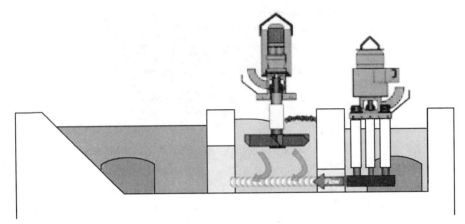

图 12-9　侧井剖面

入铝水中，这种方法将由一个旋转发生器来完成，形成旋转的方法有喷射式、吸入式、感应式三种。用这种方式熔化铝屑的成材率可达 80% 左右，比火焰直接加热法的 30% 成材率要高很多，成本低、经济效果好。一个年产 4320t 铝锭的炉子，按 80% 成材率计算，需要原料 5400t，同样的原料用原来的工艺生产只能出铝锭 1620t，新旧工艺产量相差 2700t。

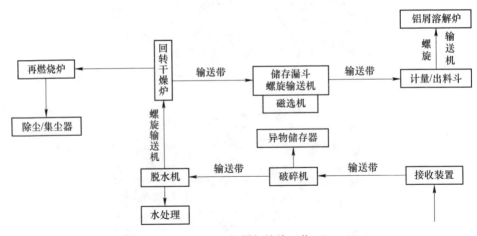

图 12-10　铝屑新熔炼工艺

　　铝屑熔化设计分两种：单纯铝屑熔炼炉和铝锭铝屑兼熔炉，实例如图 12-11 所示。

　　铝屑熔炼工艺中除主熔化炉外，还需配套清洗机、破碎机、烘干热风回转窑、磁选机、废气焚烧炉、布袋除尘器等辅助设备。精炼炉中加设搅拌器，以加强合金材料的均质性。

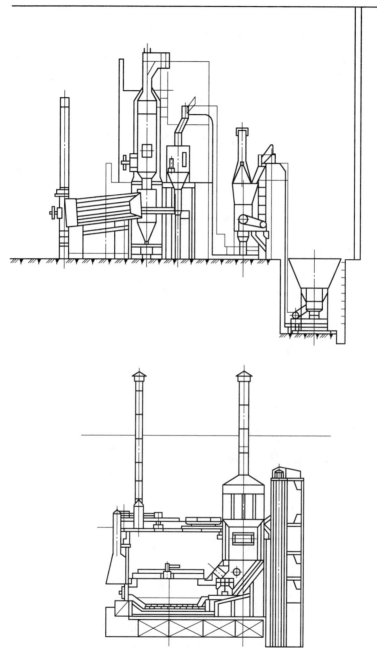

图 12-11 生产率 600kg/h 的铝锭铝屑熔炼炉及工艺设备流程图

12.6 我国再生铝行业竞争格局

再生铝行业在我国由于发展较早且技术门槛较低，是个充分竞争的市场，行业市场化程度较高，行业内企业数量众多。行业集中度与发达国家相比仍然较低，美国最大的再生铝生产企业 Aleris 2011 年共生产再生铝产品 128.2 万吨，其中美国本土冶炼厂共生产 89.45 万吨，占当年美国再生铝总量的 29.6%；日本最大的再生铝生产企业大纪铝业，目前在日本国内拥有 30 万吨产能，约占日本总产能的 30%。我国最大的再生铝生产企业产量占全国总产量的比例在 2013 年才首次超过 10%。

近年来，在市场不景气的情况下，我国再生铝行业出现了重新洗牌的现象，中小型企业逐步退出竞争，大型企业逆势扩充产能，行业集中度不断提高。2013年工信部颁布的《铝行业规范条件》规定：新建再生铝项目，规模必须在 10 万吨/年以上；现有再生铝企业的生产准入规模为大于 5 万吨/年。在市场和政策的双重作用下，2013 年，我国再生铝产量已相当于原铝产量的 23.6%，产能超过10 万吨的企业已经达到数十家，其中 5 家年产超过了 30 万吨，企业规模分别较前几年更趋合理[5~7]。

12.7　我国再生铝行业的发展展望

在存量铝和废铝方面，随着我国经济的快速发展，铝消费量在 21 世纪出现了爆发式增长，目前已成为全球最大的铝消费国，社会存量铝的规模快速增长。铝制品根据应用产品的不同有着不同的寿命，随着越来越多的铝制品进入了更新换代周期，我国废铝的供应量已经步入持续快速增加的阶段，废铝原料对外依存度逐年降低。2013 年，我国废铝原料来源中 38% 左右依靠进口，而 62% 是由国内产生的，预计未来国产废铝比例将进一步提高。

在经济增长和城市化方面，我国相对发达国家城市化水平仍然较低。工业发达国家中以美国为例，其城市化率在 80% 以上，根据统计数据计算出人均铝消费量在 30kg 以上。我国在 1996 年时城市化率超过 30%，之后进入高速发展阶段，到 2011 年城市化率首次超过 50%，预计到 2020 年我国城市化率将达到 60%，到 2030 年达到 65%。根据北京安泰科信息开发有限公司的预测，我国人均铝消费量有望从 2012 年的 17.4kg 上升到 2020 年的 30kg。

在政策导向和规划方面，由于我国目前再生铝占原铝产量仍然低于 1/3 的全球平均水平，较发达国家 1/2 以上比例的差距非常大，未来发展前景广阔。在国家相关政策的指导和支持下，铝资源的再生利用越来越受到社会的重视，同时废铝供应也在逐渐增加，再生铝行业在我国目前处于快速发展阶段，行业规模快速增加，再生铝产量从 2002 年的 100 万吨快速增加至 2013 年的 520 万吨，年复合增长率达到 12.94%；2016 年达到 640 万吨。按照《有色金属工业中长期科技发展规划（2006—2020 年）》，到 2020 年，我国再生铝占铝的总产量比例将提高到 40%，按照 2020 年产量 1440 万吨来计算，届时再生铝产量将达到 960 万吨，相当于在 2014 年产量的基础上增长 80% 以上。

综上所述，节能减排、低碳经济以及城市化的稳步推进都有利于再生铝行业的发展。

参 考 文 献

［1］郭峰，袁孚胜 . 再生铝加工生产技术及发展方向 ［J］. 有色冶金设计与研究，2015（1）：28-30.

［2］王平 . 我国再生铝工业的发展机遇 ［J］. 世界有色金属，2004（8）：19-22.

［3］阮海峰 . 我国铝废料回收市场状况及发展趋势 ［J］. 有色金属再生与利用，2004（4）：26-28.

［4］翟昕 . 原生铝与再生铝缘何一热一冷两重天 ［J］. 有色金属再生与利用，2004（4）：10-11.

［5］胡沙，王文 . 再生铝加工生产技术及发展方向 ［J］. 化工设计通讯，2016（4）：174，195.

［6］陈越 . 对我国再生铝生产的几点看法 ［J］. 中国物资再生，1999（1）：14-15.

［7］杨遇春 . 再生铝——适应可持续发展的绿色产业 ［J］. 中国工程科学，2003（1）：24-32.

13　金属再生过程的二噁英减排技术

二噁英是有毒的物质，主要产生于垃圾焚烧、含氯的有机物不充分燃烧和农药，包括多氯代二苯并-对-二噁英和多氯代二苯呋喃，具有高熔点、高沸点的特点，化学性质稳定，在低温下也很稳定，当温度超过 750℃时，容易分解。联合国环境规划署（UNEP）《二噁英类污染源清单调查工具包》将已知的二噁英类污染源划分了 10 大类 62 个子类，子类中包括了再生有色金属行业。

2001 年 5 月 21 日，联合国环境署在瑞典首都斯德哥尔摩召开了外交全权代表会议，会议通过了旨在控制和消除"持久性有机污染物"（简称 POPs）及其污染影响的《斯德哥尔摩公约》，首批列入公约控制的 POPs 共有三类 12 种，二噁英属于其中的一类。2004 年 11 月 11 日，该公约在中国正式生效。目前全世界已经有 150 多个国家和区域经济一体化组织签署了该公约。

13.1　二噁英的结构性质和危害

我国 GB 18484—2001、GB 18485—2001、HJ/T 176—2005、HJ/T 177—2005 等均规定"二噁英"为多氯代二苯并-对-二噁英（poly chlorinated dibenzo-p-dioxins，PCDDs）和多氯代二苯并呋喃（poly chlorinated dibenzo furans，PCDFs）的总称，英文为"Dioxins"（简写为 DXN）、我国台湾音译为"戴奥辛"，常用"PCDD/Fs"表示。有的文献将与其结构及性质类似的多氯代联苯（poly chlorinated byphenyls，PCBs）以及更广泛的卤代芳烃也归入二噁英类[1]。

PCDDs 由 2 个氧原子联结 2 个被氯原子取代的苯环，PCDFs 由 1 个氧原子联结 2 个被氯原子取代的苯环；每个苯环上的氢原子都可以被 1~4 个氯原子取代，由于取代的位置和数量的不同可形成 210 种异构体（PCDDs 有 75 种、PCDFs 有 135 种）。

PCDD/Fs 为白色结晶体，是一种非常稳定的化合物，熔点 303~306℃、沸点 421~447℃，相对分子量 322，25℃时密度 1.827g/cm^3，没有极性、极难溶于水（水中溶解度为 0.2ng/L）和酸碱，可溶于大部分有机溶剂（在甲醇、苯、二氯苯中分别为 1.048g/L、57g/L 和 14g/L），700℃以上才开始分解，高速降解需 1300℃以上；具有脂溶性和亲脂性，可通过脂质转移而富集于食物链并积聚于脂肪组织内，排出人体和动物体的半衰期为 5~10 年、平均为 7 年；自然界中极难自然降解，在土壤中的半衰期为 9~12 年；其蒸气压极低（为 2.3×10^{-4}Pa），在空气中除可被气溶胶体颗粒吸附之外很少能游离存在，主要积聚于地面、植物表面或江河湖海淤泥中。

13.1.1　二噁英的危害

大量研究表明，很低浓度的 PCDD/Fs 对动物可表现出致死效应。人体暴露在很低浓度的 PCDD/Fs 环境中，可引起皮肤痤疮、头痛、失聪、忧郁、失眠、内分泌紊乱、生殖及免疫机能失调等，并可导致染色体损伤、心力衰竭等，其最大危险是具有不可逆的致畸、致癌、致突变"三致"毒性。PCDD/Fs 是迄今为止发现过的最具致癌潜力的物质（致癌毒性是曲霉素的 10 倍、3，4-苯并芘的数倍），国际癌症研究中心已将其列入人类一级致癌物。不仅如此，而且还会造成雌性化，如精子减少、睾丸发育中断、永久性性功能障碍、性别自我认知障碍；女性可能造成子宫癌变畸形、乳腺癌等，儿童可造成免疫能力、智力和运动能力的永久障碍，如多动症、痴呆、免疫功能下降等，科学家们甚至担心人类的进化是否会被这类物质终止。为此，WHO 规定的人体每日容许摄入量已从 1990 年的 10pg/kg（$1pg = 10^{-15}kg$）降至 1998 年的 1~4pg/kg[2]。

在 PCDD/Fs 众多异构体中，其毒性可相差 1000 倍，有 17 种 2，3，7，8 位置被氯取代的化合物毒性最明显；其中又以 2，3，7，8-四氯二苯对二氧芑（简称 TCDD）毒性为最大，大致相当于沙林的 10 倍、氰化钾的 1000 倍、砒霜的 900 倍；其皮肤接触毒性是 DDT 农药的 20000 倍，摄入毒性是 DDT 农药的 4000 倍。PCDD/Fs 是目前世界上毒性最强的剧毒化合物，1 盎司（28.35 克）就足以置 100 万人于死地。

对于 PCDD/Fs 的毒性评价，通常采用毒性当量（toxic equivalency，TEQ）来定量表示这类污染物的毒性：2，3，7，8-四氯代二苯对二噁英（即 TCDD）毒性当量因子定义为 1，将各种 PCDD/Fs 异构体的含量（浓度）乘以其相应的毒性当量因子（toxic equivalency factor，TEF）并加和，我国 GB 18484—2001 和 GB 18485—2001 中规定的毒性当量计算公式均为：

$$TEQ = \sum（二噁英毒性同类物浓度 \times TEF）$$

13.1.2　PCDD/Fs 检测

需要分别定量分析近 20 种相似化合物的浓度，然后再通过浓度数值计算其毒性当量浓度（或毒性等价浓度）。由于要检测的目标物质均为超低微量，而且又必须一个一个定量分析，中间提纯等处理过程十分复杂，且对选择性、回收率、分离度、灵敏度、准确度、可重复性等都有很高的要求，一般要耗费 10 天左右时间，仪器设备价格十分昂贵。

目前的分析方法主要有气相色谱法（GC）、液相色谱法（LC）、胶束电动色谱法（MEKC）、质谱法（MS）、气-质联用法（GC/MS）、生物检测法等，我国GB 18485 中要求采用的方法为"色谱-质谱联用法"。

13.1.3　来源

二噁英的生成机理决定了其生成和排放量与操作条件之前存在着相关性，例如在高温过程中，二噁英主要通过下列两种途径生成：

（1）通过从头合成（DeNovo）反应。从飞灰上所含的巨碳分子（残留碳）及有机氯或无机氯的混合基质在低温时（250~400℃）反应生成。

（2）前驱物异相催化反应。经由不完全燃烧存在于气相中的有机前驱物（如氯酚、氯苯等），借助与飞灰表面的结合及催化反应而产生。

根据图 13-1 所示的生成机理，可通过规定操作条件来避免二噁英大量生成排放。

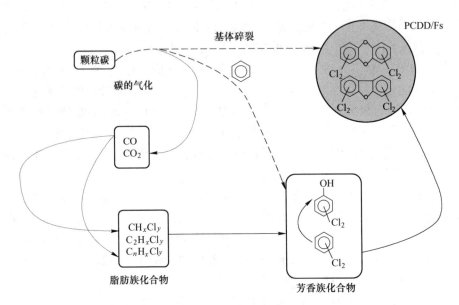

图 13-1　高温过程中二噁英的生成机理

对不同的国家和地区，各来源所占的比例各不相同。对工业发达国家，是以燃烧过程（图 13-1）为主要污染源。而我国由于技术水平的限制，污染主要来自工业生产过程（图 13-2）。

（1）燃烧和焚化过程：当存在含氯原料时，各种燃烧过程均可产生二噁英，如垃圾焚化、高温炼钢、熔铁、废旧金属回炉，还有如煤、木材、石油产品等的供热燃烧，均有二噁英产生。

（2）化工业生产过程：二噁英类持久性有机污染物作为伴生物多产于杀虫

剂、防腐剂、除草剂等农药的副产品中。由于二噁英可通过氯化自然界存在的酚类物质而形成，因此在造纸工业中也会产生二噁英。

（3）在冶炼、焚烧、合成、热处理等工业生产过程也会有二噁英产生。

（4）"蓄积库"来源：二噁英不易降解并难溶水的性质，导致它们积聚于土壤、底泥和有机物中，并且在垃圾填埋场中持续存在。

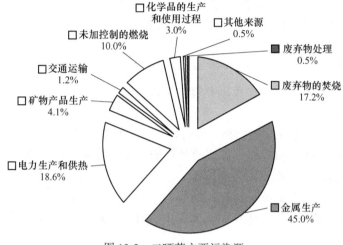

图 13-2　二噁英主要污染源

13.2　废弃物焚烧二噁英削减控制

废弃物焚烧设施应根据废弃物种类和特征选用合理和成熟的炉型，审慎采用目前尚未得到实际应用验证的焚烧炉型。焚烧设施应配备先进、完善和可靠的自动控制系统。对于二噁英类的削减控制可以通过以下方式实现：二次燃烧室、快速冷却系统、除尘系统、催化氧化等[3~10]。

（1）二次燃烧室：二次燃烧室用于处理尾气中未燃烧或者部分燃烧的含碳化合物。根据具体条件可能需要添加催化剂、额外的燃烧空气或助燃气体（天然气）。使用二次燃烧室工序时应指出达到销毁目的的最低温度。

（2）快速冷却系统：水冷系统可用于焚烧尾气的快速冷却，使尾气的温度急速冷却至所需的温度（如200℃）之下，该系统应该和废水处理系统一同使用，具有能将排放烟气温度从300~400℃迅速降至250℃以下的烟气冷却装置。

（3）布袋除尘器：二噁英类除通过尾气释放到环境中外，飞灰也是其释放的重要途径。飞灰富含二噁英类的主要原因是其具有较大的比表面积。对二噁英类的排放削减，静电除尘器的去除效率无法达到要求，布袋除尘器的效率则高很多。若添加活性炭等吸附剂，去除效率则会更高。布袋除尘器是废弃物焚烧炉除尘系统的必备设施，企业未配备布袋除尘器的应进行淘汰或自行配备。

（4）活性炭吸附：可通过将活性炭喷入布袋除尘器控制二噁英类。

（5）催化氧化：催化氧化技术可以消除二噁英、氮氧化物（NO_x）及有机污染物。

（6）废弃物焚烧过程产生的飞灰应按照国家相应的技术规范进行环境无害化处理处置。水泥窑共处置飞灰也是重要的备选技术之一。

焚烧后烟气中含有少量的二噁英，处理方法有：

（1）减少烟气在200~350℃浓度区的滞留时间，以减少二噁英类物质的再次生成。

（2）采用燃油或燃气对烟气进一步燃烧排放。

（3）降低排烟温度，使气相中的二噁英转移到灰相中，然后用布袋除尘器将二噁英除去。

（4）烟气通过电除尘器，温度保持在240~280℃处理。

（5）采用喷射中和酸性气体成分的熟石灰或石灰浆，与布袋除尘系统联合使用，有效去除二噁英。

（6）在烟气中喷入活性炭或多孔性吸附剂吸附，再用布袋除尘器捕集。

（7）垃圾焚烧流化床锅炉系统中运用湿法除尘器脱除二噁英。

（8）通过上述方法，烟气中大部分二噁英能有效去除。

13.3　铁矿石烧结二噁英削减控制

根据国家实施计划"履行《关于持久性有机污染物的斯德哥尔摩公约》"和全国POPs调查的结果，我国钢铁行业二噁英排放主要来自铁矿石烧结和炼钢生产。钢铁行业二噁英减排技术应用目前还处于推行清洁生产和实施循环经济等相关技术应用阶段，钢铁企业也刚开始针对二噁英污染减排的BAT/BEP实践，二噁英排放削减和控制技术的研究、推广和应用基础仍十分薄弱。

铁矿石烧结过程中二噁英类形成的工艺控制措施包括：原料预处理、尾气再循环、烧结机稳定运行、工况的连续检测等。烧结工艺必须有高效除尘设施。实施尾气的再循环工程，回收能源，并减少污染物的环境排放总量。建设废气综合净化设施，尤其是已被列入节能削减控制重点工程的企业在建设烧结机废气脱硫设施时，应统筹考虑二噁英类削减控制需要，选择先进工艺，优化工程设计，实现常规污染物（二氧化硫、NO_x、颗粒物、重金属等）与二噁英类的协同削减控制。烧结过程外排的飞灰应按照国家相应的技术规范进行环境无害化处理处置。

根据最佳可行技术的确定原则和方法（表13-1），筛选出的烧结工艺二噁英最佳可行技术为：烟气循环技术、静电除尘器（ESP）后附加袋式除尘技术、活性炭脱硫脱氮脱二噁英一体化技术。

表 13-1 烧结烟气最佳可行技术适用条件及排放水平

最佳可行技术	适用条件	排放水平
烧结烟气循环技术	适用于新建、改建、扩建的烧结（球团）设备。在设计阶段考虑烟气余热利用	烧结烟气会用作助燃空气，经过烧结高温区焚烧以后二噁英排放总量可以明显降低（降低 60% ~ 70%），减少 NO_x 及烟尘的排放量（减排近 45%）
静电除尘器后附加袋式除尘技术	适用现有、新建、改扩建烧结设备干法（半干法）脱硫。特别是现有厂烧结机头烟气，我国基本都是静电除尘器。在静电除尘器后附加袋式除尘器，提高除尘效率，减少二噁英排放	技术成熟可靠，对二噁英减排效果高，ESP 减排在 50% ~ 60%，袋除尘器减排 85% ~ 95%，总减排效果在 95% ~ 99%
活性炭脱硫脱氮脱二噁英一体化技术	适用要求对除尘、脱硫，脱硝、脱除二噁英、脱除重金属、脱除有害气体等污染物综合治理的现有和新建、改扩建烧结设备	各种污染物的净化效率在 95% 以上，并回收硫资源，是烧结烟气污染治理的方向

13.3.1 钢铁行业二噁英污染物减排废气综合治理

2004 年 5 月 17 日，《关于持久性有机污染物的斯德哥尔摩公约》在全球正式生效。该公约是一项旨在"铭记预防原则，保护人类健康和环境免受 POPs 危害"的重要国际公约。2004 年 6 月 25 日，第十届全国人大第十次会议审议批准通过了《关于持久性有机污染物的斯德哥尔摩公约》（以下简称斯德哥尔摩公约），2004 年 11 月 11 日，公约对我国正式生效。

根据公约要求，缔约方应采取必要的行动和措施，编制排放清单、估算排放量，制订国家减排和控制战略。公约特别要求在钢铁等行业促进采用最佳可行技术和最佳环境实践（BAT/BEP），并在不迟于公约对该缔约方生效之日起四年内分阶段实施，以达到持续减少并在可行的情况下最终消除此类化学品的目标。

在国际机构、各部委和有关协会的支持下，我国"履行《关于持久性有机污染物的斯德哥尔摩公约》国家实施计划"（NIP）于 2007 年 4 月 14 日获得国务院批准。NIP 中将我国钢铁行业确立为我国二噁英减排优先重点控制行业，要求分阶段逐步开展 BAT/BEP 的应用，控制和减少二噁英的排放。

NIP 减少或消除无意产生 POPs 的排放目标：到 2008 年，基本建立无意产生 POPs 重点行业有效实施 BAT/BEP 的管理体系，对重点行业新源应用 BAT，促进 BEP；到 2010 年，优先更新无意产生 POPs 重点行业源清单和排放量的估算，建立相对完善的无意产生 POPs 清单；到 2010 年，建立较为完善的无意产生 POPs

重点行业现有源实施 BAT/BEP 的管理体系，并完成相应示范活动；到 2015 年，重点行业广泛开展应用 BAT/BEP，基本控制二噁英排放的增长趋势；长远目标：全面推行 BAT 和 BEP，最大限度减少二噁英排放。

根据 NIP 估算数据，2004 年钢铁行业和其他金属行业产生的二噁英 4667g TEQ，占全国总排放量的 45.6%，居各行业之首。

为满足我国履行 POPs 公约，落实 NIP 的要求，编制了钢铁行业二噁英污染物减排近期行动计划及远期战略规划，以控制减少全行业的二噁英排放，推动我国钢铁行业 BAT/BEP 应用，实现行业可持续发展。

钢铁生产包括焦化、烧结、炼铁、炼钢和轧钢等生产工序以及辅助生产工序。联合国环境规划署（UNEP）《二噁英类污染源清单调查工具包》将目前已知的二噁英污染源划分了 10 大类 62 个子类，其中钢铁行业被归入钢铁和其他金属生产污染物主类中列出，主要包括烧结、焦炭生产和钢铁冶炼、铸造、镀锌钢生产等可能产生二噁英的环节。目前，关于焦炭生产过程中 PCDD/Fs 的排放研究还相对较少，钢铁行业二噁英污染物的排放研究多集中在烧结和电炉方面，也是钢铁行业最主要的排放源。

NIP 根据各行业的特点和排放量，依据一定原则明确了中国优先控制的二噁英重点排放源。其中钢铁行业的烧结和电炉列入优先控制的二噁英重点排放源。

因此，环境保护部履约办和中国钢铁工业协会委托冶金工业规划研究院节能环保中心以 2004 年为基准年、2010 年和 2015 年为水平年编制近期和远期战略规划。规划着重就烧结和电炉研究钢铁行业二噁英污染减排措施。烧结减排二噁英的可行技术就是烧结烟气脱除二噁英。

13.3.2　马钢建成世界先进的烧结废气综合治理设施

用西门子奥钢联先进的 MEROS（最大化削减烧结排放）技术建设的马鞍山钢铁（集团）公司第二炼铁总厂烧结废气综合治理设施于 2009 年 4 月投入运行，该项目是欧洲以外首个 MEROS 烧结废气处理设施应用案例。在马钢第二炼铁总厂两台烧结机上各建设一套 MEROS 装置。

MEROS 工艺是一种高效的烧结废气净化新工艺，吸附剂和脱硫剂被喷入废气流中，与重金属、二氧化硫、二噁英和其他酸性气体相结合。气流通过气体调节反应器时被湿化和冷却，促进了化学反应的进行。灰尘颗粒则被布袋过滤器捕获。为了提高废气净化效率和降低成本，一部分灰尘被回收至废气流中，使未反应的添加剂再次同废气接触。同时，该技术还具有布置灵活、净化效率高、技术稳定可靠等特点。此前，MEROS 在林茨钢厂的实际应用结果表明，处理后废气中灰尘排放量减少了 99% 以上，浓度低于 5mg/Nm³；汞和铅排放量分别减少了

97%和99%；而二噁英和呋喃（PCDD/Fs）的去除率达到了97%以上，排放浓度低于 0.1ng-TEQ/Nm³。

马钢是中国领先的钢铁企业之一，也是安徽省最大的工业企业。公司的年产能力约为1500万吨，产品主要包括型钢、线材和中厚板。除此以外，马钢还是中国最大的火车车轮生产企业。近几年，马钢加大铁前系统节能减排工作的力度，进行了烧结低温余热发电、高炉鼓风脱湿、干熄焦、水资源综合利用、含锌尘泥转底炉脱锌工程等一大批环保项目，共投资16.88亿元。MEROS设施的建成，大幅削减了企业二氧化硫、颗粒物及二噁英类的排放量，在节能减排方面做出很好的成绩。

13.3.3　宝钢建设烧结烟气二噁英净化装置

为落实"节能减排"的目标，建立环境友好型企业，宝钢集团运用环保新技术，在梅钢公司新建的4号400m²烧结机中，不仅采用先进成熟的烟气循环流化床干法脱硫工艺，而且充分利用该工艺的独特优势同步配套国际先进的二噁英脱除装置。

为实现年产600万吨钢的规模目标，2008年宝钢集团梅钢公司新建4号400m²烧结机。为实现环保"三同时"，在该烧结机建设的同时，同步建设烧结烟气脱硫项目，整体工程于2009年6月投运。工程建成投产后SO_2排放可控制在100mg/Nm³以内，粉尘排放小于20mg/Nm³，二噁英排放低于0.1ng-TEQ/Nm³，达到国际环保领先水平。该项目的成功实施，为我国烧结行业烟气的综合治理提供了很好的借鉴。

13.4　电炉炼钢二噁英削减控制

电炉炼钢过程中主要的二噁英类排放控制对象为电弧炉炼钢。其主要工艺流程有进料、熔化、精炼、除渣和出钢几个工序。二噁英类的控制措施包括原料预处理、稳定运行、添加吸附剂（如活性炭）以及布袋除尘等。应阻止或减少废钢中含有的污染物（如油、塑料和其他烃类污染物等）进入电弧炉，方法包括原料分类与筛选等。电弧炉炼钢操作实际中抑制二噁英类产生的措施包括缩短炉顶的敞开进料时间，减少空气向电炉内的渗漏，以及避免或减少操作延时。对除尘设施进行改造，企业采用效果更佳的布袋除尘器，适当增加活性炭净化设施，建立有效的废气收集系统。电炉炼钢过程产生的飞灰应按照国家相应的技术规范进行环境无害化处理处置。应避免外排飞灰中二噁英类等污染物污染环境。

13.5　再生有色金属典型过程的二噁英减排技术

随着近年来国内资源需求的快速增长，原生有色金属材料的市场供应能力已显不足，再生有色金属成为重要的市场补充，为再生有色金属行业的发展提供了良好的契机，也给二噁英的产生制造了温床。根据中国POPs履约国家实施计划，我国2004年再生铜、再生铝、再生锌等过程的二噁英年排放量为1607.3gTEQ，约占所有源总排放量的16%。

有色金属（铜、铝、锌等）的二次熔炼过程被《斯德哥尔摩公约》附件C明确列为二噁英类排放源。例如[11~14]：

（1）再生铝生产是指利用回收的铝产品重新熔炼生产铝的过程，主要包括原料预处理、熔炼和精炼。再生铝在生产过程中需要用到燃料、助熔剂和一些合金，还需要添加氯气、氯化铝或者氯代有机物来去除其中的镁元素来提高金属的纯度。由于炼制的原料中可能含有有机物和含氯化合物，该过程可能排放二噁英类。可选减排技术包括原料预处理，有效的废气收集、活性炭吸附和布袋除尘。

（2）再生铜所使用的原料包括废铜屑、矿泥、废弃的电脑配件和电子元件。如原料中含有油、塑料或绝缘皮等有机物，可能排放较多的二噁英类。二次冶炼的过程包括进料预处理、熔融、合金和铸造。可选减排技术包括原料预处理、有效的废气收集、活性炭吸附和布袋除尘。

（3）再生铅生产原料主要来自机动车电池残片及其他使用铅的来源（管道、焊料、金属渣、铅制罩等）。生产过程包括原料预处理、熔融和精炼。进料中的塑料和残油，以及合适的熔炼温度，会导致二噁英类的产生。可选减排技术包括原料预处理、有效的气体收集，活性炭吸附和布袋除尘。

（4）再生锌一般利用电弧炉炼钢的尾尘以及碎钢板和电镀过程中残余的锌进行熔炼生产，其过程包括进料筛分、预处理、粉碎、热汗熔炉加热至360℃以上、熔炼炉、精炼、蒸馏和合金等工序。

（5）这些过程的共同特点是如果进料中含有类似油、塑料或者绝缘皮之类的有机物，冶炼中在250~500℃温度区间时停留时间足够，冶炼过程就可能产生二噁英。

再生有色金属（铜、铝、铅、锌）熔炼过程中二噁英的主要产生机制有三种：

（1）原物料中含有未完全破坏的PCDD/Fs。

（2）在"熔炉"形成，例如经由化学释放前驱物形成。

（3）"从头合成（DeNovo）"反应，经由碳及无机氯在低温再合成。

原物料中含有未完全破坏的PCDD/Fs，在温度不足以导致彻底分解前会使PCDD/Fs释放。在燃料不完全燃烧的情况下也会产生不完全燃烧的产物，如氯苯、氯酚及多氯联苯，这些前驱物反应可以形成PCDD/Fs。在熔炉内，燃烧时常会形成环状结构之烃类化合物的燃烧型中间产物，如恰巧有"氯"存在则会产生PCDD/Fs。"从头合成反应"发生温度约为250~400℃，氧化物分解及微分子碳结构经转化成为芳香族化合物。原料中含有的油和有机物以及其他碳源（部分用于燃料，部分用于还原剂，如焦炭），都可以产生一些碳的细粒子，这些细粒子可以在 250~500℃ 的条件下和有机或者无机氯元素反应生成 PCDD/Fs。这一过程就是从头合成反应，原料中的金属，如铜和铁，对这一反应有催化作用。

有色金属二次熔炼过程二噁英减排的最佳可行技术包括原料预筛选以除去其中的有机物杂质，维持冶炼温度在 850℃ 以上，在冶炼炉后加装废气骤冷系统，活性炭吸附装置和布袋除尘系统等。

（1）再生有色金属生产应结合自身行业特点采用成熟的工艺，鼓励采用全过程负压状态或封闭化生产。

（2）废料应该先经过筛选和预处理，从而去除其中的有机质和塑料，以减少不完全燃烧生成的二噁英类。

（3）采用生产过程控制系统保证各工况的稳定，通过参数调节各操作步骤，减少二噁英类产生。

（4）增加二次燃烧室，保持二燃室温度，确保有机化合物完全燃烧。

（5）应配备布袋除尘器、鼓励增加活性炭吸附装置等废气处理设施。布袋除尘是最有效的技术，也可考虑增加湿式洗涤除尘技术。

（6）再生有色金属特别是再生铜、再生铝生产过程产生的飞灰中可能含有相对较高浓度的二噁英类，应按照国家相应的技术规范进行环境无害化处理处置。

再生有色金属生产二噁英污染防治政策导向如下：

（1）加速淘汰无烟气治理措施的再生有色金属生产工艺及设备，加速淘汰包括 50t 以下传统固定式反射炉再生铜生产工艺及设备，1 万吨/年以下的再生铝设备、4t 以下反射炉再生铝生产工艺及设备，1 万吨/年以下的采用简易高炉等落后方式炼铅工艺及设备。

（2）铜、铝、铅、锌等有色金属再生熔炼生产过程中，应采取适当措施，有效去除原料中含氯物质及切削油等有机物。

（3）再生有色金属生产鼓励利用清洁气体燃料，如天然气、煤气或者建设炉前煤气发生炉。

（4）再生有色金属生产熔炉炉温保持高温，以破坏可能形成的二噁英。衔接熔炉风管急速降温至污染防治设备入口（如布袋除尘器入口）温度保持在 200℃ 以下。

（5）鼓励采用全过程负压状态或封闭化生产，减少二噁英等污染物的排放。

（6）鼓励采用物理吸附加高效过滤技术处理烟气，如采用活性炭喷射设备降低二噁英排放量。

13.6　再生铜工业二噁英治理技术

再生铜是一个非常悠久和古老的行业，但真正形成一个工业领域还是从 20 世纪 90 年代开始，2008 年中国再生精炼铜产量为 119.6 万吨（利用废铜生产电解铜的量），占精炼铜产量的 31.5%，如果加上废铜直接利用的数量（如直接生产铜线杆、铜合金）等，数量会超过 200 万吨。再生铜工业产生的二噁英主要产生于废杂铜的熔炼过程，其产生源主要是废杂铜中夹杂的有机物在熔炼过程的不充分燃烧，因此，二噁英的产生量（毒性当量）与废杂铜中夹杂的有机物的含量、成分有直接关系。同时，由于二噁英是在一定条件下生成的，因此，与再生有色金属的熔炼设备、控制条件（如温度）、添加成分和末端的环保设备也有密切的关系。

我国再生铜生产有两种途径，一是经过熔炼之后生产电解铜，另一种利用方法是直接利用。目前我国废杂铜的熔炼主要以阳极炉熔炼之后生产电解铜为主要工艺路线。再生铜熔炼生产技术路线主要由以下几个阶段组成（图 13-3）[14]：

（1）原料的预处理：根据不同原料主要有分选、废设备的解体等。

（2）火法熔炼：将废铜经火法熔炼成粗铜和阳极铜，然后再电解精炼成阴极铜。按废料组分不同，可采用一段法、二段法和三段法三种流程。

（3）电解：阳极铜通过电解精炼，产出阴极铜。

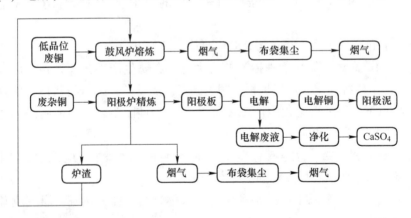

图 13-3　再生铜生产工艺

13.6.1　原料的原因

再生铜的原料是废杂铜，其质量、成分、种类随着工业化速度的加快不断发生变化。在 21 世纪之前，原料基本上是高品位的废铜，由废电线、加工余料、残次品、废铜材、水箱铜、弹壳、民间铜器具等组成，平均含量基本在 96% 以上，含有机物甚微，因此，产生二噁英的几率很低。从 20 世纪 90 年代开始，随着全球工业的发展和科技水平的提高，铜的应用范围逐渐扩大，各工业部门和社会上产生的废铜的种类、物理形态、成分等也发生了变化，如以电路板为主的电子废料、漆包线、带皮的电线等，并且向碎料、混合料、多成分、低品位方向发展，其中夹杂的有机物在增加，如塑料、橡胶、涂料、油污等。这些有机夹杂物在熔炼过程的不完全燃烧，就会有产生二噁英的可能。

从目前再生铜工业的原料分析，废杂铜向低品位、多成分、有机成分增加的方向发展已经成为今后废铜的发展方向。因此，原料成为再生铜工业防治二噁英的关键。

二噁英产生阶段的分析：在废杂铜的熔炼阶段，不同的生产工艺和设备，二噁英的产生阶段也不同。以目前再生铜工业最广泛采用的固定式阳极炉看，熔炼的三个主要过程都有可能产生二噁英。

（1）第一个阶段是加料阶段。此阶段由于边加料边熔化，废铜中的有机物会不充分燃烧，而且烟气的温度低，是产生二噁英几率最高的阶段。有关研究发现，含氯的有机物在缺氧的情况下不充分燃烧会大量产生二噁英的前驱物（如氯酚、多氯联苯），前驱物的分子在低温区被飞灰上的铜、铁及其氧化物吸附并催化，最终导致形成二噁英。

（2）第二个阶段是氧化阶段。因为大量的有机成分在熔化阶段不充分燃烧，这些不充分燃烧的残渣及灰烬一部分进入烟道，还有一部分残留在熔体中，并在氧化初期参与反应，因此，氧化初期也是产生二噁英的几率较高的阶段。

（3）第三个阶段是还原阶段。此阶段熔体中的有机物已经基本不存在了，产生的二噁英的几率降低，但还原剂等有机物还有可能产生二噁英。

（4）熔炼控制条件对产生二噁英的影响：熔炼控制条件对二噁英的产生有很大的影响。这里所说的控制条件主要是熔炼温度的控制、风量、烟气流量的控制。

（5）一般认为，在有碳、氧、氢和氯存在的条件下，燃烧温度处于 $200 \sim 650℃$ 区间内时会生成少量的二噁英类物质，在 $500 \sim 800℃$ 的温度范围和极短的反应时间内可以生成二噁英，当温度超过 $850℃$ 以上（最好是 $900℃$ 以上），二噁英类可以完全分解。

（6）为了保证有机成分的充分燃烧，对烟气流量也要进行控制，如果能够保证烟气在熔炼炉中有足够的停留时间（一般认为在 2s 以上），就可以使可燃物完全燃烧掉，从而达到抑制二噁英的目的。

（7）有机物的不完全燃烧产物浓度与二噁英类的生成量（毒性当量）密切相关，但是过多的氧会促进氯化氢转化为氯气，因此须控制适量的氧含量，既保证可燃物的充分燃烧，又能避免氯化氢的分解。

13.6.2　工业发达国家再生铜工业治理二噁英的情况

目前国际上比较先进的再生铜熔炼设备是卡尔多炉、奥斯麦特炉/艾萨炉。这些设备技术先进、熔炼烟气温度高、密闭作业等，可以间接对二噁英进行有效的治理。如奥斯麦特炉在熔炼炉的上部有二次风加入，使烟气在高温下进行二次燃烧，有效地分解二噁英。

13.6.2.1　采用奥斯麦特炉处理复杂含铜废料

日本某企业是世界上第一个采用奥斯麦特技术处理复杂含铜废料的企业。2005年和2007年两次考察该企业复杂废铜再生利用，并与相关技术人员就复杂废铜处理过程中二噁英的治理技术进行深入的交流。该企业虽然引进了澳大利亚的奥斯麦特技术，但相关的操作条件和工艺技术参数都是经过该公司大量的实践研究成功应用的，其中就包括了二噁英的治理。

奥斯麦特炉在处理复杂废铜过程中的二噁英治理，关键技术是利用了炉体上部较大的空间，相当于烟气的二次燃烧室，并在喷枪的上端有二次风口，采用二次给风，提高了烟气温度，并适当增加烟气在熔炼炉上端的停留时间，使熔炼烟气中的可燃物在高温下充分燃烧，二噁英被彻底分解。

13.6.2.2　采用焚烧-熔炼技术处理低品位废铜

2005年到日本另一大型铜冶炼企业考察了焚烧—熔炼处理低品位废铜工艺。该企业首先将低品位废铜等原料加入到固定式焚烧炉中进行焚烧，使其中的有机物（含废电路板、电线塑料皮、漆包线的绝缘漆、石油类物质、橡胶等）自燃，温度约为800℃，保证在焚烧过程中铜、贵金属和玻璃纤维不熔化。焚烧的热源70%以上来自有机物的燃烧，不足部分靠外加柴油。

为了消除焚烧过程产生的二噁英，在焚烧炉的下端设有烟气二次燃烧室，使焚烧炉产生的烟气迅速进入二次燃烧室，并在1200℃的温度下继续燃烧，使二噁英彻底分解。经过二次燃烧室的烟气要迅速进入快速冷却设施，使烟气在3~5s之内降温到250℃以下，避免分解之后的二噁英再次合成。

经过焚烧的低品位废铜已经不含夹杂的有机物，因此，焚烧料直接送铜熔炼系统，在熔炼过程中已经不存在二噁英的污染问题。焚烧-熔炼法已经成为日本再生铜企业处理废电路板的经典工艺之一。

13.6.2.3　用卡尔多炉处理废铜

卡尔多炉是熔池熔炼技术，目前被欧洲的一些再生有色金属企业采用，主要用于处理低品位的混杂的废有色金属。卡尔多炉处理低品位废铜过程中治理二噁英污染的技术重点也是对气体进行高温燃烧。

卡尔多炉处理低品位废铜是一种先进的技术，主要体现在金属回收率高和环境效益好等方面。卡尔多炉除了烟气温度高，使二噁英能够较好的分解之外，还在烟气的出口处配备了比较完善的环保系统（烟气速冷设备），使高温烟气骤冷。为了解决原料中的废电路板等电子废料燃烧烟气的异味，环保系统配备了活性炭吸附设施，可以有效，吸附二噁英并消除烟气的恶臭。

13.6.3 国内再生铜工业防治二噁英的技术重点

目前国内再生铜企业对二噁英的处理没有成熟的技术，设备和检测手段也不完善，基本处于刚刚起步的阶段。从二噁英的末端治理技术而言，目前国内企业采用的原料预处理技术和布袋收尘器对治理二噁英的污染有一定的效果。结合再生铜的原料、生产技术、行业现状以及环保技术，我国再生铜工业防治二噁英技术的重点在以下几个方面[14]：

（1）加强原料的预处理技术。再生铜工业二噁英产生的源头是原料中夹杂的各种废塑料、废橡胶和油漆、油污等有机物。如果加强对原料的预处理，将废铜中夹杂的有机污染物分离出去，就可以有效地减少熔炼过程中二噁英产生的可能性。

湿法洗涤：目前该技术已经大量应用于再生铝行业，再生铜工业也有应用，通过洗涤，不仅可以分离出废铜中的泥土等夹杂物，也可以有效去除油污。大量的洗涤设备是滚筒式的，在滚动的过程中，通过物料之间互相的摩擦，可以使废料表面的有机涂料等摩擦掉。

分选技术：可以分为人工分选和机械化分选，目前再生铝行业大量采用人工分选，再生铜也有应用。手工分选可以有效地分离出废铜中夹杂的有机废物，但生产成本高。废杂铜分选的发展方向是机械化分选，目前在日本等发达国家大量采用。通过机械化分选，分选出的塑料、废铝、废铜合金等还可以分别加以利用。由于有机物的有效分离，避免了熔炼过程二噁英的产生。

预焚烧处理：对含有大量有机废物的复杂废铜进行专门的焚烧处理，并对烟气进行二次焚烧，高温烟气快速冷却，达到抑制二噁英产生的目的。因为该过程是专门针对有机夹杂物的无害化焚烧处理，对产生的烟气进行专门的集中二次焚烧，治理二噁英的效果会更加有效。

以上处理手段，可以将废铜中夹杂和涂敷的各种有机物质（废塑料、废橡胶、油漆、油污等）有效分离，从源头杜绝二噁英的产生，得到基本不含有机物的废杂铜，这样再进行熔炼，也就基本不存在二噁英的污染问题。同时在预处理分选过程中，还可以将分选出的废塑料、废橡胶等出售，作为生产再生塑料和再生胶的生产原料，既增加了企业的经济效益，又符合当前国家循环经济战略的发展思路。

（2）研发适合国情的再生铜新工艺和设备。由于废杂铜原料的复杂性，以及生产成本和技术上的问题，通过预处理不可能将有机物全部清除掉，尤其是废铜表面涂敷的绝缘漆、油漆等有机物质，如果采用传统的熔炼技术，仍然会有产生二噁英的可能性。因此，必须采用先进的熔炼工艺和熔炼设备，使产生的二噁英分解，减轻末端治理的压力，这也是目前再生铜行业控制二噁英污染的最重要的途径。以上所述的奥斯麦特炉/艾萨炉、卡尔多炉都是熔炼废杂铜的先进设备，但由于投资昂贵，国内企业大量引进是不现实的。因此，研究开发适合国情的再生铜熔炼设备和对传统熔炼设备的改造，将是今后再生铜工业的方向。

新型的复杂废铜的熔炼设备主要是熔池熔炼技术，其中包括了带有烟气二次燃烧的顶吹熔池熔炼技术和带有烟气二次燃烧的侧吹熔池熔炼技术等。

传统熔炼设备的改造主要是增加熔炼设备的密闭性，减少烟气的外逸，并在固定式熔炼炉的下端建设烟气的二次燃烧室，保证烟气有充足的二次燃烧，使在熔炼过程中产生的二噁英前驱物在高温下得到分解。

（3）改变传统的操作方式。再生铜的传统操作方式会对二噁英的生成产生"催化"作用，主要包括加料时间与加料温度、熔炼温度及燃烧系统的空气过剩系数、烟气流速等。

传统的加料方式时间长、风量小、温度低，复杂废铜入炉之后有机物在缺氧的情况下进行不充分燃烧，产生大量二噁英的前驱物，二噁英的前驱物被烟气中的颗粒物所吸附，并在烟道中通过铜、铁及其氧化物的催化作用进一步生成二噁英。因此，改进传统加料方式，缩短加料时间，提高加料温度、燃烧系统的最佳的空气过剩系数等也是抑制二噁英的有效途径。

（4）末端治理技术。资料显示，二噁英类合成的最合适的温度是烟气、灰烬冷却后的低温区（约 $250 \sim 450℃$），该温度正是烟气收尘器之前的阶段，该阶段生成的二噁英占到总生成量的90%以上。因此，在二噁英合成前的燃烧后区域对其进行控制极为重要。烟气从二次燃烧室出口流出后，利用骤冷技术，将烟气温度迅速冷却至200℃以下，快速越过易产生二噁英类的温度区，从而抑制二噁英的生成。

末端治理技术是一种传统的被动的治理方式，但从目前我国再生铜工业二噁英的治理现状和治理技术分析，末端治理技术仍然是目前和今后治理二噁英的有效途径。二噁英最终都是吸附在烟尘颗粒上，只要对颗粒污染物进行有效的治理，即可以达到治理二噁英的目的。目前有效的末端治理技术是先进的收尘器，如已被企业广泛采用的高效的布袋收尘器等。

综上所述，在烟气进入收尘器之前建设骤冷塔（含喷淋塔）是非常必要的，不仅可以对颗粒污染物进行收集，还可以迅速降温，使温度小于200℃，既满足布袋收尘的要求，又避免了二噁英的合成。而且最重要的是，从经济角度考虑，建设速冷设备是目前一般企业都可以接受的。

再生铜行业推荐的最佳技术见表 13-2~表 13-4。

表 13-2　再生铜行业推荐最佳技术——预处理技术

方法名称	方法描述	注意事项	其他注释
湿法洗涤	利用滚筒式洗涤剂进行洗涤，不仅可以有效分离出废铜中的泥土等夹杂物，也可以有效去除油污和轻质的有机质（如塑料薄膜等），可以减少熔炼过程中的二噁英产生量	主要针对碎料处理	洗涤产生的洗涤液进入沉淀池进行沉淀，并定期进行隔油处理，清液循环使用，污泥定期清除，回收的油作为燃料处理
分选技术	人工分选：人工分选可以有效分离出废铜碎料中夹杂的大块的有机废料	生产成本略高	
	机械化分选：利用风选电选等方式可以有效分离废铜碎料中的塑料、颗粒污染物、铁类金属、非金属等	是废杂铜分选的发展方向	目前在日本等发达国家普遍采用
废电线预处理技术	对废电线电缆进行预处理，去除表面塑料皮	可选设备包括导线剥皮机、铜米机等	经过预处理，一部分分选出来的废铜可以直接利用，而另一部分需要通过再生铜工艺生产标准阴极铜，因已经基本去除了废电线表面的塑料皮，从源头避免熔炼过程中二噁英的产生
预焚烧技术	对废铜进行封闭的焚烧，焚烧产生的烟气进行二次燃烧，高温分解二噁英，为了遏制烟气缓慢冷却过程导致二噁英的再合成，对烟气采取聚冷处理，然后排放	预处理的主要设备是密闭焚烧炉、烟气二次燃烧室、烟气聚冷塔吸附装置等	预焚烧处理技术在日本再生铜企业大量采用，并对二噁英的处理取得了良好的环境效益

表 13-3　再生铜行业推荐最佳技术——熔炼技术

改进固体式阳极炉	在阳极炉的下端建设烟气二次燃烧室，使阳极炉中的烟气在二次燃烧室进一步高温燃烧，当来自固定式阳极炉大于 1200℃ 的高温烟气进入二次燃烧室之后，由于燃烧室空间加大，氧气充分，烟气的有机物质得到充分燃烧，也使二噁英得到分解。 阳极炉的炉门系统进行技术改造，配备良好的聚烟罩，加料熔化过程聚烟罩收集的烟气导入二次燃烧室	（1）二噁英在 250~500℃ 温度范围内形成，而在大于 850℃ 的高温和氧气存在下发生降解； （2）熔炉的顶部区域需要足够的氧气以达到完全燃烧	国内已有应用。实际环保效果很好，不仅常规污染物得到有效控制，对抑制二噁英的生成及对二噁英的治理也有明显的效果

卡尔多炉	低品位废铜不做任何处理，可以直接加入卡尔多炉	（1）配备了完善的环保系统，使高温烟气在瞬间冷却至400℃以下，解决了二噁英的污染问题； （2）处理原料的含铜量可高可低，很适应处理废电路板，尤其是处理带有电子元件的电路板卡，效果甚佳	卡尔多炉优点很多，但其投资甚高，设备的折旧费用高，而且是间接操作
奥斯麦特/艾萨炉	采用全封闭式的熔炼，并采用周期性的生产方式处理废杂铜，还原和氧化反应阶段在同一个炉子发生	处理废杂铜，尤其是处理低品位废杂铜和电子废料具有金属回收率高、渣含铜低、粗铜品位高、二噁英处理环境效益好等优点	日本同和矿业（株）于2007年引进了该技术处理复杂含铜废料，经过长时间的试验，已经取得成功。缺点是设备投资高，由于原料需要破碎，比常规的再生铜熔炼技术生产成本高
新技术研发	熔池熔炼技术	包括了带有烟气二次燃烧的顶吹熔池熔炼技术和带有烟气二次燃烧的侧吹熔池熔炼技术等	传统熔炼设备的改造主要是增加熔炼设备的密闭性，减少烟气的外逸，并在固定式熔炼炉的下端建设烟气的二次燃烧室，保证烟气有充足的二次燃烧，使在熔炼过程中产生的二噁英前驱物在高温下得到分解

表 13-4　再生铜行业推荐最佳技术——末端治理技术

高效除尘	二噁英大部分都是吸附在烟尘颗粒上，只要对颗粒污染物进行有效的收集，可以达到有效治理二噁英的目的	目前大型的再生铜企业都添加了袋式收尘器，但收尘效果不一，推荐采用高效的袋式收尘器	考虑追加再次燃烧和聚冷

烟气聚冷塔	在烟气进入收尘器之前建设聚冷塔（含喷淋塔）是非常必要的，不仅可以对颗粒污染物进行收集，还可以迅速降温，使温度小于250℃，既满足布袋收尘的要求，又避免了二噁英的合成，而且最重要的是，从经济角度考虑，建设急冷设施是目前一般企业都可以接受的	（1）二噁英在250~500℃温度范围内形成，而在大于850℃的高温和氧气存在下发生分解； （2）熔炉的顶部区域需要足够的氧气以达到完全燃烧； （3）需要设计合理的冷却系统以减少二噁英再合成的时间	防止二噁英重新合成
活性炭吸附	活性炭具有高比表面积，能够有效地吸附熔炉尾气中二噁英，因此可以考虑使用活性炭吸附	可以考虑的工艺包括： （1）利用固定床/移动床反应器进行活性炭吸附处理； （2）在气流中注入粉末活性炭后再追加粉尘过滤器进行去除	也可以考虑使用石灰/炭混合物

13.7　再生铝工业二噁英的生成

我国再生铝生产分为一段式和两段式。一段式是指铝熔炼后不经精炼直接铸锭，两段式则要求再生铝经熔炼后，在进行精炼之后再铸锭，精炼包括熔剂精炼和气体精炼。炉型以反射炉、坩埚炉为主。再生铝生产路线（图13-4）一般为：原料预处理→熔炼→成分调整→铝液处理→铸造[12,13]。

废铝料中油脂、油漆涂料、塑料、橡胶等有机物的含量一般为2%~5%，少数为5%~15%；在脱除有机物预处理过程中，加热温度一般在550℃左右，很少超过650℃，必将生成含有大量氯苯、多氯联苯、苯并芘、三苯等有毒有害有机废气，大量含苯环结构的有机物很容易生成PCDD/Fs。若不经过脱除有机物而直接入炉熔炼，反射炉熔化温度一般在700℃左右，大量有机物入炉后因受热同样会生成大量含苯环结构的有机气体，在烟道中大量生成PCDD/Fs是不可避免的。此外，PCDD/Fs很容易在细小粉尘颗粒上富集，可达75%以上，在铝灰渣利用过程中又会因受热再次释放出来。

根据PCDD/Fs的生成机理，废铝原料预处理和入炉熔炼温度均不超过800℃，大量含苯环结构的有机物尚不足以大量分解，PCDD/Fs生成方式应以"前驱体合成"和"热分解反应合成"为主。至于其生成细节，尚未查阅到这方面的研究资料，但PCDD/Fs的大量生成却是客观存在的，而且主要是在熔炼炉内生成。其"前驱体"及含苯环结构化合物由废铝原料中的有机物杂质直接提

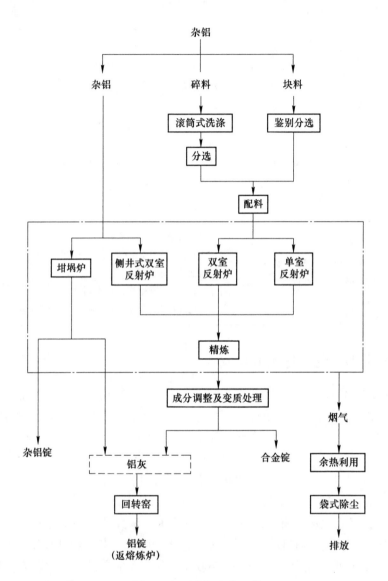

图 13-4　再生铝生产工艺

供，氯源由废铝中的含氯化合物（如 PVC 等）和熔化炉加入的氯盐熔剂提供，催化剂由废铝的铁、铜等杂质提供。相对于钢铁行业，PCDD/Fs 的生成应更加容易；据推算，2005 年全行业 PCDD/Fs 排放总量虽比钢铁行业小得多，为全国整个钢铁行业的 10%~20%；但单位产量的排放量却要大得多，为单位粗钢产量的 15~30 倍。

再生铝行业对二噁英污染物防治最佳可行工艺见表 13-5 和表 13-6。

表 13-5　再生铝行业对二噁英污染物防治最佳可行工艺——预处理设备推荐

设备	适应性及其特点	其他注释
风选机	由粗碎、细碎、风力输送等装置组成，去除废铝中混杂的塑料、橡胶等	
热分解设备	利用烟气余热对废铝进行加热，使水分、油污、塑料、纸张等有机物在热分解炉中预先去除。常选用设备有逆流窑、平流窑、回转窑、竖窑等	可迅速解决内含的可移除杂质，且污染较小。但设备投入较大，需维护和电能等。推荐大中型企业选用

表 13-6　再生铝行业对二噁英污染物防治最佳可行工艺——熔炼精炼设备推荐

设备	适应性及其特点	其他注释
铝屑炉	目前国内外比较前沿的废铝熔炼设备，主要用于铝屑、易拉罐和切片的熔炼，炉体由前室、主熔室和侧井组成	废铝氧化烧损低，回收率高；污染较为严重，需要配套环保处理设施
双室反射炉	将传统反射炉用隔墙分为加热室和废料室两个炉室，设备投入相对较低，可以根据具体的工艺流程来添加或删除设备	主要优点是废气排放低、节能、金属损耗低、生产效率高，特别适用于再生铝的熔炼
带电磁搅拌系统的反射炉	利用电动机的电磁感应作用给炉内铝水以推力进行强制搅拌，该装置有炉底式和在炉壁安装电磁槽式两种，电磁感应产生的推力使铝液沿推力方向，可上下搅拌	水经搅拌温度均匀，提高了热吸收率，减少能力损失，耗重油量节约 20%；熔化室密闭，炉内热力不会放出，缩短熔化时间
带加料井式的熔铝炉	该种熔炼炉也是一种双室反射炉，由加料井熔炼炉和磁力泵组成，三者形成一个循环系统。生产中，铝废料持续加到加料井中，被过热的铝液融化，然后在磁力泵的作用下进入反射炉，这样往复进行，达到熔炼的目的	优点是烧损小，金属回收率高，适应处理碎的废铝料，更适应处理铝屑；熔炼炉的形式可以是方形的

13.8　PCDD/Fs 的减排

　　根据 PCDD/Fs 的性质及生成机理，其减排途径首先应从减少 PCDD/Fs 生成量入手，即从减少含有苯环结构的化合物、减少氯源及催化物质入手，同时对温度进行控制，缩短有机废气在 PCDD/Fs 易生成温度区间的停留时间；其次，对于已生成的 PCDD/Fs，可采取高效过滤、物理吸附、高温焚烧、催化降解等措施；管理方面也应采取一些积极措施，如制订严格的 PCDD/Fs 排放标准。

在减少 PCDD/Fs 的生成量方面:

(1) 首先要对废铝料进行十分严格的分类、分选,以最大限度减少油脂、油漆、涂料、塑料、橡胶等有机物以及铁、铜等其他金属的入炉量,并需对含有机物的废铝料专门加工处理。分选出的含有机物废铝料应单独进行脱除处理,目前已有专门的去除涂层机(如加拿大 Alcan 的流化床除漆)、干燥机(床)、脱除炉窑(如平流窑、逆流窑、回转窑、竖窑)等脱除设备,既可以分批次脱除又可以连续式脱除,但必须对脱除过程产生的有机废气进行焚烧处理。采用 "3T+E" 技术,焚烧炉膛温度控制在 850℃ 以上,烟气在高温区停留时间在 2s 以上,高温区应有适量的空气(含氧量保持在 6% 以上)和充分的紊流强度。这样,99% 以上的 PCDD/Fs 及其他有机物都会被高温分解。为了避免 "从头合成",可向焚烧炉内或烟道中(或设置专门装置)喷入碱性物质(如石灰石或生石灰),可使可生成 PCDD/Fs 的氯源减少 60%~80%,向炉内喷氨(氨对 Cu 等金属的催化活性有抑制作用)也可以达到类似效果。其原理是通过吸收烟气中的 HCl 和 Cl_2 生成 $CaCl_2$ 等并进而抑制 HCl 分解生成 Cl_2,从而达到减少氯源的目的。同时,对烟气进行急冷(如喷雾冷却),使其快速降至 180℃ 以下,以最大限度减少 PCDD/Fs 在易生成温度区间的停留时间(这类急冷技术在欧、美、日等已得到广泛应用,且效果良好),预计 PCDD/Fs 的生成量可减少 60%~95%。喷入碱性物质可与急冷合并成一套装置,如喷入石灰水溶液、$NaHCO_3$ 溶液或氨水,既可以减少生成 PCDD/Fs 的氯源又可以缩短烟气在 PCDD/Fs 易生产温度区间的停留时间。此外,由于脱除了废铝料中的有机物,后序熔炉铝液中残碳量的减少还可以使金属铝回收率最大增加 4%。

(2) 国内再生铝企业基本上都未设置有机物脱除及有机废气焚烧装置,分选出的含有机物废铝料大多经过预热或不经预热直接入炉熔炼,此时 PCDD/Fs 主要产生于预热阶段和熔炼过程的初始阶段(边加料边熔化阶段)。这种情况下可在熔炼炉尾部烟道(或设置专门装置)喷入碱性物质,也可以与烟气急冷合并。为了减少投资,这类含有机物废铝料应全部集中在同一座反射炉熔炼;这样,就可以只设置一套 PCDD/Fs 减排设施,应与有机废气焚烧装置合并考虑。

(3) 林德气体公司 Wastox 氧气喷枪专利技术也可以使 PCCD/Fs 排放量明显降低。其基本原理是,将氧气喷枪设在熔炼炉废气出口附近喷入 O_2(超过理论量),使有机成分快速充分燃烧,各类挥发性有机化合物减排效率可以达到 98%,不仅可以大幅度降低 PCDD/Fs 净化设施的投资(与焚烧法相比),而且还能使 "有机污染物替代部分矿物燃料",可以降低生产过程中的能源消耗($1Nm^3$ 氧气使有机物燃烧可减少矿物燃料能量消耗 2~6kW·h,折合 0.25~0.74kg 标准煤),其投资回收期一般不到 1 年(含节省的环境成本),同时还能在一定程度上放宽对含有机物废铝原料的限制。该技术已经应用到铜、铝、铅、锌、贵金属等工业中的 250 余台熔炼炉，其中 130 余台应用于铝工业，约 90 台再生铝熔炼炉采用了这一技术。

（4）采用较高含硫量的燃料也可以使 PCDD/Fs 生成量明显减少。其原理：一是燃料燃烧生成的 SO_2 和少量 SO_3 与烟气中的 Cu^{2+} 反应生成 $CuSO_4$，降低了 Cu 的催化活性；二是 SO_2 与 Cl_2 和 H_2O 反应生成 HCl 和 SO_3，消耗了有效氯源、削弱了芳香族化合物的氯代作用，从而减少了 PCDD/Fs 前驱体的生成量。如果 SO_2 排放浓度或排放总量超标，可在炉后烟道尾部喷入石灰浆液（即半干法脱硫），既可以脱除 80%～90% 的 SO_2，同时又可以达到减少氯源和快速冷却并进而达到有效减少 PCDD/Fs 生成量的目的，但有可能会对铝灰的综合利用产生一定的不利影响。

13.9　已生成 PCDD/Fs 的减排治理

（1）高效过滤技术。低温条件下（200℃ 以下），PCDD/Fs 大部分都以固态方式吸附在烟尘表面，而且主要吸附在微细的颗粒上。相对于其他形式的除尘器，布袋除尘器减排效果最佳，一般可以达到 75%～90% 或以上（湿法除尘可达 65%～85%，电除尘器则要低得多），如果采用覆膜滤料效果将更佳。但烟气入口温度的高低决定了 PCDD/Fs 的减排效率，温度越低效果越佳。有关研究资料表明，若采用合适的滤料、布袋除尘器后 PCDD/Fs 排放浓度不到电除尘器的 10%；但是，当烟尘排放浓度降低至一定水平（如 $10mg/Nm^3$ 或更低），则 PCDD/Fs 已不会再明显降低。

（2）物理吸附技术。利用 PCDD/Fs 可被多孔物质（如活性炭、焦炭、褐煤等）吸附的特性对其进行物理吸附（日本已广泛采用），一般有携流式、移动床和固定床三种形式：携流式是指在除尘器前烟道（或设专门装置）喷入吸附剂，吸附 PCDD/Fs 后的吸附剂被除尘器脱除，从而达到减排目的；移动床是指吸附剂从吸附塔上部（或下部）进入从下部（或上部）排出，一般设在除尘器后（设在除尘器前会降低脱除效果并增加运行成本），但一次性投资比较大，对失去活性的吸附剂可焚烧处理；固定床中吸附剂是不动的，烟气流过其表面时 PCDD/Fs 被脱除。相对而言，携流式投资费用更省一些，可使排放废气中 PCDD/Fs 最终排放量降低 70%～90%（最高可达 95% 以上），与无活性炭吸附相比其排放浓度可降低一个数量级；该技术除要求吸附剂具有高比表面积、喷入时要求分散均匀性要好外，同时还要考虑防止引起火灾和爆炸等安全问题，如将吸附剂改为褐煤、焦炭或活性炭与石灰的混合物。

（3）高温氧化技术。"3T+E" 也适用于已生成的 PCDD/Fs 的减排，效率可达 99%，对其他有毒有害有机气体也有良好的减排效果；由于烟气中含有可生成 PCDD/Fs 的氯源和催化物质，该技术与 "喷碱性物质" 及 "快速冷却" 结合起来减排效果会更好。

（4）催化分解技术。日本名古屋国家工业研究所开发的 TiO_2 加紫外光催化分解技术，PCDD/Fs 去除率可达 98.6%，同时还能分解烟气中 55% 的 NO_x。其基本原理是：TiO_2 在紫外光照射下能产生氧化性极强的羧基自由基，对所的有机物几乎无一例外都能氧化成 CO_2 和 H_2O，且分解率高、降解速度快、无二次污染。我国西北化工研究院开发的 TiO_2-V_2O_5-WO_3 催化剂氧化分解技术，在 240～320℃ 试验条件下 PCDD/Fs 去除率达 95%～99%；连续运行 400 多小时催化剂仍表现出优良的活性，在 240℃ 左右较低温度下催化活性最佳。近几年国内外对 TiO_2 光催化剂进行了广泛的研究，该项技术正在不断完善，从普通颗粒状 TiO_2 到纳米级 TiO_2，从固定床反应器到浮动床反应器，从单一 TiO_2 催化剂到复合型催化剂等；其研究方向一是提高 TiO_2 催化活性，二是发展可见光的利用，三是研制高效能反应器。考虑到催化剂的中毒问题，催化反应装置一般宜设在布袋除尘器后，但此时烟气温度已低于 150℃ 或更低，尚需对烟气进行加热。

（5）戈尔 Remedia 催化过滤技术。由美国戈尔公司 1998 年发明，是一种"表面过滤"与"催化分解"相结合的"覆膜催化滤袋"技术，在废铝再生、垃圾焚烧等行业已有大量应用（如日本、美国、德国、英国、捷克、比利时、奥地利、新加坡、泰国、巴西、我国台湾等），该技术目前已经十分成熟。滤袋由 ePTFE 薄膜（Gore-Tex 薄膜）与催化底布组成，底布为针刺结构、纤维由膨体聚四氟乙烯复合催化剂组成，集高效除尘与催化氧化于一身，与传统技术相比具有如下特点：1）颗粒物去除效率高，排放浓度可达 $1mg/Nm^3$；2）固气态 PCDD/Fs 去除率高（可达 99.9% 和 97.8%，总去除率达 98.4%），排放浓度可低于 $0.1ng$-TEQ/Nm^3，气态 PCDD/Fs 在低温状态（180～260℃）被彻底分解而不是吸附转移，不存在 PCDD/Fs 的再次合成和二次污染；3）不需要喷吸附剂或碱性物质，不需要改造现有设备，只需要更换除尘器滤袋，施工简单方便；4）阻力小，28 次/天清灰时为 1500Pa；5）ePTFE 薄膜滤袋抗腐蚀性强，适用于酸性烟气；6）滤袋寿命长，一般可达 6 年以上。

（6）烟气循环技术。将废铝料熔炼炉（有机物脱除炉）烟气回用作为助燃空气（即含 PCDD/Fs 废气循环），经过炉膛燃烧区高温焚烧以后 PCDD/Fs 排放总量可以明显降低（降低程度取决于烟气的循环量），同时又利用了烟气余热、节约了能源。

（7）其他减排技术：1）日本原子能研究所开发的电子束分解技术，减排效果显著；其原理是，电子束使废气中的 O_2 和 H_2O 生成活性氧等易反应性物质，从而达到破坏 PCDD/Fs 化学结构的目的。2）日本 Miyoshi 油脂公司开发的 Di-oeutG-20 还原剂与空气混合喷入烟道，PCDD/Fs 排放浓度可降至 $1ng/Nm^3$ 以下；该还原剂现为粉末状、含无机磷化合物和钙，在 300～400℃ 可产生原子氢，与

PCDD/Fs 氯基反应生成 $CaCl_2$ 从而使 PCDD/Fs 得到还原，该技术投资与活性炭吸附法相当，约为高温焚烧法的 50%，其运行费用不到二者的一半。3）有关研究表明，在 240～320℃ 向烟气中喷入 H_2O_2 也可以有效降低 PCDD/Fs 排放量。4）还有人尝试用 α-辐射降解 PCDD/Fs，成本低且效果明显。

以上高效过滤、物理吸附、戈尔 Remedia 催化过滤、烟气循环等减排技术都比较适合再生铝工业，而且实用、有效、效果显著。值得说明的是，目前垃圾焚烧行业及其他行业已广泛应用的快速急冷减排技术已不适用再生铝行业，这是由该行业 PCDD/Fs 的生成机理所决定的。

13.10　国际二噁英相关污染防治管理体系

因 PCDD 毒性太大，工业发达国家已经制订了十分严格的排放标准，如日本现有老污染源和新污染源分别为 5ng-TEQ/Nm^3 和 1.0ng-TEQ/Nm^3（同时对全行业实行总量控制、全国总排放量上限为 14.8g-TEQ/a），英国为 1.0ng-TEQ/Nm^3，德国和欧盟均为 0.1ng-TEQ/Nm^3。

日本二噁英污染防治管理体系：为降低二噁英排放，日本制定了废弃物焚烧、电弧炉炼钢、再生有色金属生产等行业的二噁英排放限值，包括大气排放、废水排放和废渣排放等。此外，日本还规定了空气、水质、土壤、地下水等环境介质中二噁英含量标准，如住宅区土壤二噁英化合物的限制标准为 1000pg-TEQ/g，近年来还将控制范围扩大到周边海域的底泥，禁止将含有二噁英的废物进行填海处置。在此基础上，为有效治理二噁英污染，日本政府在 1999 年相继制定了《二噁英对策推进基本指南》和《二噁英对策特别实施法》，通过法律强制实施二噁英减排，并确定减排目标为："（1）在未来的 4 年中（自 1999 年起），全国的二噁英排放水平应相对 1997 年排放水平减少 90%，即 2003 年比 1997 年降低 90%；（2）2010 年比 2003 年降低 15%，其中废弃物焚烧炉降低 25%"。实际到 2003 年，日本二噁英排放量较 1997 年减少了 95.1%，随着环境介质中二噁英浓度下降，日本国民通过饮食每日摄入的二噁英量也相应逐年下降。《二噁英对策推进基本指南》和《二噁英对策特别实施法》的制定，为日本治理 POPs 污染和二噁英的减排工作的开展提供了立法上的依据，各项减排措施的实施收到了明显的效果。

美国二噁英管理不同于日本。美国二噁英管理以协同管理为主要管理手段，其二噁英管理体系存在于整个环境管理中，并未在立法上构建独立的管理章节。之所以如此，是由于美国具有完善的环境法律管理构架体系，其覆盖面广，具有前瞻性与易维护性。美国二噁英污染防治的基本思路为："建立清单—制定标准—加强检测—强化监管"。美国对国内二噁英排放情况已经进行了四次调查，将生活垃圾焚烧炉、医疗废物焚烧炉、危险废物焚烧炉、再生有色金属熔炼炉等列为二噁英的主要污染源，美国将继续贯彻强制与自愿相结合方针，对于重点源采取法律强制减排，对于非重点源则鼓励企业自发开展减排工作。在大气排放方面，最重要的措施是基于"最优减排控制技术（maximum achievable control technology）"，并在清洁空气法的指导下，EPA 出台了生活垃圾、医疗废物、危险废物等废弃物焚烧的二噁英排放标准。在大气排放方面，最重要的措施是基于"最优减排控制技术（maximum achievable control technology）"，并在清洁空气法的指导下，EPA 出台了生活垃圾、医疗废物、危险废物等废弃物焚烧的二噁英排放标准。

13.11　BAT/BEP 是开展二噁英减排和控制的核心

根据《斯德哥尔摩公约》第 5 条的规定，"最佳可行技术（BAT）"是指所开展的活动及其运作方式已达到最有效和最先进的阶段，从而表明该特定技术原则上具有切实适宜性，可为旨在防止和在难以切实可行地防止时，从总体上减少公约附件 C 第一部分中所列化学品的排放及其对整个环境的影响的限制排放奠定基础。在此方面："技术"包括所采用的技术以及所涉装置的设计、建造、维护、运行和淘汰的方式；"可行"技术是指应用者能够获得的、在一定规模上开发出来的、并基于其成本和效益的考虑、在可靠的经济和技术条件下可在相关工业部门中采用的技术；"最佳"是指对整个环境实行高水平全面保护的最有效性。而"最佳环境实践（BEP）"是指环境控制措施和战略的最适当组合方式的应用。公约明确规定，各缔约方应"按照行动计划的实施时间表，促进并要求针对来源类别中缔约方认定有必要在其行动计划内对之采取此种行动的新来源采用最佳可行技术，同时在初期尤应注重附件 C 第二部分所确定的来源类别。对于该附件第二部分所列类别中的新来源的最佳可行技术的使用，应尽快、并在不迟于本公约对该缔约方生效之日起四年内分阶段实施。就所确定的类别而言，各缔约方应促进采用最佳环境实践。在采用最佳可行技术和最佳环境实践时，各缔约方应考虑到附件 C 关于防止和减少排放措施的一般性指南和拟由缔约方大会决定予以通过的关于最佳可行技术和最佳环境实践的指南"。

目前，联合国环境规划署已组织 BAT/BEP 国际专家组自 2002 年以来开展了不懈努力，编制完成了《BAT/BEP 技术导则》，并最终获得第三次缔约方大会（COP-3）的通过。事实上，BAT 的理念不仅为斯德哥尔摩公约所采用，也被世界范围内进行污染控制时广泛采用。例如欧盟的污染综合防治（Integrated Pollution Prevention and Control，IPPC）指令中，明确规定 BAT 是指能预防或削减整体环境影响的最佳先进工艺、设备与操作方法，以为新建设施规划或工艺改善时参考，欧盟 IPPC 局所颁布的 BAT 导则是欧盟会员国拟定国家排放限值时之主要依据。

值得注意的是，上述导则尽管信息量非常丰富，参考价值很大，但是这些BAT/BEP 更多的是基于欧盟等发达国家的现实情况（包括产业的技术特点与管理实际等），我国在加以借鉴的同时必须注意国情的差异而有所取舍。

13.12　我国二噁英相关污染防治管理体系

我国也对 PCDD/Fs 实行严格控制，如 HJ/T 176—2005、HJ/T 177—2005 中均规定：严格控制燃烧室烟气温度、停留时间与湍流工况，对高温烟气快速冷却、控制烟气在 200~600℃的停留时间小于 1 秒，在除尘器前烟道喷入多孔吸附剂或在除尘器后设置吸附剂塔（床）等。GB 18484—2001 和 GB 18485—2001 中规定的排放标准分别为 $0.5ng\text{-}TEQ/Nm^3$ 和 $1.0ng\text{-}TEQ/Nm^3$。鉴于 PCDD/Fs 主要以固态形式吸附在细小冶炼烟尘上（烟尘中还含有大量的 Pb、Cr、Cd、Cu、Zn、As 等多种有毒有害金属成分），为此，建议我国再生行业将其排放限值规定为 $1.0ng\text{-}TEQ/Nm^3$。

我国对二噁英的基础研究和发达国家相比还存在较大的差距，对该类污染物的管理起步晚，相应的管理措施、法规也处于制订发展阶段。不同行业之间二噁英的管理水平也有明显的差异。目前，我国已出台的直接针对二噁英的管理政策主要集中在废弃物焚烧行业，围绕该行业制定的污染物排放标准、技术规范、监管规范中均涉及对二噁英排放的控制。除了废物焚烧行业外，其他重点行业已经开始建立二噁英管理政策及控制标准。如：

（1）制浆造纸行业 2008 年制定了企业水体中二噁英的排放限值为 30pg-TEQ/L，并要求企业每年监测一次；废弃电子产品如采用焚烧处理，要求达到二噁英排放 $0.5ng\text{-}TEQ/m^3$ 限值。

（2）钢铁行业二噁英控制排放标准规定现有烧结企业烟气中二噁英 $1.0ng\text{-}TEQ/m^3$ 限值，新建企业要求达到 $0.5ng\text{-}TEQ/m^3$ 限值；对新建电弧炉企业烟气中二噁英提出 $0.5ng\text{-}TEQ/m^3$ 限值。

（3）对再生有色金属工业污染物排放标准（铜、铝和铅）和遗体火化大气污染排放标准已处于征求意见阶段。

（4）国家环保部已组织编制完成《钢铁行业污染防治最佳可行技术导则——烧结及球团工艺》（征求意见稿）和《钢铁行业污染防治最佳可行技术导则——炼钢工艺》（征求意见稿）。在最佳可行技术导则中提出了针对二噁英的防治技术和最佳可行技术，这将帮助企业选择合理的污染防治技术，为实现污染物排放限值目标提供技术支撑。

我国目前二噁英污染防治的相关法律、法规及排放标准见表 13-7（废弃电子产品如采用焚烧处理）。

表 13-7　我国已颁布的削减和控制二噁英的政策体系

名称	具体规定	二噁英限值
废弃电器电子产品处理污染控制技术规范 HJ 527—2010	采用焚烧方法处理废弃电器电子产品应设置烟气处理系统，处理后废气排放符合 GB 18484—2001 的有关规定	遵循 GB 18484—2001

2015 年 2 月 16 日，环境保护部发布 2015 年第 11 号公告，正式发布了《再生铅冶炼污染防治可行技术指南》。该项指南由环境保护部中心项目五处牵头编制，指南中明确了再生铅冶炼各环节中污染预防、污染治理、综合利用等最佳可行/最佳实践技术，可实现颗粒物、重金属和持久性有机污染物（POPs）的环境排放最小化。该技术指南的颁布填补了我国对再生铅冶炼行业污染防治管理的空白，将进一步推动我国再生有色金属行业的可持续发展。

13.13　总结

新建、改建、扩建再生金属项目，必须采用最先进的生产工艺和技术装备，向国际先进水平看齐，在有效治理烟粉尘的同时必须采取有效的 PCDD/Fs（包括其他有机物废气）减排措施；对于工艺落后、无基本环保设施的中小规模"洋垃圾处理工厂"逐步实施关停并转，进一步提高产业集中度、优化资源配置。

国内大中型再生金属企业应积极承担起再生资源研究、开发与应用的任务，在研究开发先进工艺技术、提高废资源回收效率和开拓再生产品应用市场的同时，更要研究开发 PCDD/Fs 以及其他有毒有害有机物的减排技术。

再生工业，并非业界想象中的"绿色产业"。政府部门应鼓励再生产品的深加工、精加工，鼓励优化产品结构、提高产品的技术含量和高附加值产品的比例，"产品出口国外污染留在国内"的政策不可取，这也是国内已经十分严峻的环境形势所不容许的。

参 考 文 献

[1] 朱其太. 警惕二噁英的污染及其预防和控制 [J]. 中国动物检疫，2000（3）：28-29.

[2] 张益. 二噁英的毒性分析和控制措施 [J]. 上海建设科技，2000（4）：41-42.

[3] 胡斌，刘小峰，孙宏. 二噁英处理技术的对比 [J]. 环境卫生工程，2011（1）：59-61.

[4] 栾园园. 固废焚烧中二噁英控制技术分析 [J]. 资源节约与环保，2016（10）：134.

[5] Dove C J, Watterson J D, Murrells T P, et al. UK Emissions Inventory of Air Pollutants 1970-2005 [R]. UK Emissions Inventory Team，2007.

[6] 李国刚，李红莉. 持久性有机污染物在中国的环境监测现状 [J]. 中国环境监测，2004（4）：53-60.

［7］ Choi K-I, Lee D-H, Osako M, et al. The prediction of PCDD/DF levels in wet scrubbers asso-ciated with waste incinerators ［J］. Chemosphere, 2007, 66 (6): 1131-1137.

［8］ Chang, M B, Chi, K H, Chang, S H, et al. Destruction of PCDD/Fs by SCR from flue gases of municipal waste incinerator and metal smelting plant ［J］. Chemosphere, 2007, 66 (6): 1114-1122.

［9］ Everaert K, Baeyens J. Removal of PCDD/F from flue gases in fixed or moving bed adsorbers ［J］. Waste Management, 2004, 24 (1): 37-42.

［10］ Kim Sam-Cwan, Jeon Sung-Hwan, Jung Ii-Rok. Removal Efficiencies of PCDDs/PCDFs by Air Pollution Control Devices in Municipal Solid waste Incinerators ［J］. Chemosphere, 2001, 43 (4-7): 773-776.

［11］ 姜晓旭. 再生金属冶炼过程中多氯萘的排放特征与生成机理研究 ［D］. 北京: 中国科学院大学, 2016.

［12］ 李历铨, 郑洋, 李彬, 等. 我国再生铜产业污染排放识别与绿色升级对策 ［J］. 有色金属工程, 2018 (1): 133-138.

［13］ 张传秀, 倪晓峰, 欧阳荟, 陆春玲. 我国再生铝工业中的二噁英问题 ［J］. 上海有色金属, 2008 (2): 63-68.

［14］ 李家玲, 张正洁. 再生铝生产过程中二噁英成因及全过程污染控制技术 ［J］. 环境保护科学, 2013 (2): 42-46.

14 废弃电子电器产品回收利用技术发展展望

随着我国国民经济的快速发展和人民生活水平的不断提高，生产和生活过程中产生的能够回收利用的各种再生资源日益增多。大力开展再生资源回收利用，是提高资源利用效率、保护环境、建立资源节约型社会的重要途径之一。为贯彻落实《"十三五"规划纲要》，促进经济增长方式转变和可持续发展，我国制定再生资源回收利用"十三五"规划[1,2]。

14.1 我国再生资源回收利用发展现状与存在的问题

再生资源回收利用已有一定规模。改革开放以来，在国家一系列鼓励再生资源回收利用优惠政策的支持下，我国废旧物资回收行业得到较快发展，再生资源回收加工体系初步形成[3~5]。

2016 年是我国"十三五"开局之年，是全面建成小康社会的决胜年，更是推进供给侧结构性改革的攻坚之年。再生资源回收行业作为循环经济的重要组成部分，应注重贯彻落实绿色发展理念，从源头上减少能源消耗和环境污染，使再生资源回收率和利用水平不断提高。

14.1.1 总体分析

2016 年初，长期疲软低迷的国际大宗商品价格开始反弹，国际期货市场铁矿石、钢铁等原料价格回暖上升，钢铁企业经营逐步向好，采购废钢铁数量较往年增长，推动了废钢价格大幅上涨。废钢回收企业纷纷恢复业务，建立新的回收站点和加工配送中心。此外，废有色金属、废纸的价格也一路上升，回收企业和利用企业的市场交易变得频繁活跃，打破了近年来再生资源回收量小幅下降或增长缓慢的趋势，从业人员锐减的态势得到扭转，回收行业正在逐步摆脱效益低迷的发展态势。全国再生资源回收企业数量约为 10 万多家，回收行业从业人员约为 1500 多万人，虽然专职回收人员数量有所下降，但兼职回收人员数量呈上升趋势。

14.1.1.1 回收总量基本情况

截至 2016 年底，我国废钢铁、废有色金属、废塑料、废轮胎、废纸、废弃电器电子产品、报废汽车、废旧纺织品、废玻璃、废电池十大类别的再生资源回收总量约为 2.56 亿吨，同比增长 3.7%，见表 14-1。其中，增幅最大的是废电池，同比增长 20%。

表 14-1 2015~2016 年我国主要再生资源类别回收利用表

序号	名 称	单位	2015 年	2016 年	同比增长/%
1	废钢铁①	万吨	14380	15130	5.2
	大型钢铁企业	万吨	8330	9010	8.2
	其他行业	万吨	6050	6120	1.2
2	废有色金属②	万吨	876	937	7.0
3	废塑料	万吨	1800	1878	4.3
4	废纸	万吨	4832	4963	2.7
5	废轮胎	万吨	501.6	504.8	0.6
	翻新	万吨	28.6	28.8	0.7
	再利用	万吨	473	476	0.6
6	废弃电器电子产品				
	数量	万台	15274	16055	5.1
	重量	万吨	348	366	5.2
7	报废汽车				
	数量	万辆	277.5	300.6	8.3
	重量	万吨	871.9	721.3	−17.3
8	废旧纺织品	万吨	260	270	3.8
9	废玻璃	万吨	850	860	1.2
10	废电池（铅酸除外）	万吨	10	12	20.0
	合计（重量）	万吨	24729.5	25642.1	3.7

①2013 年以前公布的废钢铁回收量数据主要是大型钢铁企业的数据，自 2014 年起，将中小型钢铁企业回收的废钢铁、铸造和锻造行业使用的废钢铁数量纳入统计范围。

②2013 年以前公布的废有色金属回收量中没有统计热镀锌渣、锌灰、烟道灰、瓦斯泥灰中废锌的相关数据，自 2014 年起，将从热镀锌渣、锌灰、烟道灰、瓦斯泥灰中回收的废锌数量纳入统计范围。

14.1.1.2 回收总值基本情况

2016 年，我国十大品种再生资源回收总值为 5902.8 亿元，见表 14-2。受大宗商品价格上涨影响，主要再生资源品种价格持续走高，同比增长 14.7%。其中，废电池增幅最大，同比增长 34.1%；只有报废汽车出现了下降，同比下降 11.4%。

表 14-2　2015～2016 年我国主要再生资源类别回收价值表　　（亿元）

序号	名　　称	2015 年	2016 年	同比增长/%
1	废钢铁	1984.4	2042.6	2.9
2	废有色金属	1395.6	1829.0	31.1
3	废塑料	810	957.8	18.2
4	废纸	642.7	744.5	15.8
5	废轮胎	65.1	70.5	8.3
6	废弃电器电子产品	78.3	94.4	20.6
7	废旧纺织品	7.54	8.6	14.1
8	报废汽车	122.1	108.2	−11.4
9	废玻璃	21.3	22.4	5.2
10	废电池（铅酸除外）	18.5	24.8	34.1
11	回收总值	5145.54	5902.8	14.7

14.1.1.3　主要品种进口基本情况

2016 年，我国废钢铁、废有色金属、废塑料、废纸四大类别的再生资源共进口 3990.4 万吨，同比下降 2.8%，见表 14-3。其中，降幅最大的是废有色金属，同比下降 8.5%。

表 14-3　2015～2016 年我国主要再生资源进口情况表

序号	名　　称	单位	2015 年	2016 年	同比增长/%
1	废钢铁	万吨	233	216	−7.3
2	废有色金属	万吨	576.7	527.5	−8.5
3	废塑料	万吨	735.4	734.7	−0.1
4	废纸	万吨	2928	2849.8	−2.7
5	合计（重量）	万吨	4104	3990.4	−2.8

注：1. 废有色金属进口是指含铝废料、含铜废料、含锌废料。

　　2. 我国进口废有色金属实物量按 36% 的比例折算。

再生资源回收加工利用技术水平进一步提高。近年来，我国废旧物资回收企业基本摒弃了"收进来，卖出去"的传统经营模式，采取了清洗、除油、去污、干燥、拆解、剪切、打包、破碎、分选、除杂等加工预处理手段，加工生产各类再生原料，并逐步向产业化方向发展。在铂族金属回收利用工艺研究上，我国已充分运用现代分离提取技术，实现了高效回收和提纯。某些废旧物资，如含贵金属废料的回收利用技术、废橡胶制取超细胶粉、废塑料生产化工涂料等回收利用技术已接近或达到国际水平。

14.1.2　存在的主要问题

我国再生资源回收利用存在的主要问题[6~10]：

（1）资源回收率低，不易回收利用的再生资源丢弃现象严重。据测算，目前我国可以回收而没有回收利用的再生资源价值达 300 亿~350 亿元。每年约有 500 万吨左右的废钢铁、20 多万吨废有色金属、1400 万吨的废纸及大量的废塑料、废玻璃等没有回收利用。由于我国废旧物资零星分散，其回收、加工、运输费用高，销售价格低，致使部分品种回收量减少，与实际生成量相差较大，资源流失严重，再生资源回收利用率与世界先进水平相比差距较大。如我国每年丢弃的镉镍电池（二次电池）有 2 亿多只；废旧家用电器、电脑及其他电子废弃物的回收处理还未提上日程。

（2）废旧物资回收利用企业普遍经营规模小、工艺技术落后。尽管国家出台了一系列优惠政策鼓励和扶持废旧物资回收行业的发展，但目前绝大多数废旧物资回收加工企业仍是微利或无利，基本没有条件和能力引进或采用新技术、新工艺新设备，产品的技术含量和附加值较低；从而阻碍了再生资源回收利用的发展进程。另外，国有回收企业由于历史原因形成的人员、债务包袱重，市场竞争能力和抗风险能力弱，经济效益差，相当一部分回收企业亏损严重，某些回收公司经营难以为继，废旧物资回收行业发展呈低水平徘徊。

（3）再生资源回收利用技术开发投入严重不足。由于资金投入少，技术开发能力弱，导致废旧物资加工处理工艺落后，技术及装备水平极低，一些与再生资源加工处理相伴的环境污染物未能妥善处理。即使是先进适用的技术，也由于缺少资金而难以推广应用。大部分再生资源的加工处理技术还十分落后，与资源综合利用和环境保护的要求差距甚远。

14.2　"十三五"期间再生资源回收利用面临的形势和任务

我国国民经济和社会发展"十三五"规划纲要提出，"十三五"时期，要大力推进资源综合利用技术研究开发，加强废旧物资回收利用，加快废弃物处理的产业化，促进废弃物转化为可用资源。再生资源回收利用面临前所未有的发展机遇和挑战[1,2]。

再生资源回收利用是实现资源永续利用的重要措施。积极推进再生资源回收利用，将大量社会生产和消费后废弃的资源回收再利用，可以减少对原生资源的开采，提高资源综合利用水平；既节约了大量的资源，又推动了经济增长方式由粗放型向集约型转变。因此，大力提高再生资源回收利用水平，是促进资源永续利用的重要措施。

再生资源回收利用是治理污染、改善环境的必然要求。目前，我国垃圾累计堆放量已达 60 多亿吨，占用土地 5 亿平方米，对土壤、地下水、大气造成现实和潜在的污染相当严重。因此，积极推进再生资源的回收利用是治理污染的重要措施。随着我国综合国力的增强和居民生活水平的提高，人们对城市环境质量的要求会越来越高，国家将进一步加大环境污染综合治理的力度，这将为再生资源回收利用的发展创造有利的条件和良好的社会环境。

再生资源回收利用面临严峻挑战。随着经济的发展，家用电器和电子产品拥有量的增加，以及人们环境意识的提高，再生资源回收利用将面临更加繁重的任务。一是公众对过去未能很好回收和处理的废干电池、废润滑油等污染严重、危害较大的废弃物更为重视，要求进行无害化处理和资源综合利用。二是未来几年电脑、复印机、手机等电子废弃物，以及冰箱、电视机、洗衣机、空调器等废旧家用电器的数量将大幅度增加，如何有效地回收和处置这些现代垃圾，使之变废为宝，将是再生资源回收利用面临的重大而紧迫的课题。

14.3　我国再生资源回收利用的指导思想、发展目标与重点

14.3.1　指导思想

坚持实施可持续发展战略，以提高再生资源回收利用率和保护环境为目的，加快法规建设，依靠技术进步，加强科学管理，提高回收利用水平，减少环境污染。深化企业改革，增强企业自我发展能力；加强回收网络建设，加快再生资源回收利用的市场化、规模化进程，促进再生资源回收利用健康、有序发展。

14.3.2　发展目标

到 2020 年，在全国建成一批网点布局合理、管理规范、回收方式多元、重点品种回收率较高的回收体系示范城市，大中城市再生资源主要品种平均回收率达到 75% 以上，实现 85% 以上回收人员纳入规范化管理、85% 以上社区及乡村实现回收功能的覆盖、85% 以上的再生资源进行规范化的交易和集中处理。培育100 家左右再生资源回收骨干企业，再生资源回收总量达到 2.2 亿吨左右。行业规模化经营水平大幅提升，技术水平显著提高，规范化运行机制基本形成。

14.3.3　发展重点与示范工程

加强再生资源加工设施建设，提高加工质量，加快产业化进程。建设具有一定规模和水平的再生资源加工基地，并以此为中心，形成再生资源回收、加工、利用的产业链条；研究开发一批急需的废弃物无害化处理技术和再生资源加工利用技术，如废旧钢镍电池（二次电池）、废润滑油、废油漆及电子废弃物的无害化处理技术，废家用电器、电脑及报废汽车等的再制造工程及资源综合利用

技术。

建设若干个不同层次、不同类型、不同规模的再生资源回收集散基地和规范化的再生资源交易市场，促进再生资源回收、加工、利用的规模经营和一体化进程，提高社会综合效益。

重点建设几个规模适度、管理先进、符合环保要求的废家用电器、电脑，报废汽车回收拆解中心，减轻废弃物对环境的危害。

集中力量支持一批示范工程，包括：以钢铁企业为龙头的报废汽车回收拆解一体化示范工程，废旧铬镍电池（二次电池）无害化处理示范工程，废润滑油回收处理示范工程，废纸回收分选造纸示范工程，废家用电器、电脑再制造及加工处理示范工程等。

按照建立现代企业制度的要求，对废旧物资回收企业实行战略性调整，通过组建企业集团，实行股份制改造，开办中外合资合作企业等形式，培育一批有竞争力的大型废旧物资回收企业集团，以此带动再生资源回收利用向产业化方向发展。

14.4 我国再生资源回收利用的主要对策与措施

（1）加快制定相关法律法规，实施依法管理。研究制定《再生资源回收利用管理条例》及相配套的办法和标准，包括：《废旧家用电器回收利用管理办法》《废电池回收利用管理办法》《废旧电脑等电子废弃物回收利用管理办法》《废纸回收利用管理办法》《废旧轮胎回收利用管理办法》以及《报废汽车回收拆解技术规范》《国内废纸分类标准》等，提出一些操作性强的法律规范，将再生资源回收利用逐步纳入法制化管理的轨道。

（2）加大经济政策的支持力度。认真落实国家鼓励再生资源回收利用的有关政策，如废旧物资回收企业免征增值税的政策、翻新轮胎免征消费税政策、废船进口环节增值税先征后返政策等。

研究提出有效促进再生资源回收利用的政策措施。在财政体制和投资体制改革的过程中，研究加大公共财政对再生资源回收利用的支持力度，并在信贷等方面给予必要支持，对经济效益差但社会效益显著的不易回收的再生资源，国家在政策上鼓励企业回收和利用，包括支持一些经营好、符合上市条件的物资回收企业上市，为企业直接融资创造条件；对再生资源回收加工处理中心、再生资源信息网络等方面的示范项目，优先安排技改投资并给予财政贴息。

（3）推进技术进步，增加科技投入。国家将通过各种渠道，增加对再生资源回收利用科技开发的投入。支持有影响、有带动作用的关键项目，尤其是那些不能一次性处理且生产成本高、经济效益低，但社会效益显著、量大面广的再生资源回收利用项目，拟通过科技攻关重点突破。对再生资源科技开发、高新技术产业化示范项目，纳入科技三项费用的支持范围。同时，要加强国际交流与合作，适当引进国外先进的再生技术、设备，按照市场经济的办法引进国外的人才和资金，促进再生资源回收利用技术管理水平的提高，以适应加入 WTO 后的国际竞争环境。

（4）积极推动再生资源回收利用体系建设。引导各地建立以社区回收网点为基础的点多面广和服务功能齐全的回收网络，形成回收和集中加工预处理为主体，为工业生产提供合格再生原料的再生资源回收体系。同时推动建立设施先进、管理手段现代化的再生资源交易市场、科学先进的再生资源综合利用处理中心等组成的系统工程，促进再生资源回收—加工预处理—利用良性循环。

（5）加强信息和统计工作，提高管理水平。强化信息服务，抓好统计基础工作，及时收集、整理和发布国内外再生资源回收利用信息，引导全社会再生资源回收利用上水平、上台阶；积极推动中介组织和协会建立再生资源回收利用信息系统和数据库，实现信息资源共享，提高管理水平。

（6）加大宣传和教育力度，提高全民资源意识。充分利用广播、电视、互联网等现代化的宣传工具，进一步加大宣传力度，提高全社会的资源意识和环境意识。通过宣传，使公众了解我国资源利用和环境保护的严峻现实及再生资源回收利用的重要意义，树立节约资源、保护环境的观念。尤其是要建立自觉利用再生品，愿意承担一部分废旧物资加工利用成本的意识，将有关废旧物资回收利用知识列入中、小学教材，提高全社会对废弃物资源化重要性的认识，使全民都来理解、支持和自觉参与再生资源回收利用事业。

参 考 文 献

[1] 廉波．"十三五"时期再生资源回收体系建设任务探讨［J］．再生资源，2016（8）：19-23．

[2] 魏洁．废弃电器电子产品"互联网+"回收模式构建［J］．科技管理研究，2016（21）：230-234．

[3] 曾晶，马祖军，代颖．我国废弃电器电子产品回收处理费用机制研究［J］．物流科技，2009（11）：75-78．

[4] 于卉菁．山东省废弃电器电子产品回收处理工作探讨［J］．再生资源与循环经济，2016（4）：19-23．

[5] 陶剑．废弃电器电子商品回收处理的现状和思考［J］．江西化工，2013（2）：200-202．

[6] 邹松涛，辛明磊．我国废弃电器电子产品的 EPR 执行模式研究［J］．再生资源与循环经济，2009（9）：23-27．

[7] 王志军，陈永秀．废弃电器电子产品回收现状及分析［J］．资源节约与环保，2016

（10）：32.

［8］王建明．废弃电器电子产品回收利用行业发展研究［J］．中国科技信息，2009（17）：
22-24.

［9］汪胜兵．废弃电器电子产品回收体系建设探索［J］．再生资源与循环经济，2016（5）：
25-28.

［10］唐红侠．上海市废弃电器电子产品产生预测与回收处理能力研究［J］．中国环境管理，
2011（3）：4-7.